# 性のトリセツ

「性活力」あふれる生き方のすすめ

津曲茂久
日本大学生物資源科学部
特任教授

緑書房

# はじめに

獣医繁殖学の教育に約四〇年携わってきた教員として、学生にはできるだけ理解しやすく授業してきたつもりです。しかしながら、教えなければならない基本事項は膨大であることから、学生が得心して学べたかと問われると、その確信は持てないというのが実感です。

それでも二〇年以上前からスライドを使った授業スタイルに変更して、繁殖学漫談と称し、授業開始の一〇分間は〝生殖豆情報〟を話すことで授業に興味を湧かせる工夫を行ってきました。最近では卒業生や社会人に向け、授業で使った内容をまとめて繁殖学漫談として三〇分くらい講演しますし、臨床獣医師対象の学術講演では、一時間から一時間半ごとに一〇分くらい繁殖学漫談を織り交ぜて話すと、たいへんおもしろいと好評を得るようになりました。

いずれにしても、想像以上に私の繁殖学漫談が受け入れられる理由は、人と動物の生殖学を一緒に学ぶ機会が、一般的にはもちろんのこと獣医師であっても少ないからでしょう。例えば、獣医師であれば動物の繁殖学を学びますが、人の生殖医療や性教育を学ぶことは少なく、獣医師であっても不妊治療を受ける時に初めて知ることは多いようです。したがって、従前の日本における性教育はオシベとメシベの生物学の延長線上にあり、男女の生殖器解剖学を学ぶ程度であったように思われます。

日本では妊娠した女性の三六％が「望まぬ妊娠だった」と答えていますし、〝できちゃった婚〟による出生数が全体の約二五％を占めるという状況です。妊娠をきっかけに結婚できたのですから結果としてめでたいことかもしれませんが、その根底には日本の貧弱な学校性教育の問題もあります。産婦人科医が積極的に性教育について学校で講演したところ、父母からバッシングを受けたという話もあります。

一九八〇年代にエイズが流行った時期には学校において積極的に性教育が行われたそうですが、二〇〇〇年代になるとコンドームの装着法やピルの紹介もタブー視され、実際にコンドームやピルについて記載されていた厚生労働省外郭団体発行のテキストは回収されたそうです。その理由は今の学習指導要領をはみ出しているということと、父母から「寝た子を起こすな」という強い非難を浴びたからだそうです。

そのような現状のなかで、現代の若者は性知識をインターネット上の主観的、独断的な書き込みや、アダルトビデオを見て学んでいるそうです。アダルトビデオにおいてコンドームを付けるシーンはほとんどありませんので、最初から間違った先入観を持つ可能性があります。

男女ともに結婚年齢が高くなっている昨今ですが、学生時代に、人の卵子と精子は老化することを正しく教えておくことは、性教育において最も重要と思われます。不妊治療を受ける段階になって、担当医から一生懸命説明（インフォームド）されても、生殖生理学の知識がほとんどないために自分自身で適切に判断できないことが多いのではないでしょうか。せめて高校生物で学んだことのあるホルモンの働きや雌雄の生殖生理について、自分の体に当てはめて学び直すことは有意義と思われます。欧米の性教育が人体を全般的に学習しながら行われるのに対して、日本では生殖器に限定される傾向にあります。性教育が重要であるという観点に立つなら、もっと時間を費やして教える取り組みが望まれます。

生殖器解剖学を学ぶ時に系統発生学的知識は重要です。いきなり生殖器の説明を始めると、教える側の恥じらいが先行しますが、有性生殖の意義から生殖器の役割を論理的かつ丁寧に説明すると、学生の受け取り方も大分変わると思われます。

体内受精を行う陸上動物はもちろんのこと、体外受精しない水棲動物においてもペニスはメスに精子を確実に渡す道具という役割を果たしてきました。爬虫類やカモなどの古い鳥類が擬似ペニスを使って精液を「雨どい」方式でメスの体内に送るのに対して、哺乳類のカモノハシは総排泄腔（*1）内にペニス様の管を獲得し、この管でメスの体内に精液を送り込みます。ペニスの進化において最も大きく変化するのは有袋類です。古い有袋類のフクロモモンガのペニスは完全に二本からなり、外尿道口（*2）はペニス基部にあります。オポッサムになると二本のペニスの基部は一体化しますが、先端のみは二つに分かれており、射精管と尿道は別々にあります。カンガルーになると二本のペニスと尿道は完全に一体化し、哺乳類に見られる二本の陰茎海綿体と一本の尿道海綿体（*3）からなるペニスになります。

身近な魚類である硬骨魚類では、生殖器の卵管は卵子を通すだけの管ですが、軟骨魚類のサメには卵生（*4）、卵胎生（*5）、胎生（*6）があり、卵管の役割は大きく異なります。有袋類になると、短期間ですが子宮に卵黄嚢胎盤（*7）を形成し、新生子は生まれて早々に、袋（第二の子宮）の中で乳汁を飲んで育ちます。真獣類（有胎盤類（*8））になると、卵管で受精した胚は子宮に胎盤を形成して、性周期より長い期間かけて胎子を発育させてから出産します。メスの外部生殖器は交尾器で、精子を受け入れるプラットホームとしての役割を果たし、お産の時は外界への発射台としての役割を果たします。有袋類から有胎盤類まで、この過程を得ずして生命の誕生はありません。

人類は、チンパンジー、マカクなど多くの霊長類には存在するアンドロジェン（*9）受容体の調節遺伝子を七〇万年前に失い、その結果としてペニスの棘や感覚毛（口髭）を消失したとされています。人類は霊長類の中で最も性交時間が長いのですが、このペニスの棘の消失によって性感度の低下を招いたことがその原因だと思われます。科学的に証明できないことかもしれませんが、人の性は生殖のためだけにあるのではなく、コミュニケーションツールとして重要度を増しました。さらに、アンドロジェン感受性の低下は、人が多くの霊長類に存在する陰茎骨を消失したり、剛毛であった体毛が産毛になったことに関与した可能性もあります。

日本の人口は二〇〇八年をピークに減少に転じていますが、バブル崩壊後の〝失われた二〇年〟の影響は経済的停滞だけでなく、人口減少にも関連しているようです。国勢調査による生涯未婚率は、一九九〇年では男性五・六％、女性四・三％でしたが、二〇一五年には男性二三・四％、女性一四・一％と二五年間で数倍に増加しています。

国立社会保障・人口問題研究所が行った日本の将来推計人口によると、二〇三五年には生涯未婚率が男性で三割、女性で二割に達し、離婚した人やパートナーを失った人を含めると、独身者は四八〇〇万人になると推定されています。これは高齢者の四〇〇〇万人よりはるかに多く、日本民族の活力の減退が現実のものになると危惧されています。

明治安田生活福祉研究所が行った三五～五四歳の男女一万人以上を対象とした結婚意識調査（二〇一七年）では、半数が「あえて結婚しない」と答えています。積極的に結婚しない理由として「もともと結婚を望んでいない」と回答した人は男性で四一％、女性で三五％と最も多く、「独身は精神的・時間的に自由が利く」と答えた男女が二割もいたそうです。そもそも、能動的に結婚へアプローチする人は男女とも二～三割程度とされており、残りの七割は受け身とされています。見合い結婚が主流であった戦前の時代にはほとんどの人が結婚していたのに対して、自由恋愛時代になり、経済的理由もあいまって一生独身を通す人が増加したのかもしれません。

二〇～四〇代においてニートと呼ばれる就労意欲のない人が五六万人、引き籠りの人は一〇〇万人を超えるとされています。このように社会環境に適応できない人は、若い時からの悪しき生活習慣にはまって抜け出せないようです。特に睡眠不足、生活の昼夜逆転、スマホ中毒、食生活の乱れなどは、学習や勤労への意欲減退に直接つながる生活習慣と言えます。文部科学省は〝早寝、早起き、朝ご飯〟運動を推奨していますが、それが若い世代に習慣として定着すれば、学習または社会人としての勤労意欲の向上に結びつき、日本民族本来の〝性活力〟の復活にも寄与する可能性があります。

多くの動物において、生殖寿命と生存寿命はほぼ同じです。しかし、人の寿命は特に先進国において第二次世界大戦後約七〇年間で急速に伸びたために、生殖寿命と生存寿命との間に大きな隔たりが生じました。したがって、男性もそうですが、特に閉経後の女性は夫婦生活に嫌悪感や違和感を持っている割合がかなり大きいと思われます。ネット社会になって情報があふれている時代ですが、意外にも高齢者の正しい性情報は若者の性情報以上に乏しいのが現状です。

研究者の報告をみると、近年、国内外ともに高齢者の性意識は二〇～三〇年前と比較すると格段に向上していることが分かります。書籍、婦人雑誌、週刊誌から得られる情報が徐々に浸透した結果として喜ばしいことですが、正しい理解度となるとまだまだ個人差が大きく、高齢者の性の捉え方と性知識には格段の差異があることを考慮しておくことが必要であり、友人・隣人との比較はほとんど意味を持ちません。ましてやパートナー同士の性の捉え方や性知識にも大きな差異があり、理解と協力を得るのは並大抵でないという現実もあります。

動物は一回の妊娠のために約二〇回交尾するといわれますが、人は一回の妊娠のために約一〇〇〇回性交するとされています。この両者の数量的な大きな違いは、動物の性と人の性とは質的に明らかに異なるということを示唆しています。生物学者のエドワード・ウィルソンは「人の性は人と人をつなげる道具であり、生殖は二の次だ」と述べていますが、この言葉は人の性に対する至言といえます。

本書で知ってもらいたい最大事は、人と動物の生殖はほとんど同様な部分はあるものの、やはり人の性は動物の性とは大きく異なることを認識してほしいということです。要するに、人の性はおそらく七〇万年前の旧石器時代から、人類が最も恐れ嫌った孤独の克服法、すなわち人と人とをつなぐコミュニケーションツールとして発達してきたということです。性に対する正しい認識を持てば、誤った情報に惑わされることなく人生を楽しめます。近年急増している生殖年齢世代のセックスレスの問題はもちろんのこと、高齢者の性に対しても偏見を持たずにコミュニケーションツールとして性の役割を活用できると思われます。

本書が生殖生理解剖学の単なる解説に留まることなく、現代社会において必要不可欠な性知識を更新（アップデート）する機会となり、江戸時代の庶民にみられた〝性活力〟あふれた生き方の参考になれば望外の喜びです。

・本書における用語

胎児や新生児は人の場合に限定し、胎子や新生子は動物に使用します。

・本文中の「注釈」と「参考文献」の番号表記について

注釈は＊に続く数字で示します（例：＊1）。

参考文献は本文の右脇に示します（例：ゾウとネズミの一生における心拍数はほぼ同じとされています[1]）。なお、参考文献の一覧は巻末に掲載しています。

（注釈）

＊1 **総排泄腔**：魚類、両生類、爬虫類、鳥類、カモノハシにおいては、消化器の末端（肛門管）、尿管の末端、卵管や精管の末端が一つの腔に開口するため、総排泄腔と呼ばれる。

＊2 **外尿道口**：膀胱を有する動物では、尿道の末端開口部を外尿道口と呼ぶ。膀胱のない鳥類は尿管から直腸に排泄する。

＊3 **陰茎海綿体と尿道海綿体**：哺乳類のペニスは二本の陰茎海綿体と一本の尿道海綿体から構成され、性的刺激で血流が流れ込むとペニスは勃起状態になる。メスの陰核（クリトリス）は陰茎海綿体に相当するが、尿道海綿体とは一体化しない。

＊4 **卵生**：多くの魚類、両生類、爬虫類、鳥類、単孔類（カモノハシなど総排泄腔を持つ原始的な哺乳類）、昆虫などのように、卵を生んで繁殖する動物のこと。

＊5 **卵胎生**：魚類、爬虫類、貝の一部には、卵を体内で孵化させた後に子供を産む動物がいる。卵生と胎生の中間にあり、母体から栄養供給を受けないもの（マムシなど）から栄養供給を受けるもの（サメ類など）までいる。

＊6 **胎生**：哺乳類のように体内で卵を孵化させて、母体から栄養供給を受けて胎子を出産する動物。有袋類では卵黄嚢胎盤が短期間形成されるが、超未熟な小さな胎子を出産する。

＊7 **卵黄嚢胎盤**：有胎盤類では最初に卵黄嚢胎盤が形成され、胎子は短期間そこから栄養供給を受ける。その後に絨毛性胎盤が形成されて本格的に母体から栄養供給を受け、大きく成長してから出産される。

＊8 **真獣類**：有胎盤類とも呼ばれ、哺乳類では単孔類と有袋類が除かれる。

＊9 **アンドロジェン**：男性ホルモンの総称。

# 目次

# 第四章　雌雄の繁殖生理 …189

# 第一章

# 有性生殖

# 1　雌雄について

## 高等動物にはなぜ寿命があるのか?

単細胞生物や下等生物は無性生殖（＊1）を行うものが多く、原則として寿命はありません。細菌は環境さえ与えられれば無限に細胞分裂します。細菌より少し高等なゾウリムシは数百回分裂すると分裂が低下しますので、他のゾウリムシと接合して（有性生殖（＊2）の一つ）、遺伝子を入れ替えることにより再び分裂を開始します。

一方、高等動物の卵子と精子が合体した受精卵（胚）は二、四、八細胞と割球（＊3）の体積を半減させながら細胞分裂を繰り返しますが、この時期の割球の役割は決まっていません。ところが、一六～三二細胞（桑実胚（＊4））以降になると割球と割球は相互に固く結合して、胚の部位ごとに機能の役割を分担するために、それぞれの臓器、組織へ分化を始めます。

全ての臓器が完成すると出生して、さらに成長を続けて大人になります。六〇兆個

---

＊1　**無性生殖**：卵子や精子などによる有性生殖によらない生殖。無性生殖には分裂、出芽、無性胞子、栄養生殖などが該当する。

＊2　**有性生殖**：動物の卵子や精子、植物の卵細胞や精細胞による受精において、他個体からの遺伝子の組み換えを伴う生殖。

＊3　**割球**：受精卵（胚）の全体が同じ大きさの割球になるものを全割、割球の大きさが異なる割球を不等割と言うが、それぞれの分割球のこと。

＊4　**桑実胚**：全割する胚において、桑の実のように見える一六～三二細胞期の初

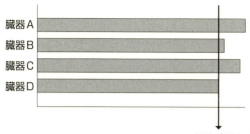

**図1-1**
**臓器の機能と寿命の関係**
生命維持に重要な臓器の１つが機能停止すると個体寿命が尽きる。（出典：文献１）

の細胞を有する人では一日に三〇〇〇～五〇〇〇億個の細胞を入れ替えながら、生命全体の機能を維持しています。各臓器の細胞には胎子時期からの細胞分裂の回数に限界があり（ヘイフリックの限界）、一つの臓器の大部分が細胞分裂しなくなったり、臓器の機能が大きく損なわれた時に、生命維持機能が重大な障害（臓器の多くの細胞が死んでその機能が失われる）を受ける結果として生命個体も〝死〟に至ります。高等動物の高度な生命の営みには、疲労と老化は原理的に絶対に避けられません。

一般に大きい動物の寿命は長く、小さい動物の寿命は短いという原則があります。大きい動物の心拍数は遅く、小さい動物の心拍数は速いのですが、ゾウとネズミの一生における心拍数はほぼ同じとされています。[1] ところが同じ種族の間では体格の大きい動物の寿命は短く、体格の小さい動物の寿命は長くなります。例えば犬では、大型犬の平均寿命は一四・〇二歳ですが、超小型犬の平均寿命は一五・六七歳と言われています（ペットフード協会、平成二七年

---

期胚。

度全国犬猫飼育実態調査)。このように大型犬と小型犬でなぜ寿命が異なるのか興味のあるところですが、一つの可能性としてインシュリン様成長ホルモン(IGF-1)濃度の差異が考えられます。小型犬においては、インシュリン様成長ホルモン遺伝子の変異が多く、成長が遅くて(性成熟は早い)寿命は長い傾向があります。一方、大型犬のそれには変異が少なく、成長が早くて(性成熟は遅い)寿命は短い傾向があります。インシュリン様成長ホルモンの低値は寿命を延ばす働きがいくつかの動物で証明されていますので、その差異が寿命に関係しているのかもしれません。

アメリカのジョージア大学の研究では、避妊・去勢手術を行っている犬は、行っていない犬より平均寿命が一・五歳長かったそうですし、適正な食事により体型を維持している犬は、そうでない犬より二年近く平均寿命が長かったそうです。避妊・去勢手術が寿命を延ばす理由として子宮疾患や乳腺腫瘍の減少、卵巣腫瘍や精巣腫瘍の減少が挙げられます。適切な体型維持については、人と同様に循環器や運動器の疾患の減少が挙げられます。また、アメリカの野球選手四五四人の身長と寿命との関係についての調査がありますが、身長が一〇センチ高くなると寿命は四歳短くなると報告されています[2]。寿命が短くなる原因は、心血管疾患と関係があるそうです。

スウェーデンで、一九三八~九一年の間に生まれた男女五五〇万人を対象に行った癌発生率の調査があります(欧州小児内分泌学会発表内容、二〇一五年)。身長が一メートルから一〇センチ高くなるごとに、癌発症率は男性で一〇%、女性で一八%、乳癌は二〇%増加する傾向が指摘されています。要するに、身長が高くなるほど細胞数が多くなり、細胞分裂変異のリスクが高くなるということのようです。
有性生殖において精子と卵子が作られる際に、両親から一本ずつ受け継いだ体細胞の染色体（n＝2）は減数分裂（*5）して、半数体（*6）になります（n＝1）。その際に父由来と母由来の染色体が二つずつ作られ四本の相同染色体（*7）になり、その四本間でそれぞれの遺伝子座（*8）の組換えが起こります。人の染色体は二三本あるので精子だけでも二の二三乗種類の組み合わせになります。
したがって、何億も射精される精子の染色体が全く同じ遺伝子である可能性はほとんどないと言えます。有性生殖とは途方もない染色体の撹拌を通して卵子と精子が一つになる現象であり、その結果として親とは異なる多様性と適応性を持つことになり、子孫が生き残る可能性を高める原理と言えます。いずれにしても、有性生殖の原理は世代交代することにより適応力を高める繁殖方式ですので、個々には寿命の差異があっても動物種としては優れた生き残り戦略と言えます。

## オスの存在意義が解明された？

チャールズ・ダーウィンが書いた『種の起源』に、自然に起こる突然変異には、生存に適する変異は子孫に広がるが、生存に適さない変異は減少するという自然選択説があります（一八五九年）。しかし、自然選択説では交尾相手の選択についての説明

---

*5 **減数分裂**：動物の配偶子が形成される時には染色体数は半減するが、単なる半減ではなく相同染色体同士の組換えが起こり、遺伝的な多様性が生じる。

*6 **半数体**：染色体数は基本数の倍数で表し、染色体一セットのものを半数体（精子、卵子）、二セットのものを二倍体（体細胞）と呼ぶ。

*7 **相同染色体**：母方由来と父方由来の一対の対合した染色体。

*8 **遺伝子座**：染色体上の遺伝子の位置のことであり、動物種ごとに決まっている。相同染色体では雌雄由来の対立遺伝子がホモ（同じ）またはヘテロ（異なる）で存在する。

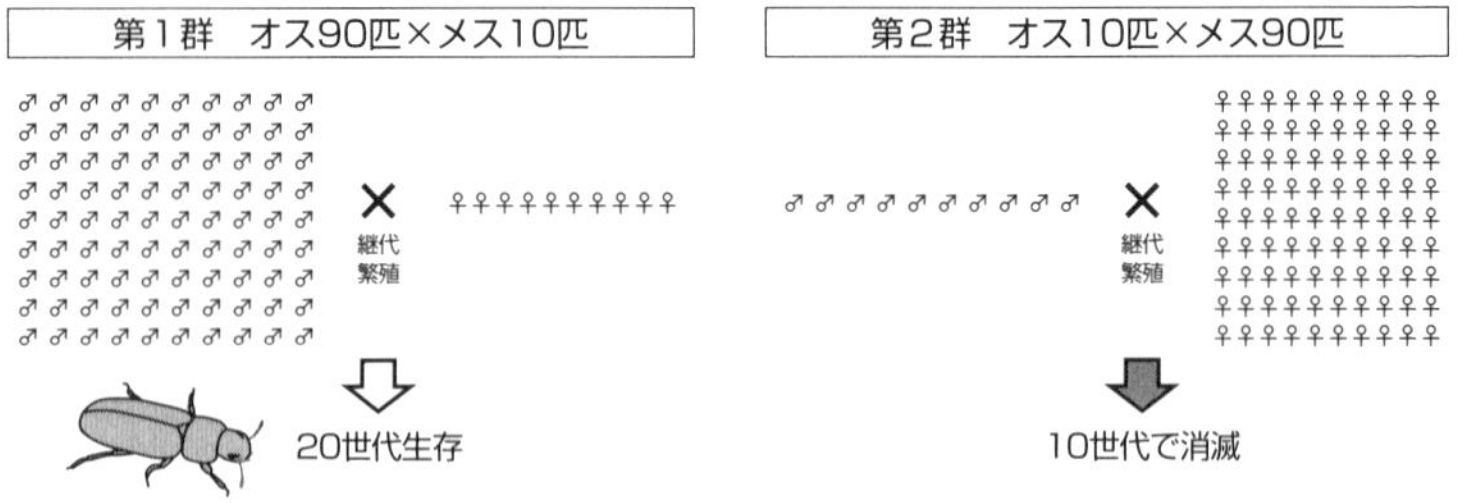


**図1-2　性淘汰説：コクヌストモドキによる実験**

が困難なために、性淘汰説が追加されました。性淘汰説は雌雄間で体の大きさ、形態、色彩が著しく異なる場合に特に適用されます。

性淘汰説とは、交尾する前にメスを巡ってオス同士が争ったり（ライオン、ゴリラなど）、メスに対して魅力あるプレゼンテーションをしたオスを交尾相手として受け入れる（クジャク、シカなど）という説です。しかしながら、メスの環境や好みは様々な影響を受けやすく、その証明は簡単ではなかったようで、つい最近になって検証結果が発表されました[3]。この研究ではコクヌストモドキが用いられています。コクヌストモドキは体長三〜四ミリの穀物害虫で、世界中に存在するとされ、動物行動学および食品安全研究のモデル生物になっているようです。この研究では、コクヌストモドキのオス九〇匹とメス一〇匹を第一群、オス一〇匹とメス九〇匹を第二群として、継代繁殖が行われました。その結果、オスが多く、オス同士の競争が激しい第一群では二〇世代生存しましたが、オスが少ない第二群では一〇世代で消滅したそうです。

結論として、オスの性淘汰は、弱い遺伝子を減少させ、強い遺伝子変異を残すうえで有効であり、オスの存在意義が科学的に証明されたことになります。とは言っても、人の社会においては、生活力があり、体格、容姿、頭脳の優秀な男性が女性から受け入れられ、早く結婚し、多くの子孫を残すことは概ね周知の事実かもしれません。

最初に述べた自然選択説に話題を戻しますが、無性生殖では突然変異の頻度が低いのに対して、有性生殖では雌雄それぞれの遺伝子が子孫に撹拌、再分配されることで突然変異の頻度が高くなり、その結果、有性生殖の進化速度が速くなると従来から考えられており、この部分では自然選択説が適用されます。

三億年前から生息し「生きた化石」と呼ばれるゴキブリは、メスしかいない条件では単為生殖（*9）によって子孫を残すようです。その際、メス一匹よりはメス三匹以上において卵鞘（*10）形成が早いという報告が、北海道大学から発表されました[4]。メスフェロモンの働きによってそうなるのかもしれませんが、その解明は今後の課題です。進化を無視して長く生き延びるという点だけに着目するなら、ゴキブリのように有性生殖と単為生殖の両方を使い分けることが最も有利なのかもしれません。

## 雄雌の差は紙一重である

哺乳類においてオスが性決定に関与することが分かったのは、それほど昔のことで

---

*9 **単為生殖**：有性生殖する生物のメスが交尾をせずに単独で子を作ること。

*10 **卵鞘**：複数の卵を硬い殻で固めたカプセルのようなもの。ゴキブリやカマキリに見られる。

はありません（一九五六年）。その後、高等動物においては性染色体（＊11）が性を決定することが分かりましたが、哺乳類では性染色体としてＸ染色体（＊12）とＹ染色体（＊13）とがあり、ＸＸをホモ（＊14）で持つとメス、ＸＹのヘテロ（＊15）だとオスになります。したがって、雌雄で異なる染色体はＹ染色体のみであり、性決定遺伝子ＳＲＹ（＊16）は、Ｙ染色体から発見されました。[5] したがって、現在ではＳＲＹ（動物ではＳｒｙ）遺伝子を検出することにより、多くの動物種で雌雄鑑別が可能になっています。

性分化についてヨースト（Ｊｏｓｔ）のパラダイム（系列）という考え方があります。染色体の性が胎子性腺（＊17）分化に影響を与え、その分化した性腺から放出されるホルモンなどにより生殖器の形態が決まり、出生時の雌雄差をもたらすというものです。現在では、性腺からのホルモンにより脳の性分化が決まることも明らかになっています。卵祖細胞（＊18）や精祖細胞（＊19）の元になる細胞は始原生殖細胞と呼ばれ、卵黄嚢（＊20）周辺部位から移動して未分化性腺（＊21）に到着しますので、最初は性腺に影響を受けていない段階があります。この雌雄の始原生殖細胞を調べたところメスだけにＳｘｌ遺伝子が発現しており、Ｓｘｌ遺伝子をメスとオスの未分化性腺に発現させると卵子を作ることが分かり、Ｓｒｙ遺伝子のみで性は決定されない可能性が出てきました。[6]

一方、Ｙ染色体にＳｒｙ遺伝子が存在してもオスにならない場合がありますが、その原因が一部解明されました。ＤＮＡは

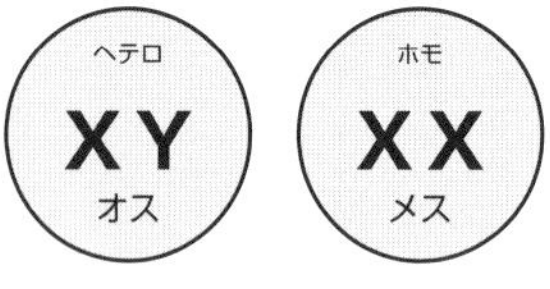


**図1-3　哺乳類の性染色体**

＊11　**性染色体**：雌雄異体の生物において雌雄によって形態や数が異なる染色体であり、雌雄間で共通のものは常染色体と呼ばれる。

＊12　**X染色体**：メスがホモで有する性染色体であり、一本のX染色体は不活化される。

＊13　**Y染色体**：オスの性染色体の一つであり、性決定遺伝子を含む。

＊14　**ホモ**：相同染色体の二つの遺伝子座に同じ特性の遺伝子が存在する場合やXXのように同じ二つの性染色体の遺伝子を持つ場合に使われる。

＊15　**ヘテロ**：相同染色体の二つの遺伝子座に異なる特性の遺伝子が存在する場合やXYのように異なる

ヒストンと呼ばれる蛋白質に巻き付いて存在しますが、胎子期の性腺未分化段階においてヒストンの脱メチル化(＊22)酵素(DNAはメチル化すると遺伝子情報を発現しないので、メチル化を解除する酵素)が働かないとSry遺伝子が機能せず、メスになることが分かりました。[7]

アンドロジェン
精巣や副腎皮質から分泌
される男性ホルモン
の総称
エストロジェン
卵巣や胎盤から分泌
される卵胞ホルモン
の総称

図1-4　男性（オス）ホルモンと女性（メス）ホルモン

　鳥類の性染色体は哺乳類と異なり、オスがZZ(＊23)、メスがZW(＊24)であり、メスにヘテロで存在するWに性決定遺伝子が存在すると考えられてきました。ところが最近、Z染色体に性決定遺伝子候補としてDMRT1遺伝子が発見され、この遺伝子がホモ(二倍)であることでオスの性を決定するという考え方に変わりつつあります。[8] そのような鳥類であっても孵卵五日目の受精卵にエストロジェン合成酵素(＊25)を抑制するアロマターゼ阻害剤(＊26)を投与すると、メスになるはずの鶏がオスへ性転換します。これはアンドロジェン(＊27)をエストロジェン(＊28)に変換するアロマターゼ酵素の活性が抑えられる結果、遺伝的にはメスの胚の性腺がオス(精巣)になってしまうためです。

　爬虫類になると性染色体とは無関係に、温度依存性に性転換される種があります。例えばカミツキガメの場合、孵卵温度が二〇度以下と三〇度以上で全てがメスになり、二二～二八度では全てがオスになります。二〇度あるいは三〇度付近の境界温度では、雌雄はほぼ一対一になるそうです。また、ワニなどの受精卵をオスが生まれるはずの

る性染色体の場合に使われる。

＊16 **性決定遺伝子SRY**：SRYはsex-determining region of the Yの略。

＊17 **性腺**：雌雄の配偶子(卵子や精子)や生殖に関連したホルモンを産生する器官であり、生殖腺とも呼ばれる。メスの卵巣とオスの精巣を含んだ総称になる。

＊18 **卵祖細胞**：卵母細胞の幹細胞。卵母細胞を作る期間は動物種により異なる。

＊19 **精祖細胞**：生涯を通して精子を供給する幹細胞となり、一部は精母細胞に分化する。

＊20 **卵黄嚢**：本格的な胎盤が形成されるまでの妊娠初期に胚に栄養を供給するが、その後消失する。

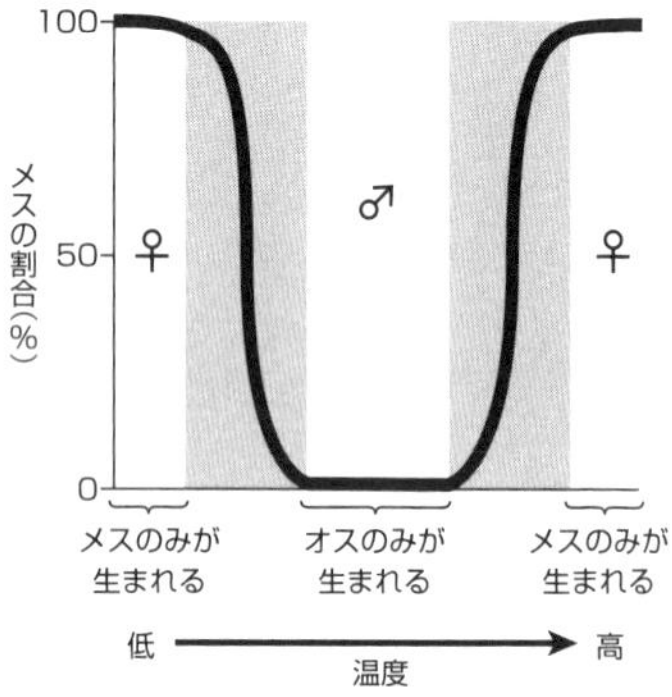


**図1-5　爬虫類の多くで起こる温度による性決定**
（出典：文献9）

温度で孵卵する際にエストロジェンを投与するとメスになり、逆にメスが生まれるはずの温度でアンドロジェンを投与すると胚はオスになるそうです。

　このように、多くの爬虫類では性染色体が決定的でない種類がありますが、ヘビでは性染色体が性を決定するとされています。鳥類と同じくオスがZZ、メスがZWですが、ヘビの中で古いヘビに属するオオヘビ科やヘビ科ではZW染色体の大きさに大きな差異はない一方、新しいヘビに属するクサリヘビ科では哺乳類のXY染色体と同様にZ染色体が大きく、W染色体は小さくなります。

　魚類になるとさらに環境依存度の高いものが多くなり、性転換する魚が三〇〇種類もあるとされています。メスからオスへ変わる魚としてホンソメワケベラ、キンギョハナダイ、マハタ、キュウセンなどがあり（雌性先熟）、オスからメスへ変わる魚としてクマノミ、クロダイ、ハナヒゲウツボなどがあります（雄性先熟）。さらに、オスとメスのどちらにも変わる魚として、ダルマハゼ、オキナワベニハゼ、ホシササノハベラ、オキゴンベなどがあります（双方向性転換）。

オリンピックでは男女別に競技が行われますが、一九六〇年代に女性競技に男性が

---

＊21　**未分化性腺**：性腺原器のことであり、雌雄に性分化する前段階ではどちらにも分化可能。

＊22　**脱メチル化**：DNAメチル化はDNAのシトシン塩基などがメチル化されることでその遺伝子発現は抑制的になるが、逆にメチル化された部位が脱メチル化されると遺伝子転写は促進される。

＊23　**Z染色体**：鳥類、爬虫類、両生類などの性染色体の一つであり、オスでは二つ、メスでは一つ存在する。

＊24　**W染色体**：鳥類、爬虫類、両生類などの性染色体であり、オスにはなく、メスにはZWとして一つ存在する。

＊25　**エストロジェン合成酵素**：アンドロ

参加していたのではとの抗議を受けて、一九六八年のメキシコ大会では女性選手が審査員の前で全裸になり性チェックを受けました。当然、猛烈な抗議が女性選手から出されたために、その後は口腔粘膜による遺伝子検査（ＳＲＹ）に切り替えられました。しかし、生まれつき半陰陽（間性、インターセックス）の女性には遺伝子検査でＹ染色体が検出されることがあり、人権侵害のおそれが出てきたために二〇〇〇年以降のオリンピックでは遺伝子検査も中止されました。

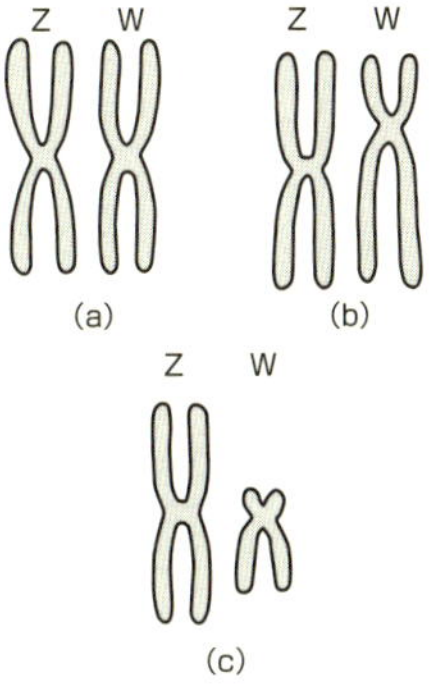


**図1-6　ヘビのZW染色体の変遷**
a: オオヘビ科（古い） b: ヘビ科（古い）
c: クサリヘビ科（新しい）

古代ギリシャ時代においては、政治などの集会やオリンピックに女性は参加できませんでした。しかし、どの時代にも進取的女性は存在するもので、男装して参加する女性がいたそうです。その対策として入口で男性かどうかを判断するために、係員が一人ずつ股間に手を入れて検査したそうです。これがテスト（ｔｅｓｔ）の由来になったという説があります（精巣は英語でｔｅｓｔｉｓ）。

ローマ法王は男性であることが昔からの決まりだそうですが、以前に一人だけ女性が就任したことが就任後に判明したそうです。それ以降、ローマ法王を決定する時には候補者は穴のあいた椅子に座り、男性であることを確認した後に就任する決まりになったそうです。これが恐れ多いローマ法王への最終テストだそうです。

---

ジェンをエストロジェンに代謝するアロマターゼ酵素。

＊26 **アロマターゼ阻害剤**：エストロジェン合成酵素の作用を阻害する薬剤。

＊27 **アンドロジェン**：精巣や副腎皮質から分泌される男性ホルモンの総称。

＊28 **エストロジェン**：卵胞や胎盤から分泌される卵胞ホルモンの総称。女性ホルモンには卵胞ホルモンと黄体ホルモンがある。

# ブチハイエナのメスはいないのか？

ブチハイエナのメスは存在しないと長年信じられてきました。それもそのはずで、メスにも勃起するりっぱな偽ペニス（＊29）が存在し、さらには外陰部は癒合して擬似陰嚢（中身は脂肪組織）を形成するため、どう見てもメスとは思えなかったからです。勃起したペニス先端が尖っていればオス、平らならメスと区分したり、子供を産んだメスの乳頭は大きいというのを一つの目安にする説もありますが、その見分けは難しいようです。実際、北海道の動物園で飼育されていたメス・オスと思われていたブチハイエナが二頭ともオスであったことが後日判明したそうです。ちなみに、ハイエナには他の動物が食べ残した屍肉を漁るイメージがありますが、少なくともブチハイエナに関しては誤りです。ハイエナは正真正銘のハンターであり、逆に百獣の王とされるライオンがハイエナの獲物を横取りする頻度が高いとされています。そもそもライオンが百獣の王と呼ばれるのは、ヒョウやハイエナが仕留めた獲物をライオンが横取りする時に〝うなり声〟だけで他の動物を威圧し、圧倒する様子に由来するようです。

ブチハイエナのメスは体重七〇キロ、対するオスは四五キロとメスの大きさがオスをはるかに上回っています。さらに驚くべきことに、メスの血中テストステロン値（＊30）はオスの値と同レベルであり、アンドロスタンジオン（副腎由来男性ホルモン（＊31））はオスよりはるかに高いとされ、メスの方が筋肉質で、獰猛とされています。群れの中でメスは常に優位（アルファ）であり、餌を食べる順番もメスがオスより先になり

---

＊29 **偽ペニス**：メスにおいて陰核が異常に発達したペニス状物。半陰陽における偽ペニスには通常尿道は存在しないが、ブチハイエナには存在し生物学的に特異的である。

＊30 **テストステロン**：アンドロジェンの代表的なホルモン。主に精巣から分泌され直接働くこともあるが、標的組織でジヒドロテストステロンに代謝されてから働くこともある。

＊31 **アンドロスタンジオン**：アンドロジェンの一つであり、主に副腎皮質から産生される。アンドロスタンジオンはエストロジェンにも

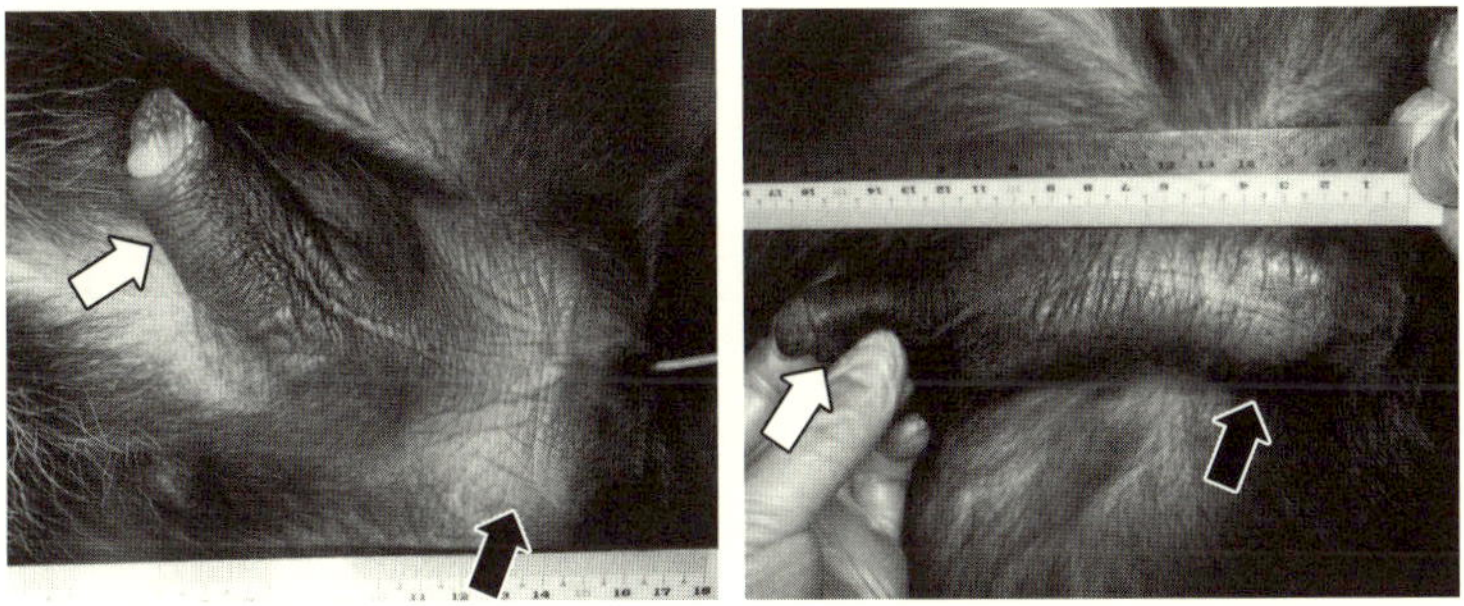

**図1-7　ブチハイエナの偽ペニス1**
白矢印：ペニスあるいは陰ペニス、黒矢印：陰嚢あるいは疑似陰嚢。
写真提供：高知県立のいち動物公園

ます。メスハイエナの男性ホルモンの由来は興味あるところですが、テストステロンよりアンドロスタンジオンが高いこと、副腎皮質刺激ホルモン（＊32）を投与すると、アンドロスタンジオンのみが急増することから副腎由来と考えられます。さらに妊娠期の母親ではテストステロンとアンドロスタンジオンが急増します。最近の研究において、妊娠後期の母親の血中テストステロン値が高いほど、生まれてきた子供の社会的優位性が高いとされ、母体の妊娠環境が出生後の子供に影響する例として注目されています。[10]

　それではハイエナの交尾はどのように行われるのか興味あるところですが、メスの偽ペニスを内側に反転させて交尾するそうです。雌雄のペニスが前向きであることを考えると、その交尾の様子を想像するのは困難です。さらに出産も偽ペニスを通って行われますので、狭い産道を大きな胎子（一キロ以上）が通る時に産道破

転換される。

**＊32　副腎皮質刺激ホルモン**：下垂体から分泌されるホルモンの一つであり、副腎皮質から分泌される各種ホルモンの分泌を刺激する。

**図1-8　ブチハイエナの偽ペニス２**
右がメス、真ん中がオスだが、メスの偽ペニスも勃起している（矢印：ペニスあるいは偽ペニス）。
写真提供：高知県立のいち動物公園

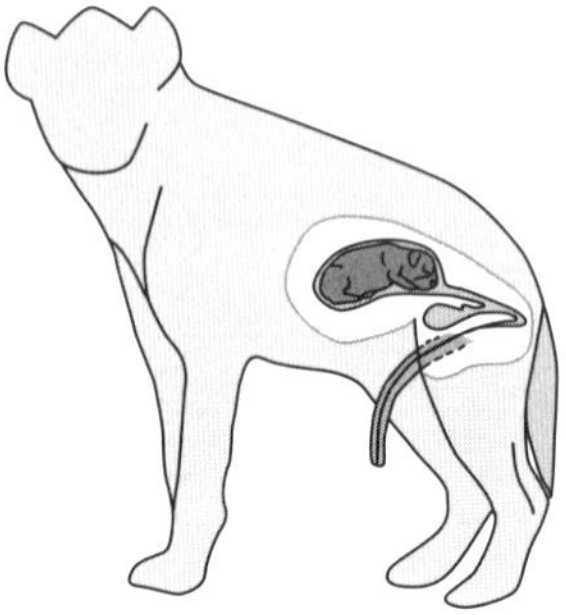

**図1-9　ブチハイエナ妊娠メスの想像図**
１頭の胎子がいる状態。

裂することがあり、難産の頻度は高いそうです。したがって、正常分娩できるのは二産以降とされています。ブチハイエナは通常二頭を出産しますが、出生直後から兄弟、姉妹の戦いが起こり、一頭は失われるそうです。ワシなどの肉食鳥類の雛でも先に孵化した雛が後から孵化した雛を排除するそうですので、それに似た現象と考えられています。

## 遺伝の基礎知識

遺伝病の遺伝子変異は親から子孫に伝達されますが、親が最初から遺伝病の変異を持っている場合と、受精時に突然変異を起こして伝達される場合とがあります。

人の先天異常の原因は、遺伝子を調べても分からない複数の要因からなる多因子遺伝病が五〇%、染色体の一部が二本より過剰または少ない染色体不均衡が二五%、原因遺伝子が一つであることが解明されている単一遺伝子病が二〇%、環境要因によるものが五%とされています[11]。人の流産胎児の染色体検査では五七%に染色体不均衡（過不足）が見られ、そのうち常染色体（*33）トリソミー（染色体が二本ではなく三本ある）と性染色体異常（XYでなく、XXYやXOなど（*34））とが合わせて八割を占めるという報告があります[12]。

人の流産の多くは受精時における異常に起因すると思われ、ある意味、妊娠期間中に胎児が成長を継続できないほど大きな障害があるために生まれてきません。人の妊娠率は高齢に伴い低下しますが、老化した卵子や精子での受精では、染色体異常が多くなる傾向があります。事実、二一番染色体トリソミー（*35）で起こるダウン症候群は高齢に伴い発生率が増加します[13]（二〇歳で一五二七人に一人、三五歳で三五六人に一人、四〇歳で九七人に一人）。

家畜の繁殖は効率的な観点から高齢妊娠は少ないですので、人より受精時における染色体不均衡は少ないと思われます。ただし、家畜においても交配適期を過ぎたり、または暑熱のストレスによって、卵子や精子が劣化（老化）することは十分に考えられます。

単一遺伝病の場合、メンデルの遺伝の法則に則り遺伝しますので、メンデル遺伝病と呼ばれます。遺伝する形質にはメスの卵子由来の遺伝子とオスの精子由来の遺伝子とが一本ずつ伝達されますので、常染色体は相同染色体と呼ばれます。生体には二万数千種の遺伝子が存在しますが、各染色体には遺伝子座が決められており、染色体の

*33 **常染色体**：性染色体以外の染色体。動物種ごとに常染色体数は異なり、父親由来と母親由来の一対で構成される。

*34 **性染色体異常**：哺乳類の性染色体にはXとYがあるが、卵子や精子の減数分裂時に分離異常が起こることにより、XXY、XOなどの性染色体異常が起こることがあり、不妊症を引き起こす。

*35 **二一番染色体トリソミー**：人の常染色体の二一番目の染色体が一対ではなく、三本存在し、ダウン症候群を引き起こす。

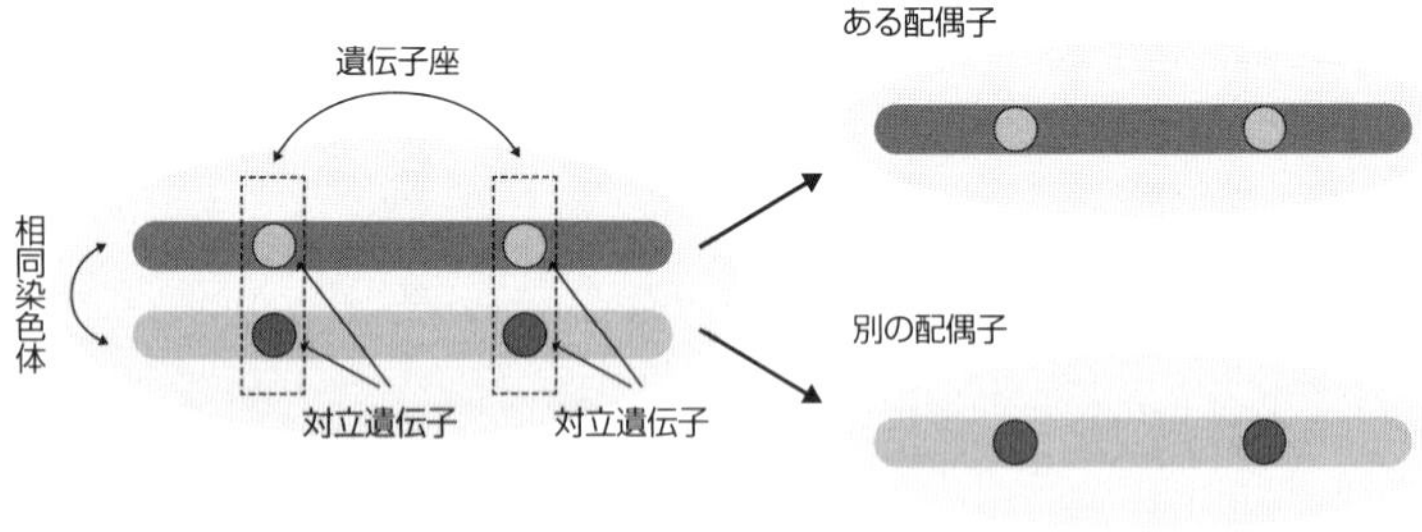


**図1-10　相同染色体の対立遺伝子（アリル）は配偶子へ伝達される**
（出典：文献14）

遺伝子座には一種類の遺伝子のみ配置されます。

同じ遺伝子には複数の形質（アリルまたは対立遺伝子と呼ばれる（＊36））のあることが多いですが、相同染色体に同じ形質（ホモ）と、異なる形質（ヘテロ）の組み合わせができます。相同染色体に二つの形質がホモで揃うと劣性でもその形質は発現しますが、優性の場合はヘテロでもホモでも発現します。

人ではヘテロでも発現する優性遺伝病（＊37）が圧倒的に多いのに対し、動物では劣性遺伝病（＊37）が多いとされています。その理由は明らかではありませんが、家畜では遺伝病が認識されていなくても優性遺伝病のような病気に罹りやすい系統は自然淘汰されやすく、劣性遺伝病はキャリアー（＊38）として子孫に伝達され、広がりやすい可能性があります。

遺伝病の中でも、遺伝子変異の原因が解明された遺伝病については、DNA検査によりノーマル、キャリアー（ヘテロの変異）、アフェクテッド（ホ

＊36　**アリル・対立遺伝子**：多くの生物は両親から一本ずつ染色体を引き継ぐが、各染色体の遺伝子座に位置する遺伝子を対立遺伝子（アリル）と呼ぶ。特性の異なる対立遺伝子が動物種にいくつ存在しても、個体には二つ（ホモでもヘテロでも）しか存在できない。

＊37　**劣性遺伝病・優性遺伝病**：遺伝子の変異がホモの場合に限り発現する遺伝病を劣性遺伝病という。変異がヘテロでも（ホモなら当然）発現するものを優性遺伝病という。

＊38　**キャリアー**：劣性遺伝病において対立遺伝子の一つが正常で、もう一つが異常の場合、遺伝病は発症しないが保因者（キャリアー）となり、次世代に引き継がれる。

モの変異）を診断でき、発症する前や交配する前に検査することが可能です。劣性遺伝病でもキャリアーはもちろんのこと、発症前のアフェクテッドを知ることはペットや家畜の繁殖計画に大きな影響を与えます。

メンデルの法則として長年使われてきた用語である優性と劣性という言葉が変更されることになりました。従来の優性は顕性、劣性は潜性に置き換えられます。これまで優性は優れているとか、劣性は劣っているという誤解があったようで適切な修正と思われます。また、変異は多様性という言葉になりますので、色覚異常や色盲は色覚多様性に変更されます（二〇一七年）。

## 兄弟の顔かたちはなぜ違うのか？

染色体は常染色体と性染色体からなります。常染色体は二本の相同染色体から構成されますが、性染色体も含め必ず両親（卵子と精子）から一本ずつ受け継がれます。

人では常染色体は二二種類あり、大きな染色体から順番に番号が付いています。遺伝子の大きさとそこに含まれる遺伝子数とは必ずしも一致しませんが、一般には大きな染色体ほど多くの遺伝子を含んでおり、もし相同染色体が二本ではなく三本（トリソミー）になると大きな影響を受けるため、多くは途中で発育が停止し、生まれませ

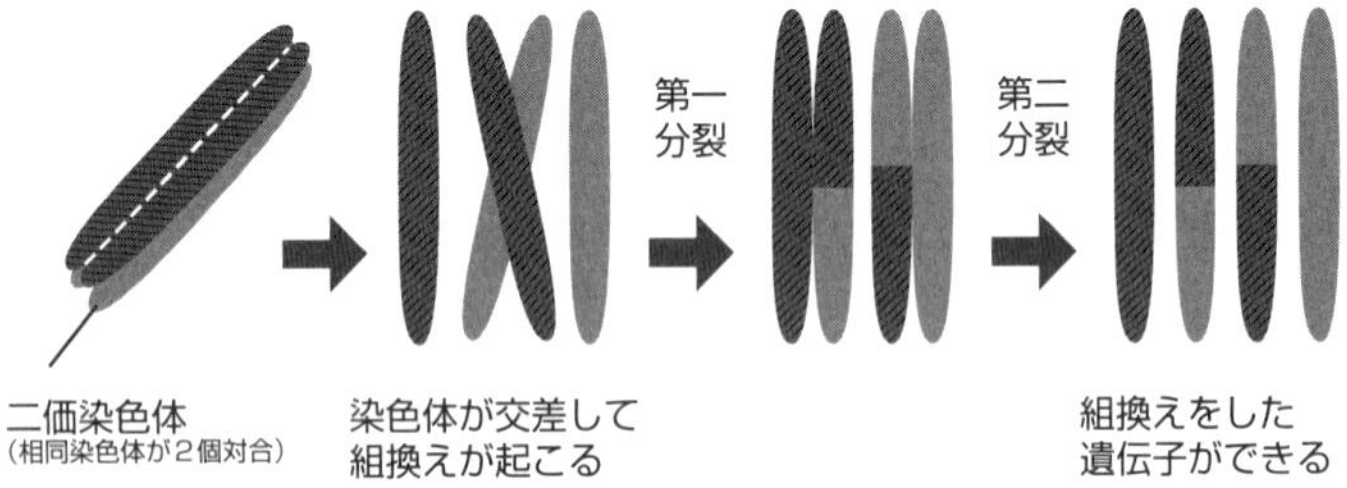


図1-11　相同染色体の組換え

ん。しかし、小さい染色体のトリソミーなら、発育への影響が少ないために生まれる可能性があります。

二一番トリソミーはダウン症候群として有名ですが、高齢妊娠になるほど発症率が高くなります。ダウン症候群は顔全体が平坦な形になったり、精神発達の遅れや知能障害が見られたりすることがあります。

精子や卵子が形成されるときに染色体が二倍体から減数分裂により半分（半数体）になりますが、その過程で、相同染色体がまず倍増し、四本の相同染色体間で遺伝子の組換えが起こります。人の場合、二三種類の染色体があるため二の二三乗の組み合わせ（八四〇万組）が考えられ、減数分裂後の卵子や精子の遺伝子は基本的には全て異なることになります。

この減数分裂過程は、卵子の場合、胎児期に第一成熟分裂（＊39）前期で停止し、長い間休眠状態に入ります。第一成熟分裂の再開は、性成熟

＊39　**第一成熟分裂・第二成熟分裂**：第一成熟分裂は、胎子期に卵祖細胞から一次卵母細胞への分裂途中で停止し長い休眠状態に入る。性成熟後のLHサージにより分裂は再開し、第一極体を放出し、染色体数が半減する減数分裂を起こし二次卵母細胞になり、第二成熟分裂中期で再び分裂を停止する。多くの動物で排卵直後に精子侵入を受けて、第二成熟分裂の再開と第二極体を放出して受精する。

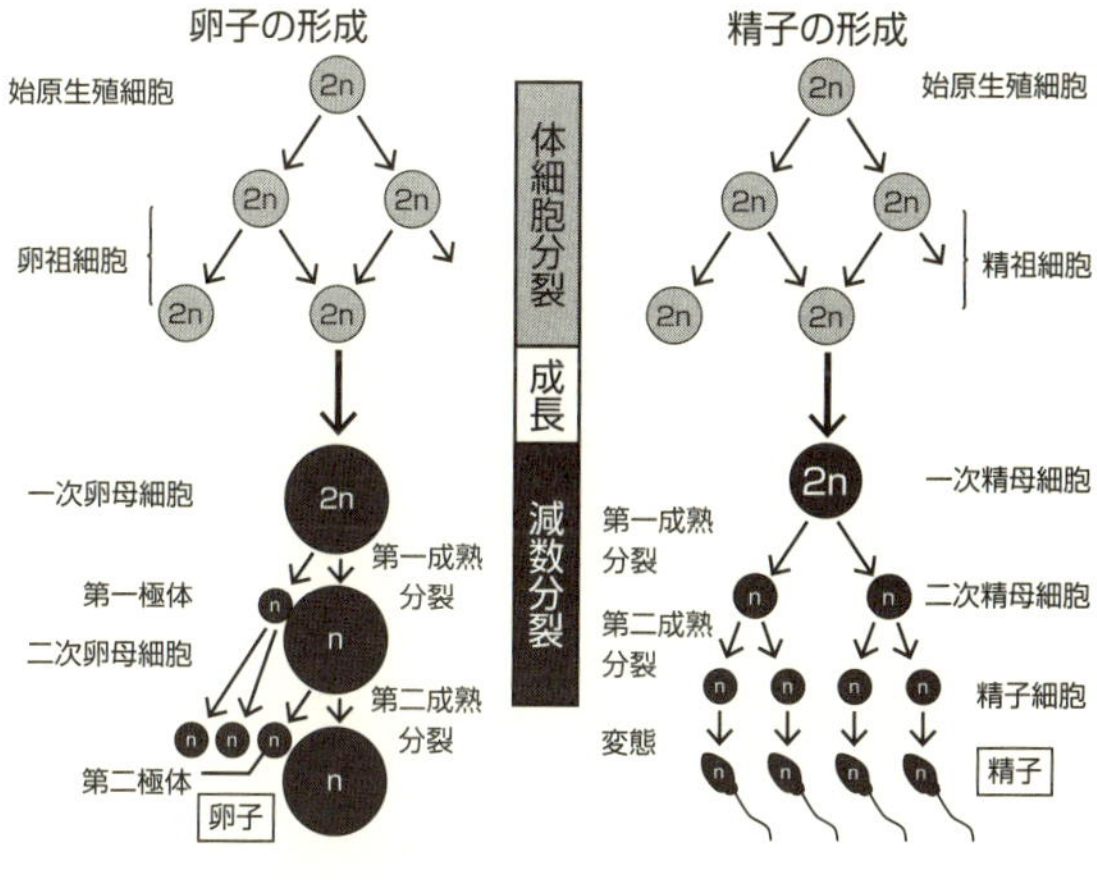


図1-12　卵子および精子の形成

（*40）に達して限られた主席卵胞（最大卵胞（*41））の卵子のみが、LHサージ（排卵を刺激する下垂体ホルモン分泌（*42））により再開され、第一極体（*43）を放出します。その後、第二成熟分裂（*39）中期で再停止し排卵されますが、もし交配すれば、卵子に精子が侵入する刺激で第二成熟分裂を再開し、第二極体（*43）を放出します。一方、精細管基底部にある精祖細胞からの精子形成は性成熟に達してから起こります。

一卵性双生児は確率的に非常にまれです。受精した卵子がある程度成長し、桑実胚や胚盤胞（*44）になった時に二等分されて、それぞれが成長したものが一卵性双生児です。この場合は全ての染色体が全く同じになりますので、瓜二つの顔かたちになります。一方、二卵性双生児は同時に二つの卵子が排卵し受精しますが、卵子、精子の染色体構成は少しずつ異なりますので、一人ずつ生まれた場合の兄弟と変わりません。当然、同じ親から生ま

---

*40 **性成熟**：メスでは発情周期が発来し妊娠可能な状態であり、オスでは射精により妊娠させることができる状態。

*41 **主席卵胞**：卵胞腔のある胞状卵胞は段階的に選択・成熟し、最終的に排卵する主席卵胞（優性卵胞）になる。単胎動物では一個、多胎動物では多数の主席卵胞が形成される。

*42 **LHサージ**：下垂体からのLH（黄体形成ホルモン）の大放出であり、排卵に不可欠な働き。

*43 **第一極体・第二極体**：第一成熟分裂時に二次卵母細胞と第一極体に分裂し、第二成熟分裂時に卵子と第二極体に分離するが、二つの極体はきわめて小さく、細胞質の極端な不等分割を示す。

れた兄弟ですから似たところはあります。

## 近親相姦を避ける知恵

旧石器時代、狩猟採集時代の生活は、自然の洞穴での約五〇人くらいの共同生活が基本だったようです。実際に、近代文明に最近触れたばかりのアマゾンのエナウェネ・ナウェ族も五〇人くらいが一軒の大きな家に居住しています。家の中には共同で使う台所や作業場もありますが、部屋は家族ごとに簡単な間仕切りがあるだけで約一〇家族が大きな同じ屋根の下に一緒に暮らしているそうですので、一族五〇人は人類の基本的な居住単位に近いと考えられます。

狩猟採集時代には狩猟で得られた食べ物はもちろんのこと、採集した木の実、根菜、魚介も平等に分配され、貧富の差はありませんでした。結婚に際しては、複数の男女が同時に結婚する多夫多妻の共同婚が行われ、性の不平等による争いを避けると同時に、血族結婚の弊害を減らす方法でもあったようです。

例えば、いとこ同士が複数結婚する多夫多妻であれば、一夫一妻の組み合わせで起こる遺伝的弊害を減らすことが可能です。

パキスタンではいとこ婚が約五〇%あるとされていますが、血族結婚でない結婚と比べ遺伝病が一三倍も高いとされ、血族結婚の弊害が指摘されています。現在もパキ

＊44　胚盤胞：受精卵（胚）に腔が形成され、栄養膜と内部細胞塊に分化した状態。

スタンの田舎に行くと、数十人の一族が同じ塀の中の家に居住している例はたくさんありますが、小さい時からいこと同士で親密になりやすいのか、両家の経済力が分かるためバランスが取りやすいのか（経済力の釣り合いは政略結婚の一大要因）、その理由は定かではありません。

旧石器時代に近親相姦の弊害を減らす方法として、狩猟に出かけた男性が少し離れた隣の一族の家に行き、獲物と交換に性接待を受けた可能性は最も高いとされていますが、当然ながらこの時代の記録が残っているわけではありません。

多くの鳥は放卵から雛育てまで夫婦で協力して行うことが多く、基本的には一夫一妻と考えられてきました。ところが、孵化した雛のＤＮＡ検査を行ってみると夫以外のＤＮＡが結構検出されるそうで、鳥においても見かけと実質の婚姻関係は異なるようです。

イヌイット族居住地やアフリカの孤島マダガスカルなど人の往来が限られた閉鎖社会では、まれに立ち寄る男性旅行者は血縁のない遺伝子を導入する最大のチャンスであり、部族長の妻や娘が性接待を行ったとされています。一方、江戸時代、宿に泊まれない貧しい男性旅行者が宿場町に立ち寄った場合はその地域の庄屋が責任を負って宿泊させましたが、時には妻や娘が性接待したそうです。このような性接待は封建的であり理不尽と思われますが、この時代の旅行者はエリートであり子孫繁栄に貢献する可能性が高く、地域の有力者の特権として利用されたようです。

九〇〇〇年前頃から農業や畜産が発達するにつれ、男性の経済力が確実に向上しました。それが、平等社会の多夫多妻を崩壊させるきっかけとなり、経済力の高い一部の男性は一夫多妻になり、その後徐々に多くの男性も一夫一妻の婚姻形態に移行しました。おそらく数千年前から一夫一妻が一般化したと思われますが、お互いに結婚相手の経済力、家の格の釣り合いが重要視されるようになりました。近親相姦を避けるために他部族や他地域から嫁をもらう場合も家の格が重要視されました。

野生動物においても、子供が成長すると一族から離れるという近親相姦を避けるシステムが存在します。哺乳類ではオスが巣を離れ、メスが巣に残る場合が多いようです。チンパンジーなどはメスが出ていき、人でも女性が出ていく点で例外的かもしれません。

一方、人類が根源的に一夫一妻であったという主張は今でもあります。その主な主張は「乱婚型の精巣ほど人の精巣は大きくない」「乱婚型の精管は短く筋肉型であるが、人は長く筋肉型でない」「乱婚型の卵管は長いが、人は短い」「乱婚型の精子中片部は大きいが、人は大きくない」という理由が挙げられています。[15] しかしながら、人類のペニスが霊長類の中では最も長くて太いことへの考察や、亀頭カリの形が他人の精液を掻き出す形態として特異的であること[16]などには全く言及されておらず、説得力に欠ける感があります。

## コラム　女性のX染色体の一本は不活化される

女性のX染色体は二本ありますが、どちらか一本は不活化されるというライヤンの仮説があります。[17] オスでは一本しかないX染色体で生存に必要な遺伝子を発現させていますが、メスでは二本のX染色体からの過剰な量の遺伝子の発現を避けるために片方のX染色体を不活性化しています。どちらのX染色体が不活性化されるかは、マウスや人では無作為に決まります。これに対して有袋類においては、父親由来のX染色体が選択的に不活性化されるそうです。

実は、日本の獣医科大学出身者で世界的科学者である大野乾氏もその説を発表したのですが、少し先を越されたということです。大野氏の業績は、DNAジャンク理論(*45)や哺乳類のX染色体遺伝子はほとんど差異がないという学説でたいへん有名です。

ライヤンの仮説は、①メス猫はX染色体にバー小体（委縮した染色体）を有するがオス猫には見られない、[18] ②ラット、人などにおいては胚発生時に各細胞で不活化されるX染色体が決定され、それ以降の細胞分裂において引き継がれることが、受け入れられています。一例として、三毛猫のメスの黒と茶の斑は二つのX染色体に黒と茶の対立遺伝子（アリル）を有する時にまだら模様が発現する結果として有名です。

♀　$X^{黒}$ $X^{茶}$

♂　$X^{黒}$ $X^{茶}Y$

図 1-13　三毛猫の遺伝子

　きわめてまれですが性染色体の減数分裂に失敗すると、卵子はXX（精子はXY）となりますが、精子のY（または卵子のX）と受精すると結果的にXXYになります。もし、二つのXXに黒と茶の遺伝子があるとオスの三毛猫になる可能性があります（クラインフェルター症候群と呼ばれ、全て不妊症)。

(注釈)

＊45　DNAジャンク理論：染色体上の遺伝子配列の中に機能不明の部位がたくさん含まれており、このようなDNA領域に対してDNAジャンクと名づけられた。現在ではジャンク遺伝子の中に調節遺伝子や、進化過程で不要となったものも含まれ、必ずしも無駄で無意味ではないと考えられている。

## コラム　繁殖虐待はなぜ起こるか

犬の近親交配では、一般に虚弱体質(体の萎縮、内臓欠陥など)、繁殖能力の減退(片睾丸、潜在精巣、不妊症など)、奇形(多指症、骨軟骨症、臍ヘルニアなど)などの発症率が高くなるとされており、当然、他の優性遺伝病や劣性遺伝病の発症率も高くなります。犬において近親交配が多くなる背景は、イギリスに一五〇年前に発足した畜犬団体(ケンネルクラブ)に淵源があるとされています。各国のケンネルクラブはそれぞれの犬種のスタンダード(標準)を定め、体型などの許容範囲を狭めて、そのスタンダードから外れた犬を繁殖から除外する傾向があります。また、展覧会で上位に入賞した犬ばかりが繁殖に供用され、交配対象数が限られるために、自然と近親交配が多くなります。

国内のペットショップに子犬を半分以上供給しているパピーミル(繁殖業)ブリーダーは、テレビCMなどにより人気の出てきた犬種を短期間に無理やり供給する傾向があります。このような業者は数少ない雌雄を使って機械的に繁殖し、近親交配を頻繁に行うこともあり、遺伝病の予防対策はほとんど考慮していないのが現状です。

近親交配の影響については、人の場合でも同様に弊害があります。パキスタンでは約五〇％がいとこ婚とされており、一般婚より遺伝病が一三倍多いという報告があります。

イギリスやドイツのケンネルクラブでは、交配の最低月齢を一二カ月、最高出産年齢を八歳まで、二四カ月以内に二回以上の出産をさせてはいけないと定めています。要するに、それらの国では、生涯出産回数は最高でも四回までになりますし、帝王切開も二回までに制限されています。一方、日本の代表的登録団体である一般社団法人ジャパンケネルクラブ（ＪＫＣ）では最低月齢について九カ月一日以上とあるだけで、年齢の上限や出産回数の制限もないことから、現在、登録基準の変更を検討中です。

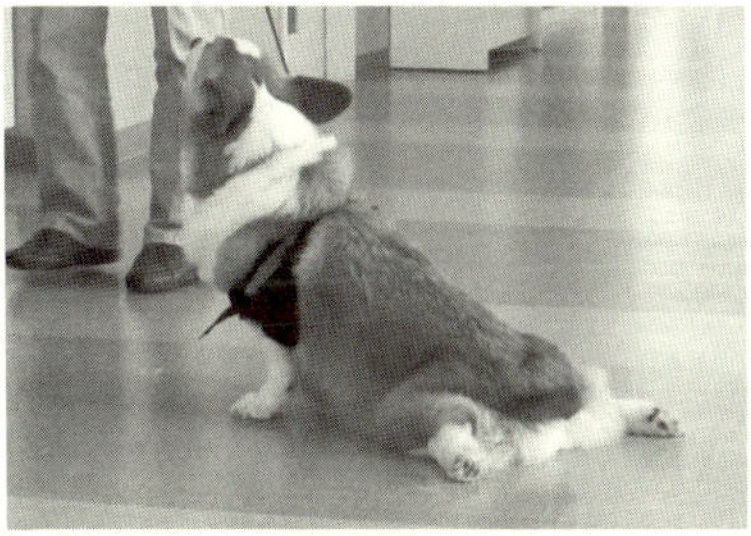

図1-14　ウェルシュ・コーギー・ペンブローク
にみられる変性性脊髄症
写真提供：岐阜大学 神志那弘明先生

遺伝病対策を行わないで近親交配を繰り返す現状や、適切な繁殖年齢や繁殖回数制限を設けないやり方は、いずれも世界からは〝繁殖虐待〟と呼ばれています。この対策はケンネルクラブ、ブリーダー、飼い主、獣医師などが力を合わせて取り組むべき重要な課題と言えます。例えば、一〇歳以上の高齢で後躯麻痺の後に死亡に至る変性性脊髄症（ＤＭ）はウェルシュ・コーギー・ペンブロークで特に知られていました。ところが最近では、他の犬種でも発症するようになりましたので、特にその対策が求められています。

## 2　精子の特性

### 死後、最後まで生き残る精子

動物は呼吸が止まり、酸素供給が停止すると、真っ先に機能が失われるのは脳の神経細胞であり、呼吸が停止すると約五分で脳波は消失します。脳波が消失してから蘇生することは、現実的にはないとされています。心臓は無処置の場合、脳波が消失してから二〇分くらいで停止するとされています。しかしながら、脳死後も人工呼吸器を使って酸素を供給すると、心臓だけは一週間以上も動き続けるため、人情的に死を受け入れ難い理由とされています。

筋肉の機能が失われるのは心停止から五時間後、一般細胞が機能停止するのは心停止から一〇～三〇時間後とされます。したがって、臓器移植における脳死判定は、脳波消失などが観察されてから六時間後に最終判定され、脳死の最終判定後は心臓・肺・肝臓・腎臓・膵臓などが速やかに摘出され、低温で輸送され、移植されます。脳死後、

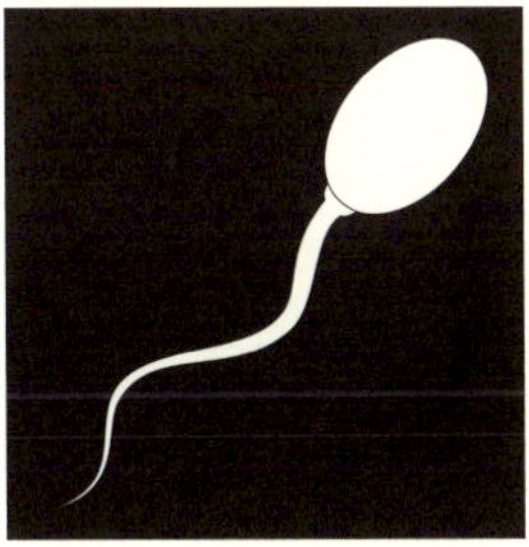

**図1-15　死後も長く生きる精子**
精子は心停止後80時間も生存する。

最も長く生存している細胞は精子であり、心停止から八〇時間後も生きています。

動物園などで飼育されている希少動物が死亡した場合、精巣を宅急便で専門の施設へ低温輸送し、精巣から精子を採取し凍結保存しておけば、その後に人工授精することは可能です。オーストラリアでは交通事故で亡くなった夫の精子を四八時間後に採取・凍結保存し、子供が生まれた事例があります。その後、裁判所の判断で、法的に父親の子供として認知を受けたそうです。さらに、オランダ、カナダ、スペインでも、夫の死後一二カ月内での出産と生前同意を条件に死後生殖を認めているそうです。しかし日本においては、夫の凍結精液を使って死後三〇〇日に生まれた子供の父子関係は、最高裁判所で認められませんでした。

今後、日本においても抗がん剤治療前に精子や卵子を保存したり、卵子老化を避ける目的で若い時に卵子を採取・保存する人が増加すると思われます。配偶者が死亡した場合の死後生殖のケースは増加する可能性が高いことから、一日も早い法の整備が望まれます。

## 哺乳類の精子と卵子はなぜ小さいのか？

有性生殖を行う動物において、小さい生殖子（精子）を生産する個体がオス、大きい生殖子（卵子）を生産する個体がメスと定義されています。それでは精子はなぜ小さいのでしょうか？　その理由は、受精後の栄養を専ら卵子に依存することにより、精子は限られたエネルギー源を持つだけで機能を充分果たせるからです。その代わり、大きくて動けない卵子の所まで、精子は動いて到達し、卵子に侵入する必要がありま す。しかも、精子の運動エネルギー源の多くは、メスの生殖器道内に存在する分泌液から現地調達できます。

精子と卵子の大きさは成体の大きさとは無関係です。マウス、人、牛など多くの哺乳動物において、精子の大きさは数十マイクロメートル（一マイクロメートルは千分の一ミリ）であり、卵子は一〇〇マイクロメートルより少し大きい程度です（卵子も裸眼による観察は困難）。しかも、精子の体積は卵子の一万分の一程度しかありません。

しかし、生物界には例外的なことが必ず観察されます。成虫でも体長が三ミリ程度しかないミバエの卵子は〇・〇五ミリもありますが、糸状の精子を引き伸ばすと何と五・五センチもあり、おそらく地球上で最も長い精子と思われます。このハエの卵管はきわめて長いことから、卵管に適応して精子が長くなったと思われます。

人の精子の頭部は「マッチ棒の頭」のような形態のイメージが一般には持たれていますが、実際には「おしゃもじ」のような平たい形態をしています。「マッチ棒の頭」

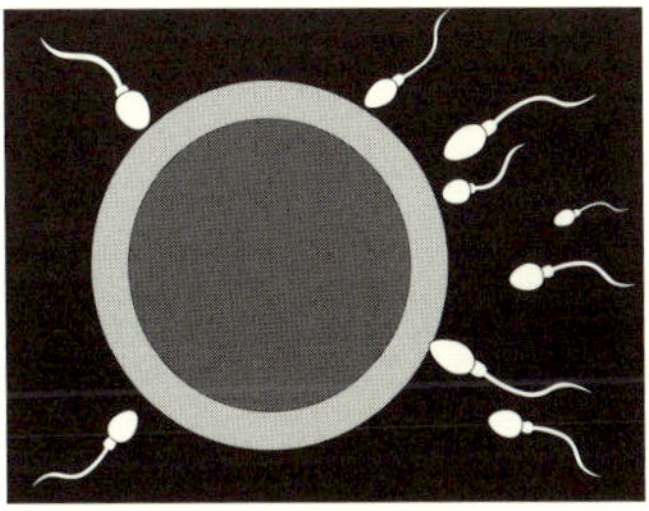

**図1-16　人の卵子と精子**
精子は鞭毛を波打ちしながら平たい頭部を回転させて泳ぎ、卵子に侵入する。

とイメージされるのは、精子をスライドグラスの上に置いて顕微鏡で覗くと（精子は必ず平らに置かれるため）、そのように見えるからです。精子は、鞭毛（＊46）を波打ちしながら平たい頭部を回転させて泳ぐといったイメージで運動します。小さな精子が生殖器の中を泳ぎ（子宮収縮による移動も加わる）、数億あった精子のうち卵管膨大部（受精場所（＊47））に到達するのは百～千個程度になります。

鳥類や爬虫類の卵は、哺乳類に比較するときわめて大きいのが特徴です。この大きさの差異は、鳥類や爬虫類では孵化するまでの栄養を卵の中に全て保持しているのに対し、哺乳類の有胎盤類（＊48）においては胎盤を形成するまでの短期間の栄養を卵子で補うので、卵子栄養で足りることに由来します。

## 動かない細胞が動く精子になるまで

人胎児においては、胎齢四～五週に両性に分化可能な性腺原器（＊49）が発現します。六～七週齢では内性器（＊50）のミュラー管やウォルフ管、八週齢では外性器（＊51）が完成

＊46　**鞭毛**：糸状の細胞小器官であり、遊泳に必要な細胞の推進力に寄与する。精子だけでなく細菌、藻類にも見られる。

＊47　**卵管膨大部**：卵管は卵管采、卵管膨大部、卵管峡部に区分され、卵管膨大部は受精部位として重要。

＊48　**有胎盤類**：単孔類と有袋類を除く哺乳類において、絨毛性胎盤により胎子を育てる動物を指す。

＊49　**性腺原器**：卵巣や精巣に分化する前の器官。

＊50　**内性器**：女性では膣、子宮、卵管、卵巣、男性では精巣、精管、精嚢腺、前立腺、尿道球腺などが含まれる。

＊51　**外性器**：女性では陰唇、膣前庭、会

しますが、これらも両性に分化可能です。八～一〇週齢において、男性ではY染色体上のSRY遺伝子が発現して精巣決定因子（蛋白質）により性腺原器は精巣に分化します。性腺が決定すると精巣のセルトリ細胞（＊52）から抗ミュラー管ホルモンが八～一〇週齢の短期間分泌され、男性ではミュラー管は退行します。さらに八～一〇週でライディッヒ細胞からテストステロンが分泌され、一二週齢でピークに達し、一七週齢で減少します（胎児期のテストステロンはライディッヒ細胞とセルトリ細胞の協同）。テストステロンは内性器のウォルフ管を精巣上体、精管、精嚢腺などに分化させ、テストステロンが代謝されたジヒドロテストステロンは陰茎や陰嚢などの外性器を一二週齢までに分化させます。

当初、動く精子は原虫の一種と考えられ、英語ではspermatozoaと寄生虫の原虫（protozoa）に類似した名前が付けられました。アルベルト・フォン・ケリカーは、精子が精巣内の細胞から作られる細胞であり、寄生虫でないことを証明しました（一八四一年）。精子の役割が正確に認識されたのは、ウニやヒトデにおいて卵子と精子による受精現象が確認されてからでした（一八七五年）。

精子は性成熟後、精巣の精細管という細い管の中で作られます。精細管の外側の基底膜の内部には精祖細胞があり、この精祖細胞が分裂すると一つは幹細胞（幹細胞の自己複製…全ての組織で幹細胞の複製と分化・細胞増殖は共存している）として残り、もう一つは分化した精母細胞に分裂することにより、原則として成熟後生涯にわたり精子を供給します。この精祖細胞から一次精母細胞、二次精母細胞、精子細胞、精子になるまでの精子形成（図1‐12参照）は、家畜で約五〇～六〇日、人では七四日か

---

陰、男性では陰茎、陰嚢などが含まれる。一般に雌雄鑑別は外性器により判断される。

**＊52　セルトリ細胞**：精巣内の精子産生部位である精細管において、セルトリ細胞は精子形成の全ての段階において支持細胞として重要な働きをする。

かりますが、この過程をセルトリ細胞が育てています。一次精母細胞では染色体は二倍体（2n）ですが、二次精母細胞では減数分裂により半数体（n）になり、X精子とY精子（*53）の元になります。

精子細胞から精子になる過程は大きな形態的変化を伴いますが、これを精子の変態と呼びます。精子形成では五〜六段階で精子まで完成しますが、一定数の細胞がつながって一段階ずつ進行しますので、精巣全体で一定数の精子が供給されます。一定期間射精されない精子は、精巣上体管上皮細胞から吸収または排泄されます。

精子生産能力は一般に精巣体積と相関し、精巣機能減退症になると精巣サイズは縮小し、弾力性も低下します。筋様細胞（*54）により精細管の中を押し出された精子は、精巣網、精巣輸出管を通り一本の精巣上体管に集約されます。たくさんの精細管から集まった膨大な液体は、精巣輸出管から精巣上体管頭部において再吸収されます。この液体の再吸収には驚くべきことにセルトリ細胞由来のエストロジェン（本来はメスに関わる卵胞ホルモン）が関係しており、精巣網、精巣輸出管、精巣上体管にはエストロジェン受容体が多く分布しています。エストロジェン受容体遺伝子をノックアウトしたマウスは不妊症になることが証明されています。一般に、エストロジェンは雌性ホルモンと思われていますが、オスの脳内でテストステロンは酵素によりエストロジェンに変換され、オスの性行動を誘起します。従来、テストステロンの作用と思われていた精子形成作用も、セルトリ細胞においてテストステロンから酵素転換されたエストロジェンによる働きであることが判明しました。したがって、精母細胞や精子

---

*53　**X精子とY精子**：一次精母細胞は第一成熟分裂（減数分裂）により二つの二次精母細胞となるが、染色体数は半減する。さらに第二成熟分裂により二つの精子細胞になり、精子に分化する。X精子はX染色体、Y精子はY染色体を有する。

*54　**筋様細胞**：精細管の被膜内に存在する平滑筋様細胞であり、精細管を収縮させ運動性のない精子の移動を促進する。

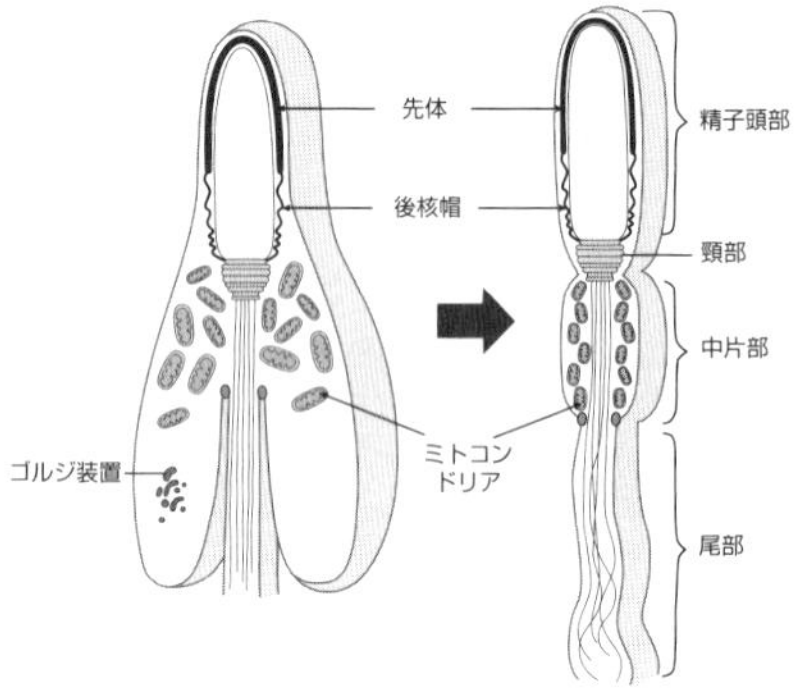


図1-17　精子細胞から精子への変態

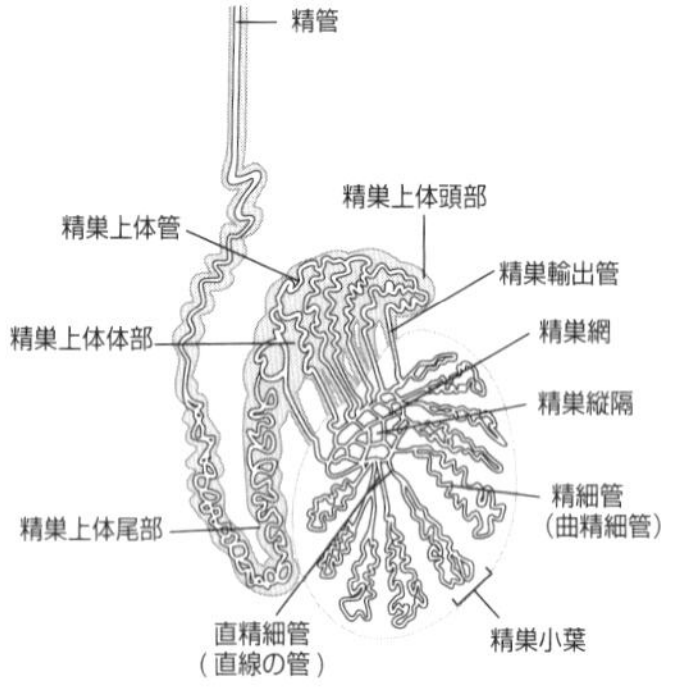


図1-18　精巣の構造

細胞にテストステロン受容体ではなく、エストロジェン受容体が存在することの意味が理解できます。特にオス馬の精液には高濃度のエストロジェンが含まれ、大量のエストロジェンを尿中に排泄することで知られています。

精子は精巣上体管の頭部、体部、尾部と移動しますが、その過程において精子は前進運動化蛋白質（forward motility protein）を取り込んで、精子の成熟指標である前進運動性を獲得します。尾部の精子（＊55）は運動性が抑制されており、三〇日間程度生存できます。また、精巣上体移動中にもう一つの精子成熟指標である〝受精能〟を獲得しますが、射精時の副生殖腺液（＊56）に混ざると運動性は高まるものの受精能はいったん失われます。その理由は、受精能を獲得した精子の生存期間は短くなるため、受精能を失うことで生存期間を長くして受精の機会を増やすためと考えられます。

＊55　**精巣上体尾部の精子**：精巣上体は頭部、体部、尾部に区分され、頭部の精子には運動性はなく、体部から尾部にかけて運動性を獲得する。成熟した精子の約七割は精巣上体尾部に貯蔵される。

＊56　**副生殖腺液**：精液の大部分を構成する精漿であり、副生殖腺である精嚢腺、前立腺、尿道球腺から供給される。

## コラム　人類の祖先〝ミトコンドリア・イブ〟とは

一九六八年、ミトコンドリアの構造の中に、細胞の核が持っている遺伝子とは別の遺伝子として発見されたのが、ミトコンドリアDNAです。ミトコンドリアは通常の細胞でも数千個存在し、常に分裂と融合を繰り返しています。ミトコンドリアの最大の働きはアデノシン三リン酸（ATP）の産生であり、細胞の活動に必要なエネルギーを供給しています。人の精子も少ないですが一〇〇個程度のミトコンドリアを持っています。

しかし卵子と融合した後に、なぜか精子由来のミトコンドリアは消滅してしまい、卵子のミトコンドリアだけが子孫に伝達されます（卵子には約十万個も存在する）。ここにミトコンドリアDNAが母系遺伝する理由があります。

精子のミトコンドリアが受精によって消滅するのは不思議な現象ですが、受精後の分裂の段階で卵細胞内のオートファジー（自食作用）で分解されることが判明しました（オートファジーの仕組みを解明した大隈良典氏はノーベル生理学・医学賞を受賞〔二〇一六年〕）。ミトコンドリアが消滅する生理学的意義は不明ですが、精子のミトコンドリアDNAが受精までに疲弊し、機能低下した結果、有害物質とみなされるためという仮説があります。[19]

共通の祖先から分かれて時間が経てば経つほど、同じ遺伝子を比較すると変異が大きくなります。同様に、世界のさまざまな人の同じ遺伝子を比較することによって、変化の一番少ない遺伝子を持った人が人類の祖先に近いと考えられます。その結果、人類の祖先は二九～一四万年前のアフリカの女性ということになり、〝ミトコンドリア・イブ〟と名づけられました。これは一女性ではなく、その当時アフリカに居住していた人類祖先の総称であり、少なくとも数千人程度の

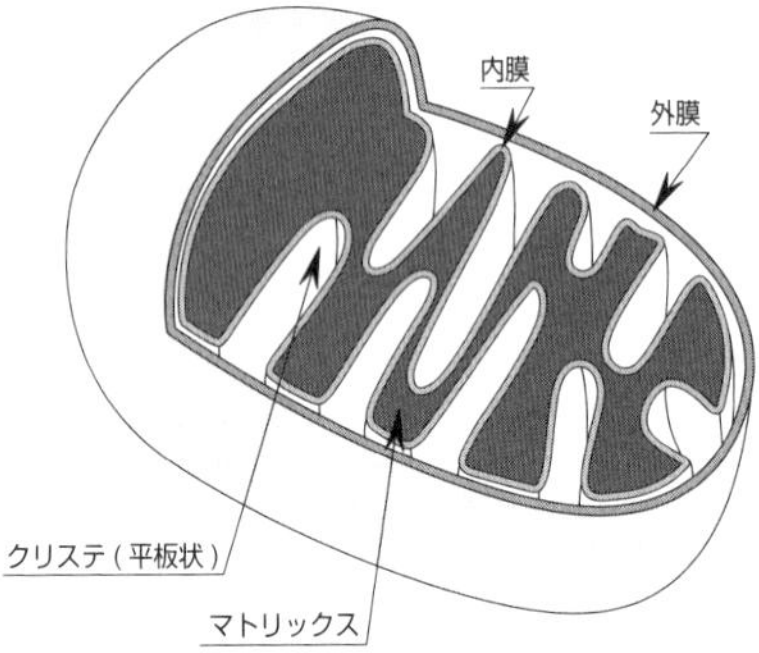


図1-19　ミトコンドリアの構造

集団だと思われています。[20]

また、ミトコンドリアDNAの変異により男性不妊になることが発見されています。[21]ミトコンドリアはエネルギーを作る発電所であり、このミトコンドリアの機能が低下すると精子運動性が失われ、精子が死んでしまう結果として無精子症になるとのことです。

## 精子が受精するまでの過程

精巣上体尾部に貯蔵されている精子は卵子との受精が可能ですが、射出精子（＊57）には受精能がありません。これは副生殖腺液に含まれる受精能破壊因子による影響です。体内受精においては、子宮から卵管へ上向する過程で精子表面の受精能破壊因子が除去されますが、これにより精子内カルシウムイオンが増加し、サイクリックＡＭＰ（＊58）が増加して受精能を獲得します。膣内に射精された精子は一五分で卵管の受精部位に到達する可能性がありますが、このように早く移動した精子には受精能はありません。

受精能獲得はメスの生殖道内をゆっくり上向した精子で起こり、牛で三〜四時間、豚で二〜六時間、犬で三〜四時間、猫で一〜二時間、人では五〜六時間とされています。しかしながら、受精能獲得した精子の寿命は短くなります。凍結精液精子の寿命が短いのは、精液を保存・利用する際の凍結・融解過程において、半分程度が受精能獲得精子になるためであり、受胎率低下の原因の一つになっています。

受精能を獲得した精子は、頭部の原形質膜（＊59）と先体外膜（＊60）が融合し、先体酵素であるヒアルロニダーゼ（ヒアルロン酸分解酵素）やアクロシン（蛋白分解酵素）を放出し、卵子の卵丘細胞層（＊61）や透明帯（＊62）を化学的に融解します。透明帯と付着する前に精子の卵結合蛋白質が露出し、卵子受容体（マウスではＺＰ３、牛と豚はＺＰ３αとＺＰ３β（＊63））と結合しますが、この結合には種特異性があり、異種精子との

---

＊57 **射出精子**：精巣上体精子が精管膨大部に移動し、射精中枢の刺激により副生殖腺液と混合され射出された精液。

＊58 **サイクリックＡＭＰ**：ＡＴＰがアデニル酸シクラーゼにより代謝されたもので、細胞刺激に応じて細胞内の第二メッセンジャーとして重要な働きを有する。

＊59 **原形質膜**：細胞の内外を隔てる膜であり、細胞膜と同義。

＊60 **先体外膜**：精子頭部の原形質膜の内側に位置する膜であり、その中に先体を含む。

＊61 **卵丘細胞層**：卵胞内壁には数層の顆粒層細胞があるが、卵子部位は卵胞腔内に突出するので卵丘と呼ばれ、その卵子を取り巻く細胞。

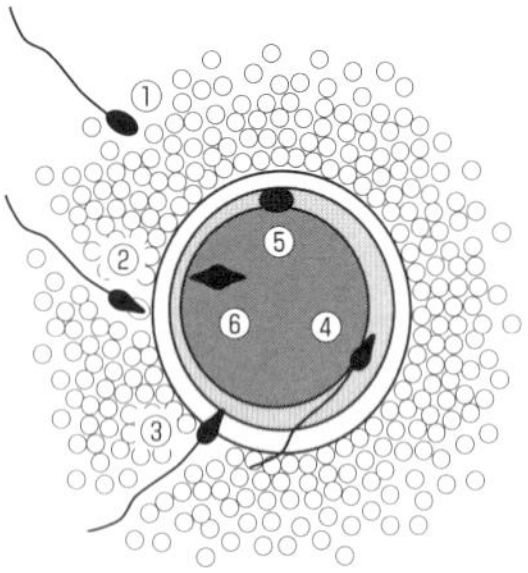


**図1-20　精子の受精過程**
①卵子周囲の卵丘細胞層の融解、②透明帯結合、③透明帯融解、④卵細胞膜融合、⑤分裂中の極体、⑥二次卵母細胞

受精は阻止されます。この頭部の形態的変化を先体反応と呼びます。さらに、精子の尾部は超活性化を起こし、卵丘細胞や透明帯への侵入力を物理的に高めます。

多くの魚類の精巣精子は運動性を持っていますが、サケ科の精巣精子は運動性を持っていません。サケ精子の運動能獲得には、精巣上体における精漿(*64)のpH上昇と重炭酸塩が関与します。サケ精子はカリウムが多い状態（＝サケの体内）では運動性が抑制され、放精と同時に運動を開始します。一方、淡水魚の精子は体内の等張液の中では動きませんが、放精と同時に低浸透圧条件になると運動を開始します。海水魚でも体内の等張液では精子は動きませんが、海水の高張液に放精されると運動を開始します。いずれにしても、魚類の精子は哺乳類の精子と異なり、精子先体(*65)が存在せず、受精能獲得も必要ありません。

人の生殖医療において顕微授精という受精法がありますが、この場合、精子が受精能獲得していなくても、生存していなくても受精することは可能です。受精能獲得や先体反応は、精子が卵子内に入るための仕組みであり、生きていなくても顕微授精では人為的に透明帯を破って精子が卵子内に注入されるためです（実際は運動性を止め

---

*62 **透明帯**：卵子の原形質を取り巻く膜で、二次卵胞以降に形成される。透明帯は卵子の保護と多精子受精を防ぐ役割を持つ。

*63 **卵子受容体ZP3**：透明帯の表面にあるZP3蛋白質は受精能を獲得した精子が結合できる性質を有する。

*64 **精漿**：精液から精子を除いた副生殖腺由来の液体。

*65 **精子先体**：精子頭部の核を取り囲む袋状の構造物で、中に先体酵素を含む。

てから注入）。

## 動物の射精部位と精子到達時間

牛、羊などの反芻動物の射精時間は数秒であり、射精部位は名実ともに腟内になります。精子の受精部位への到達時間は六〜八時間かかります。羊と山羊のペニスには亀頭部の先端に細長い突起（尿道突起）がありますが、子宮外口周辺で尿道突起をグルグル回転させながら射精し、受胎率を上げる役割を果たしているようです。

オス猫はメスの首を口で保定して、一〜二秒間交尾しますが、メス猫が振り向きざまにオスを攻撃します。これはペニスにある棘が強い刺激を伴うためですが、排卵に必要なＬＨサージを分泌させるには、通常複数回の交尾刺激が必要です。二〜三回までの交尾では精子が含まれる射精を伴いますが、その後の交尾では精液に精子をほとんど含んでいません。

馬の射精時間は約四〇秒と比較的長く、射精部位は腟内ですが、精液の数分の一は子宮内に直接入ります。その理由は、馬の子宮頸管は指が入るほど緩いのと、オスのペニス先端が子宮腟部を傘で覆うように射精するためです。実際に、射精直後の馬の亀頭部は傘状に開いていることが知られています。馬の精子の受精部位への到達時間は四〜五時間とされています。

犬のペニス基部には亀頭球があり、腟前庭に挿入されるとロック状態になり、腟内はほぼペニスで占められます。オスがメスに乗駕してスラスト（前後の腰振り）をしながら挿入しますが、腰振りが止むと射精が始まり一～二分でオス犬は乗駕を止めて、地面に降りて雌雄の尻を接合させた状態（コイタルロック）で二〇～三〇分ほど射精します。射精開始から数分以降の精液には精子は含まれていませんが、先に放出された精子を含んだ精液を精子の含まれない射出液で圧力をかけて子宮内に送り込む重要な役割があります。したがって、犬は実質的に子宮内射精と同じになり

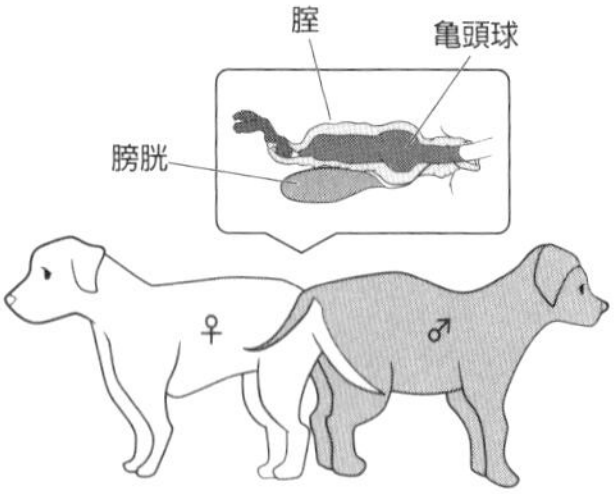


**図 1-21**
**犬の交尾で特徴的なコイタルロック**
雌雄の尻を接合させた状態（コイタルロック）で 20 ～ 30 分ほど射精する。

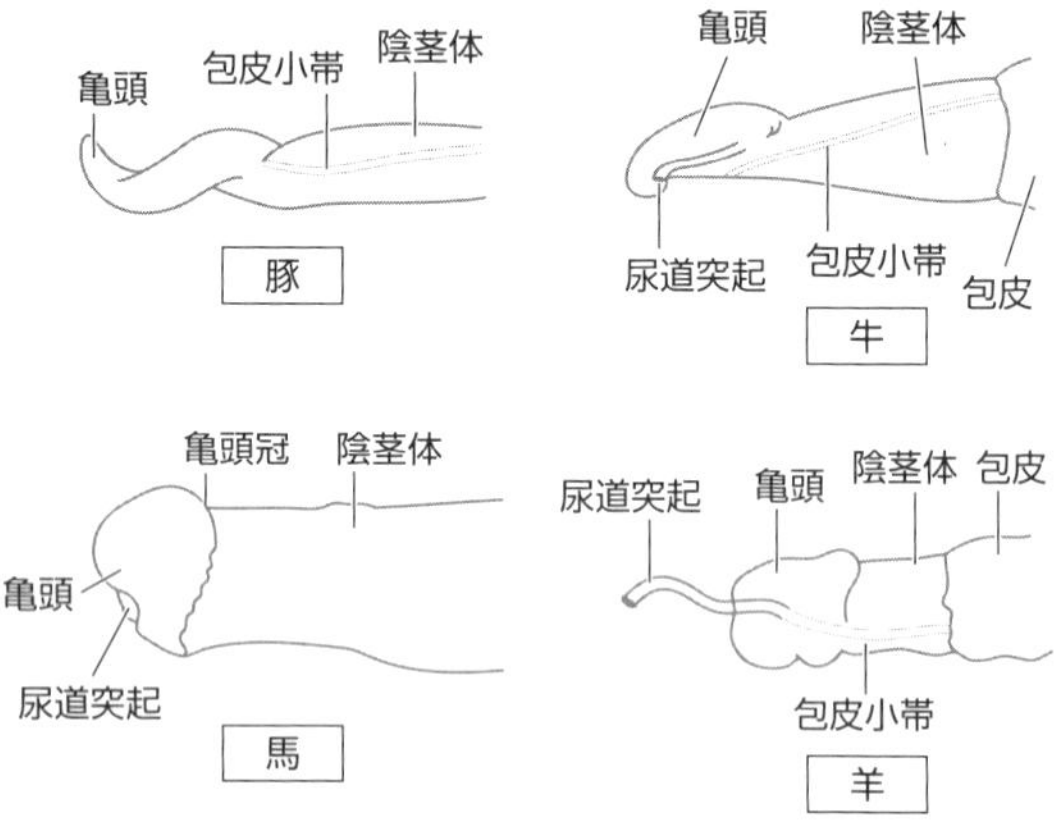


**図 1-22　豚、牛、馬、羊のペニス外観**

ます。犬の精子の受精部位への到達時間は二〜三時間です。

豚のペニスは螺旋状です。メスの子宮頸管がヒダのある円錐状であることから、ペニスは子宮頸管に強力に接合して挿入されますので、精液は五分ほどかけて子宮内に大部分が射精されます。豚の精子の受精部位への到達時間は一〜二時間です。

自然に任せた条件における一日あたりの交配回数は、牛では二〇回、羊では一〇回、豚では三回、馬では三回、犬では一〜二回、猫では一〇回程度です。ただし、犬や猫の精子造精能は低いために、数回の射精で精子数は激減します。

## 精液量は副生殖腺の影響で変わる

性成熟に達すると精子は、精巣の精細管で毎日一定数が作られ続けます。精細管には筋様細胞があり、作られた精子を精巣網や精巣上体管へ送り出します。人や犬において一回射精精子数と一日精子生産数は近似しており、二回目以降の射精精子数は激減します。一方、牛や山羊では、一日にたとえ一〇回射精しても精子数の減少は少ないことから、精細管収縮により精子が短時間で精巣上体へ輸送されていることが推測されます。

精細管全体の長さは人の精巣一個あたり六〇〇メートルあり、精細管一本あたりではわずかな分泌液量であっても、多数の精細管からの液体が一本の精巣上体管に集まるため大量になることが予測されます。そのため、精巣輸出管や精巣上体管で多量の液体が再吸収される必要がありますが、この再吸収にはエストロジェンが必要とされており、精巣上体管頭部にはエストロジェン受容体が確認されています。オスにおけるエストロジェンは、セルトリ細胞（精子の支持細胞であり、卵胞の顆粒層細胞［*66］に相当する）で酵素転換されたものです。

哺乳類の精液の大部分は副生殖腺から供給されます。多くの哺乳類の副生殖腺には、精嚢腺、前立腺、尿道球腺の三つがあります。しかしながら、ネコ科動物は前立腺と尿道球腺（痕跡）のみですし（有袋類と同じ）、イヌ科動物では前立腺しかありません。

家畜の中で最も精液量が多い動物は約二五〇ミリリットルの豚であり、次いで約八〇ミリリットルの馬です。交尾時間がきわめて短い反芻動物の牛の精液量は約一〇ミリリットル程度ですが、羊・山羊の精液量は約一ミリリットルです。最大量の精液を出す豚は、精嚢腺、前立腺、尿道球腺が発達しており、馬は精嚢腺が発達しています。反芻動物で比較的精液量が多い牛の精嚢腺と前立腺はやや大きいですが、精液量が少ない羊・山羊の前立腺は小さいです。

副生殖腺液の働きは様々ありますが、主に精子栄養成分、pH緩衝作用、精液量増量などがあります。精嚢腺由来の副生殖腺液に含まれるフラクトース（精子のエネルギー源（*67））やクエン酸（精液の緩衝作用（*68））は、テストステロンの影響を受けて産生されます。精嚢腺を持たない犬や猫の精液を顕微鏡下で三〇分も観察すると全ての精子は動きを止めますが、精子のエネルギー源となるフラクトースを産生する精嚢

*66 **顆粒層細胞**：卵胞内壁や卵子を取り囲み、卵子の栄養供給や卵子成熟抑制物質を供給する。

*67 **フラクトース**：フラクトースとグルコース（ブドウ糖）とは同じ化学式だが、構造は異なる。フラクトースは多くの動物精子のエネルギー源となる。

*68 **クエン酸**：前立腺から分泌される有機化合物で、pH調節や精子保護作用がある。

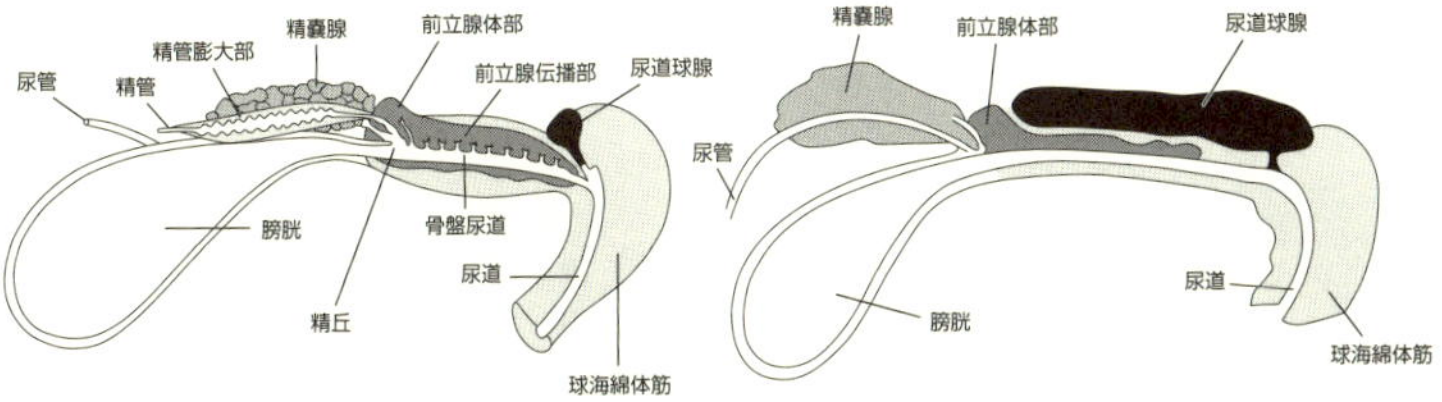


**図1-23　オス牛（左）およびオス豚（右）の副生殖腺**
（出典：文献22）

腺を有する動物の精子は、何時間でも動き続けます。また、いったん動きを止めた犬の精子であっても、フラクトースを含む希釈液に入れると活発な運動性を取り戻します。これは精子自体のエネルギー源が限られており、射精後は速やかにメスの生殖器道内に入らないと運動性を失うことを意味します。したがって、犬はペニス基部にある亀頭球のおかげで膣とペニスが密着し、子宮内に確実に精液が送り込まれます。

豚の精液には、精子を含まない尿道球腺由来の膠様物（ゼリー状の物質）がたくさん含まれます。この膠様物は、交尾後にメスの外陰部に付着し膣栓の役割を果たすと考えられます。馬も精液に膠様物を含みますが、これは精嚢腺由来です。実は人やゴリラの精液も射精されると凝固する性質があり、これも精嚢腺由来の物質による影響です。人の精液は、凝固後二〇分ほど経過すると前立腺由来の物質により液状化します。したがって、精液を凝固させる働きは、性交または交尾後の射精精液が膣から流出する量を少なくするためと考えられます。

## 陰嚢はなぜ必要か？

多くの哺乳動物には精巣を収容する陰嚢があります。陰嚢の役割は精巣温度を体温より低く維持することです。なぜなら、陰嚢を有する動物において精巣温度が体温に近くなると精子形成が減退したり、完全に停止するためです。例えば、陰嚢炎で起こる陰嚢水腫や、腹腔内や鼠径部に精巣が停滞している潜在精巣などがその例です。

陰嚢は汗腺が発達していますが、多くの動物では皮下脂肪や被毛は少なくなっています（猫は例外的に被毛が多い）。外気温が高い時には精巣挙筋が弛緩し精巣位置を下げますが、寒冷時には精巣挙筋を引き上げて、精巣温度が下がりすぎないように調節します。精巣温度を体温より下げる機構は陰嚢以外にもあります。蔓状静脈叢は精巣動脈と精巣静脈を絡ませて温度交換する合理的なシステムであり、最も温度調節に貢献します。なお、精巣挙筋が拳上するのは外気温が高い時だけではありません。まず、性交時にも精巣は拳上しますし、交感神経の高まる恐怖や危険が迫った時にも拳上します（俗に金玉が縮む）。

精巣は発生時には陰嚢内になく、胎生〜出生期にかけて陰嚢内に下降します。精巣下降が起こる時期は動物により大きく差異があります。最も早期に精巣下降する動物は、山羊で妊娠三カ月、牛で妊娠四カ月です。馬は妊娠末期〜出生後一〇日くらい、犬は出生後三〇日、猫は出生後二〇日までに下降します。人は妊娠三二週までに精巣下降しますので、出生時には陰嚢内にありますが、ニホンザルの精巣下降は三〜四歳

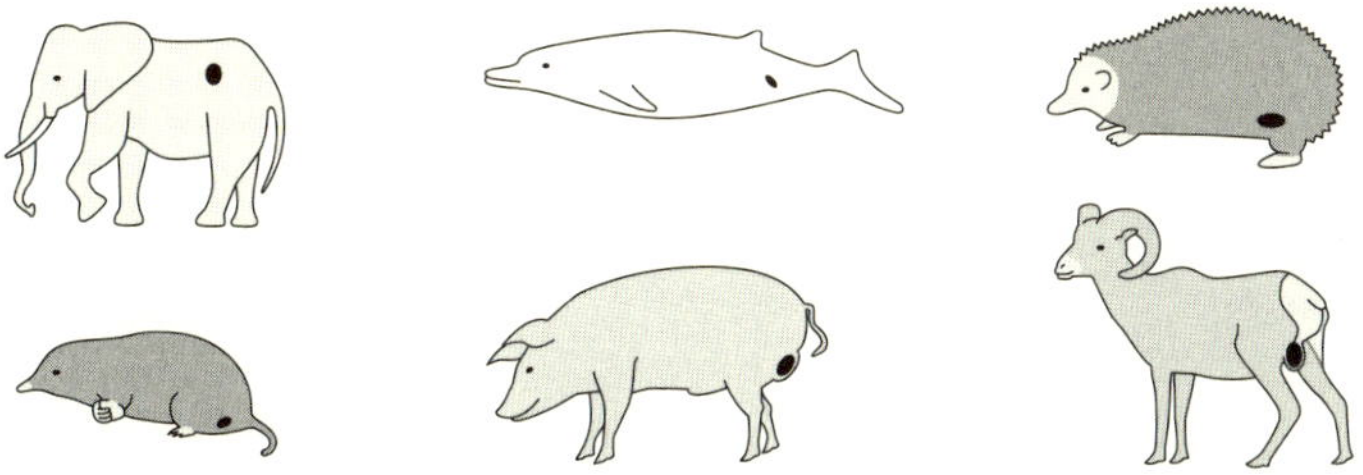

**図1-24　哺乳類の精巣位置の分類**
ゾウ、イルカ、ハリネズミ、モグラの精巣は腹腔内、豚と山羊の精巣は陰嚢内にある。
（出典：文献23）

頃とされています。精巣下降は腹腔内下降期と鼠径部陰嚢下降期に分類されます。腹腔内下降期には、INSL3（insulin-like factor 3）という物質とその受容体であるLGR8が重要な役割を果たし、これらの一塩基多型（一塩基が突然変異した異常）が陰嚢内に精巣が降りない潜在精巣のリスクファクターであると推察されています。一方、鼠径部陰嚢下降期にはアンドロジェンが関与するとされていますが、正確な機序は未解明です。

犬の潜在精巣の発生率は他の動物より高いとされ、両側性の場合、精子形成されないので遺伝することはありませんが、片側性の潜在精巣では反対側の陰嚢精巣は精子を作りますので、子孫に遺伝します。また、潜在精巣は精巣腫瘍になる確率が陰嚢精巣よりかなり高くなりますので、早期の精巣摘出が望まれます。人の場合、一歳までに精巣下降しないと（一%）、陰嚢内に精巣を固定する精巣固定術が行われます。

哺乳類のうち二六二一種類では精巣は陰嚢内にあ

 りますが、一五八二種類では精巣は腹腔にあり、陰嚢にはありません。[23] 図1－24に示した通り、ゾウやイルカなどには陰嚢はなく、精巣は腎臓近くに存在します。このような動物の精巣は完全に体温と同じと考えられますが、なぜ精子形成できるのか分かっていません。このような動物では、精巣へ冷却された血流を送れるシステムがあるのか（クジラなど）、体温と同じでも精子形成できるメカニズムを持っているのかのいずれかが想像されます。

## 人の精液性状を悪化させる要因とは？

医学部男子学生のボランティアをトランクスとブリーフの二つに区分し、六カ月間ずつ交互に下着の種類を代えて、一年間二週間ごとに精液検査した報告があります。[24] トランクスタイプの精子数は八億九千五百万に対し、ブリーフタイプの精子数は四億六百万と半分くらいでした。さらに、トランクスタイプの運動精子数は五億三千百万に対して、ブリーフタイプでは一億七千四百万しかありませんでした。

精巣温度を上げる行為は他にもあります。膝上にノートパソコンを置いて使うと、パソコンの熱で精巣温度が上昇します。きっちりしたジーパンを履きながら、ポケットに財布や携帯電話を入れて持ち運ぶ男性を結構多く見かけますが、この生活習慣も精巣圧迫と同時に精巣温度を上げます。夏場の暑い時、自動車の車内は六〇度を軽く超えますが、座席もかなり熱くなっていますので、すぐに車の座席に座ると精巣温度を一過性に上昇させます。

また、熱いお風呂（四二度以上）やサウナに長時間入っていると精巣温度は確実に上昇しますので、精子形成には悪影響を与えます。サウナ室の熱いバスタオルに直接座る行為も精巣温度を上げますので、持ち込みタオルを敷いてから座る必要がありま す。図1‐25のグラフは八〇～九〇度のサウナに週一回一五分間を三カ月間利用した男性の精子数と全精子数ですが、利用している三カ月間はもちろんのこと、その三カ月後も減少していることが分かります。

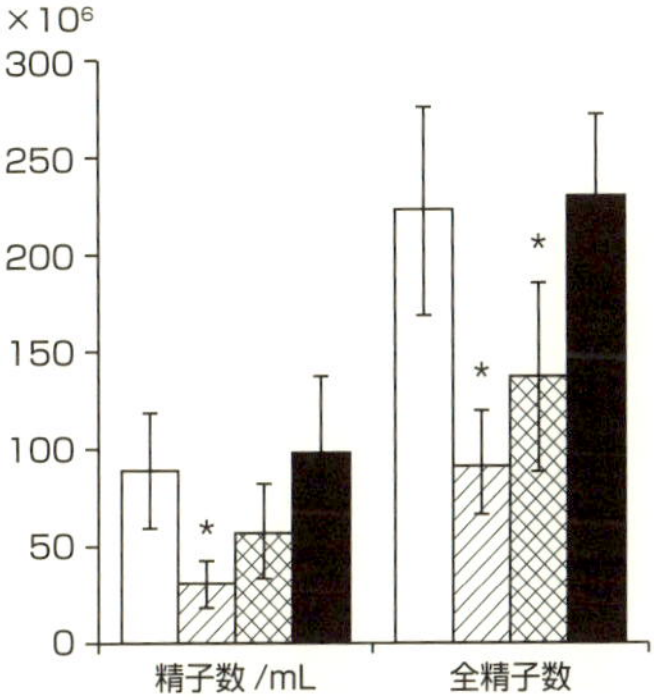

**図1-25 サウナが人の精子濃度と全精子数に及ぼす影響**
白：サウナ前、斜線：サウナ3カ月後、格子：その3カ月後、黒：その6カ月後
（出典：文献25）

一方、性機能の正常な男性でも精子数は大きく変動することが判明しています。毎週一回の定期的な精液検査においても、睡眠時間、喫煙、飲酒、疲労度、運動量、環境、体調により大きく影響することが知られています。禁欲期間も大きく影響する要因ですが、服用する治療薬でも影響することがありま す。

先進国において人の精子数は四〇年間（一九七〇～二〇一一年）に六〇％も減少しているという報告があり、

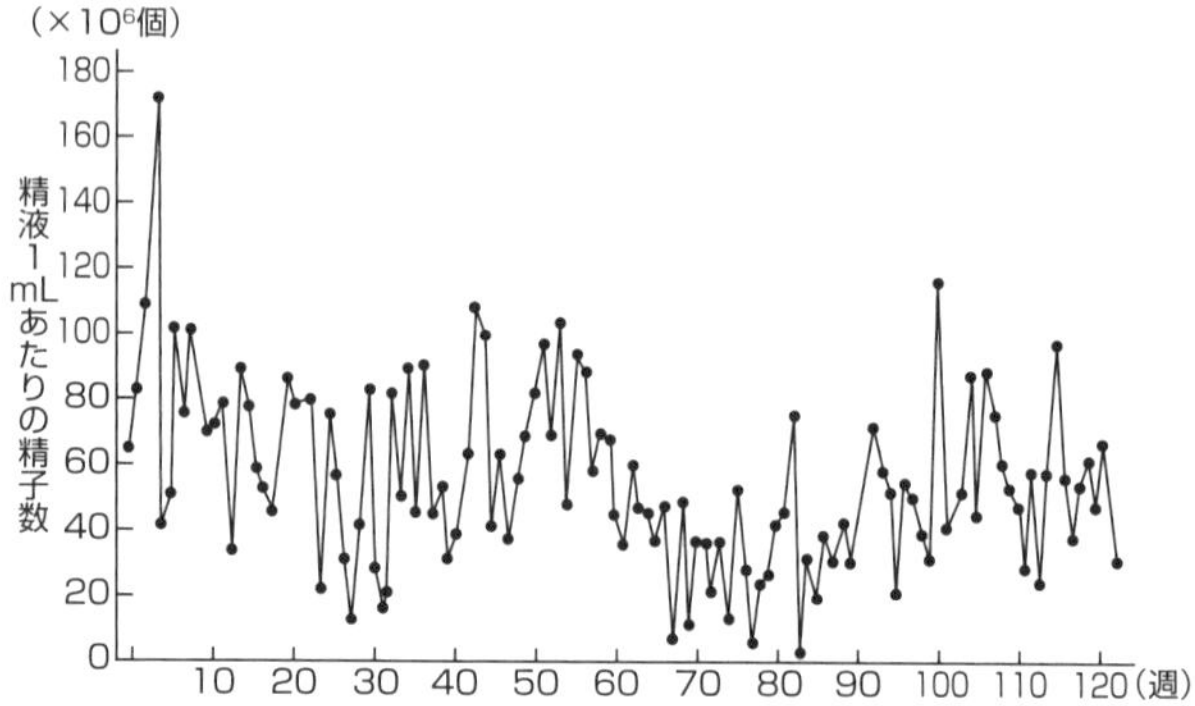


**図1-26　同じ男性でも週により精子数は約10倍変動する**
（出典：文献27）

様々な反論もあるようですが、男性造精機能が低下しているのは確かなようです。[26]

一方、牛や豚においてはそのような精子数減少は観察されていないとのことですので、家畜と人の生活環境の差異に原因がありそうです。精子数の減少と併行して増加している潜在精巣、ペニス奇形、精巣癌の発生率も気になる現象です。精子数減少の環境要因としてビスフェノールA（BPA）の存在が指摘されており、それが食品の包装や容器、缶の内側にコーティングされていることから体内に取り込まれる可能性があります。また、売店で使われるレシートにも多量のBPAが塗布されています。BPAが体内に取り込まれるとエストロジェン作用として働くことが知られており、人体に影響する可能性も考えられます。

ハーバード大学のオードリー・ガスキンズは、一八〜二二歳の男性一八九人に運動や食事、テレビを見る習慣について尋ね、精液サンプルを提供してもらいました。その結果、週に二〇時間（一日三時間）以上テレビを見る男性は、テレビを見ない男性に比べて四四％も精子数が少なかったそうです。テレビを長く見ることで身体活動が低下し、運動量が減ることが精子数の減少につながるということです。さらに週一五時間（一日約二時間）以上、運動をしている男性は、運動時間が週五時間未満の男性よりも精子数が七三％も多かったそうです（二〇一三年）。

現代社会においてテレビを一日中見る習慣は引き籠りや退職者で一般化していますが、テレビ視聴の一時間は煙草二本分の喫煙と同程度に身体に悪影響を与えるとされており（エコノミークラス症候群の原因となる）、上記のように男性生殖機能にも悪影響を与える点で共通しています。

## コラム　西郷さんが陰嚢水腫を患った理由

明治維新の立役者である西郷隆盛は奄美地方に二回流罪されています。一回目は、次期将軍を決める過程で発生した安政の大獄後ですが、西郷さんは薩摩藩の意向を受けて工作に携わったことから、徳川幕府の取締を逃れるために徳之島での蟄居生活を強いられました。この時はほとんど自由の身であり、地元の有力者の娘である愛加那さんと二度目の結婚をして、二人の子供をもうけています（三四歳）。二回目の流罪は、相性の悪かった島津久光藩主の逆鱗に触れて沖永良部島に罪人として送られました。掘立小屋での生活を余儀なくされたために、バンクロフト糸状虫という寄生虫に感染したとされています。この寄生虫は鼠径部や膝のリンパ管に寄生するためにリンパ液がうっ滞し、想像を絶する象皮病や陰嚢水腫を発症します。その後、西郷さんは本土に戻り、三番目の妻・糸子さんと結婚し（三九歳）、三人の子供をもうけています。陰嚢水腫は一般に精子形成を阻害する病気ですが、西郷さんの場合は、感染してから比較的長く精子形成に影響がなかった例と思われます。西郷さんは馬に乗るのが嫌いであったことから、籠を常用しました。その理由は陰嚢水腫が晩年九キログラムもあったことから、馬に乗るのに邪魔だったとされています。西南戦争の終盤で、西郷さんは鹿児島県の城山において四九歳で自害し、介錯されましたが、頭部は西郷さんの部下が持ち去りました。政府軍は頭のない遺体を発見し、西郷さんの検死を人頭ほどもあった陰嚢水腫で行ったという逸話があります。大村智氏はイベルメクチンの開発によりアフリカの多くの人々が糸状虫の被害から救済されたことを受けて、ノーベル生理学・医学賞を授与されました（二〇一五年）。歴史に〝たら〟〝れば〟はないとされますが、江戸末期にイベルメクチンがあれば西郷さんも陰嚢水腫にならずに済んだことになります。

# 3　卵子の特性

## 卵胞形成

人の場合、胎生五週齢になると、始原生殖細胞（＊69）は卵黄嚢壁（＊70）からアメーバ運動により生殖隆起（＊71）へ移動してくるとされています。始原生殖細胞は一七〇〇個程度とされ、性腺原器（未分化性腺）に移動して、六～七週齢では性腺、内性器、外性器とも両性に分化できる状態にあります。ＳＲＹ遺伝子の影響を受けない女性においては、一二週齢頃に性腺原器の皮質が発達します。その後、卵祖細胞は細胞分裂を繰り返し、二〇週齢で七〇〇万個にまで増加します。その後に激しい閉鎖退行が起こり、出生時に二〇〇万個あったものが、思春期までに十分の一の二〇～三〇万個にまで減少します。

卵祖細胞は胎生一六週齢から扁平な一層の顆粒層細胞に囲まれて、原始卵胞（卵胞腔がなくても卵胞と呼ばれる（＊72））になります。原始卵胞の形成は、人では生後六カ

---

＊69　**始原生殖細胞**：発生初期に卵黄嚢壁に生じた始原生殖細胞は、アメーバ状に移動して生殖腺原器に移動する。性腺の性分化後には幹細胞として卵巣では卵祖細胞、精巣では精祖細胞になる。

＊70　**卵黄嚢壁**：卵黄嚢は発生初期に限って胚の栄養供給源として働く。さらに卵黄嚢壁から始原生殖細胞や血液を供給する。

＊71　**生殖隆起**：胎児期の腎臓である中腎の一部が隆起したもので、始原生殖細胞が移動してきて精巣や卵巣になる。

＊72　**原始卵胞**：卵子の周囲を一層の扁平な顆粒層細胞に覆わ

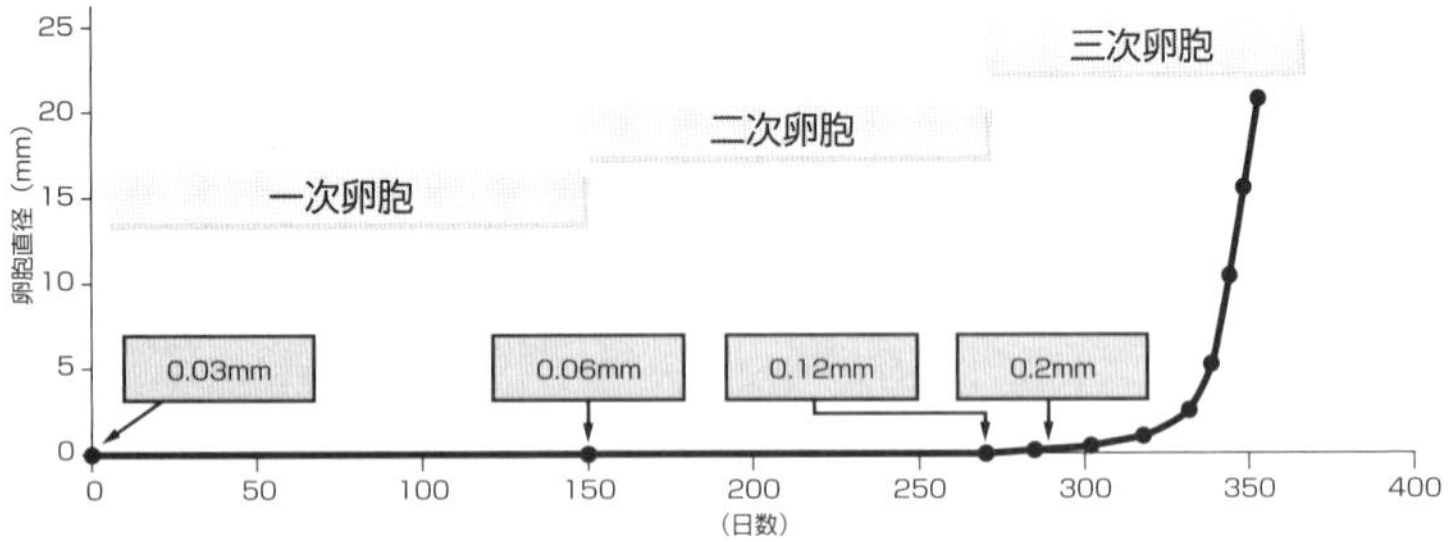


**図1-27　人における卵胞形成過程**
（出典：文献28）

月齢まで続きます。また、胎生後期になると卵祖細胞は減数分裂を開始しますが、第一成熟分裂前期で停止して卵母細胞（＊73）になります。顆粒層細胞は扁平から円柱状になり、一層の顆粒層細胞に囲まれた一次卵胞になり、一次卵母細胞の増大により直径は約一〇〇マイクロメートルに増大します。胎生六カ月齢頃から閉経に至るまで、原始卵胞から一次卵胞の形成は継続します。

　原始卵胞の運命は三つに区分されます。一つ目は休止状態を維持し、決して発育開始しない原始卵胞です。二つ目は卵胞閉鎖する可能性のある原始卵胞で、大多数の卵胞で起こります。三つ目が発育を開始した原始卵胞ですが、発育を開始したほとんどの卵胞は閉鎖し、排卵するのはごくわずかです。卵胞が排卵に至るまでには長い期間を要します。例えば人の場合、排卵サイズに発達するためには約一年間を要するとされています。一次卵胞期は最も長く五カ月程度、二次卵胞期は四カ月程度、三次卵胞期は三カ月程度かかります。しかし、三次卵胞が目に見

---

れたもので、休眠状態である。

＊73　**卵母細胞**：卵祖細胞が成長した一次卵母細胞は、第一成熟分裂（減数分裂）を終えると二次卵母細胞となるが、両方を含めて卵母細胞という。

える卵胞になり、卵胞が選抜されるのに約一〇日間、卵胞成熟から排卵まで約一〇日間程度しかかかりません。

## 卵胞発育から排卵

若い人では、一日三〇~四〇個の原始卵胞が覚醒して一次卵胞になり、一回の月経周期で約一〇〇〇個になりますので、排卵までに至る卵子は千分の一の確率になります。高齢者は原始卵胞の在庫数が多くありませんので、一日あたり若い人の半分以下の原始卵胞が覚醒しますが、原始卵胞の在庫数が一〇〇〇個を切ると月経周期を維持できなくなり閉経します。

顆粒層細胞がさらに厚くなると二次卵胞となり、一次卵母細胞と顆粒層細胞の間に透明帯が形成され、顆粒層細胞からは透明帯への多数の細い通路（チャンネル）が形成され、この通路を通して栄養供給や一次卵母細胞の成熟度が制御されます（原始卵胞から二次卵胞までは前胞状卵胞）。さらに卵胞腔が形成されると三次卵胞（初期胞状卵胞）になりますが、この卵胞腔形成以降の発育には下垂体からのＦＳＨ（卵胞刺激ホルモン）作用が必要となります。

初期胞状卵胞（三次卵胞）の成長は、ＦＳＨパルス（＊74）により開始されますが、四ミリ程度までに成長し、ＦＳＨ依存性になることができたいくつかの卵胞のみが第一

＊74　パルス：ホルモン分泌様式の中で間歇的な短時間分泌の動態のこと。

選抜（recruitment）で選ばれます。次に四～九ミリの卵胞段階まで成長し、LH（黄体形成ホルモン）パルスに反応してLH依存性になった卵胞の中で、顆粒層細胞からエストロジェン分泌とインヒビン産生が可能になった最大レベルの卵胞が第二選抜（selection）で選ばれます。LHは視床下部のGnRH（性腺刺激ホルモン放出ホルモン）に応じて下垂体から分泌され、一〇～一五分間隔でLH濃度を測定して二回以

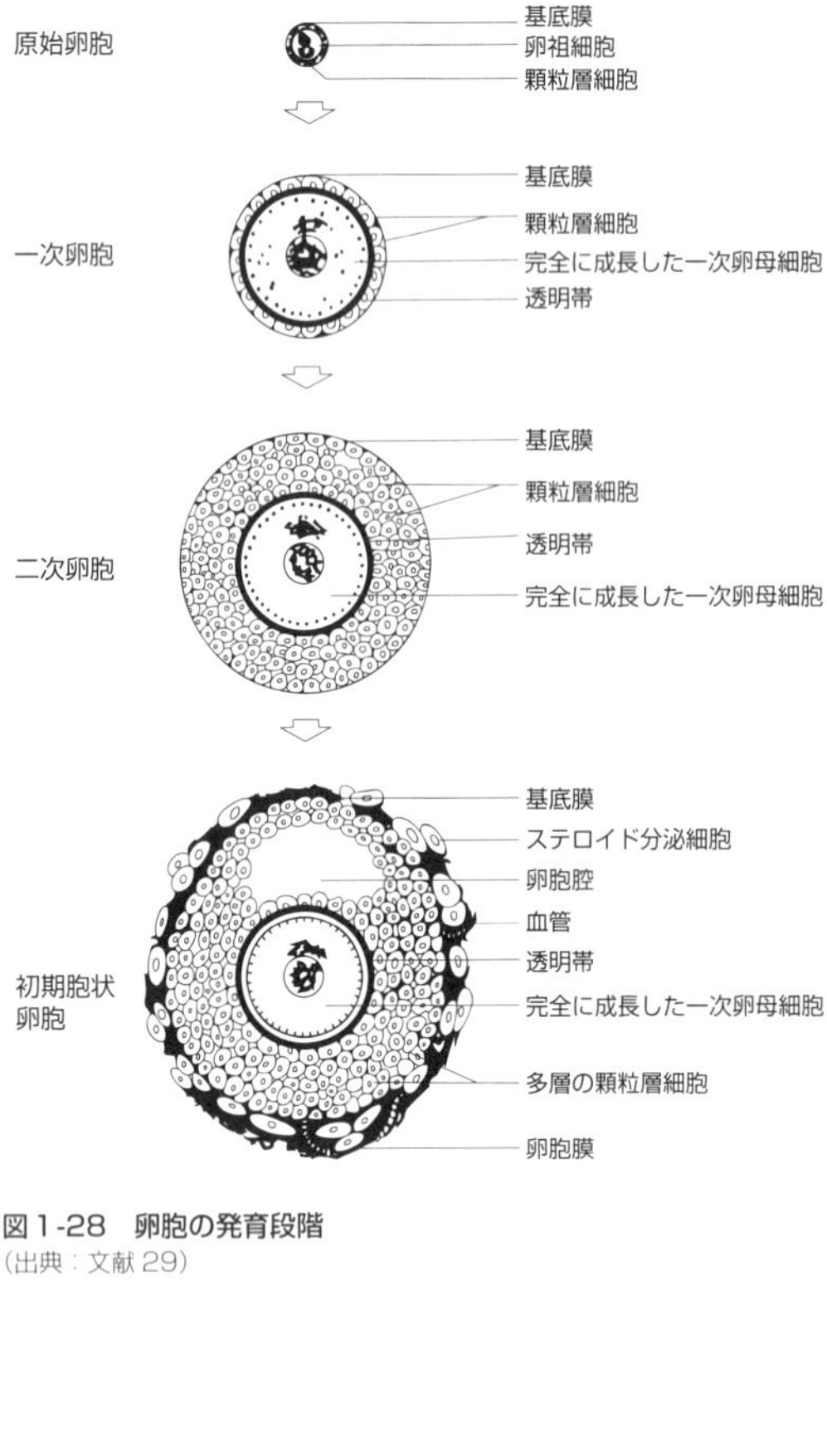

図1-28　卵胞の発育段階
（出典：文献29）

上基準値を上回った場合にLHパルスと認定され、LHパルスは卵胞期に増加し、黄体期には減少します。第一選抜でFSH依存性に、第二選抜の段階でLH依存性になれなかった全ての卵胞は閉鎖します。第二選抜後一〇～二〇ミリの最大レベルの卵胞に発育し、大量のエストロジェン分泌とインヒビン産生ができる主席卵胞のみが排卵可能になりますが、これが第三選抜（deviation）です。

第二選抜や第三選抜された最大レベルの卵胞の顆粒層細胞からは、産生されたインヒビンが下垂体に働いてFSH分泌を抑制するため、LH依存性になれなかった最大レベル以外の卵胞は閉鎖します。このように単胎動物の一個の卵子が最終的に選抜されるまでに、卵巣の中では熾烈な競争を繰り広げていることになります。

インヒビンは、GnRHの刺激によりLHとFSHとが同期的に推移しないことから推定され、FSHの分泌を抑制する物質として実際に発見されました（一九八五年）。インヒビンはFSHにより顆粒層細胞から分泌促進されます。

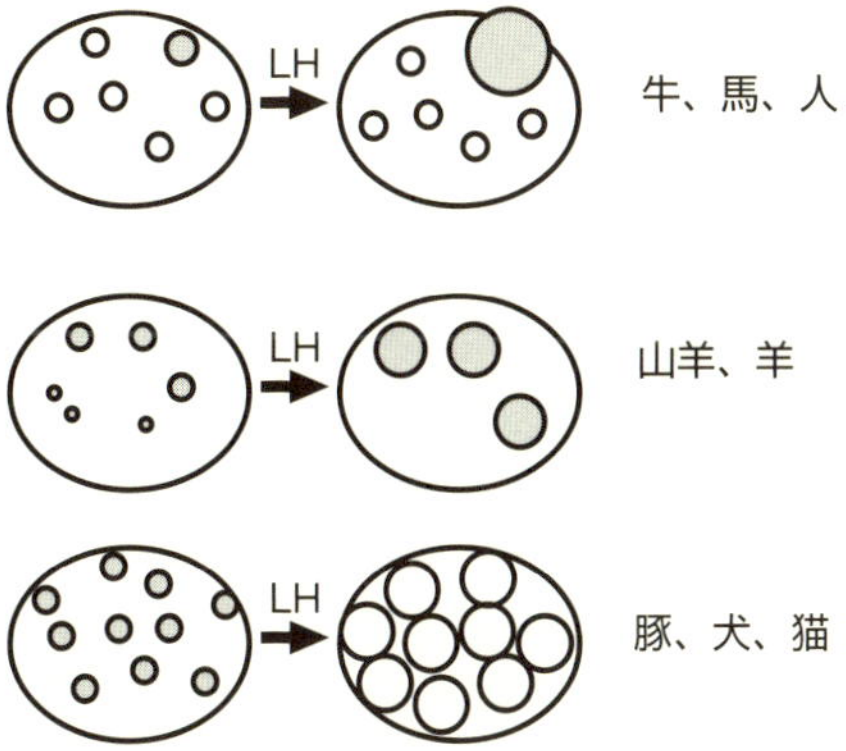


**図1-29**
**主席卵胞の発達とLH感受性**
（出典：文献30）

胎児期に第一成熟分裂（減数分裂）を開始した一次卵母細胞は、性成熟に達するまで前期の状態で休止し、減数分裂の再開はＬＨサージにより進行しますが、排卵した二次卵母細胞は第二成熟分裂中期で再度停止します。第二成熟分裂が再開するのは精子刺激であり、卵子の染色体数が半減して第二成熟分裂を完了すると同時に受精します（図1‐12参照）。

排卵する主席卵胞は、単胎動物では通常一個ですが、多胎動物では十数個以上になります。山羊や羊では、初産では一頭分娩が多いのですが、二産以降には二〜三頭分娩が普通に見られます。その理由としては、ＦＳＨ分泌量が体の成長に伴い多くなることが示唆されます。逆に言うと、二頭でも育てられる栄養供給力が備わったとも考えられます。各種動物の主席卵胞数はＦＳＨ分泌量により決定され、ＦＳＨはインヒビンにより制御されます。一方、ＦＳＨ製剤を投与すると単胎動物であっても多数の主席卵胞が形成されますので、多数の卵胞が排卵可能です。本来、卵胞閉鎖する運命にあった卵胞がＦＳＨ製剤により救助されるわけですが、不妊治療において多胎妊娠が多くなる一つの理由です。

## 卵子の老化はＤＮＡ損傷修復の機能低下が原因

卵子の第一成熟分裂は胎児期に開始されますが、精子と受精可能な第二成熟分裂を開始するのは思春期に達して排卵するようになってからです。したがって、卵子の中には四〇年以上も生きているものもありますが、その間休眠状態にあると思われます。女性は思春期以降閉経まで毎日三〇個の卵子を失い、卵子が卵巣に一〇〇〇個程度になると閉経を迎えます。さらに閉経に至るまで月経周期ごとに数十個の胞状卵胞が作られますが、排卵に至るのは一周期に一個だけですので、女性の一生の排卵数は四〇〇個程度と思われます。

| | |
|---|---|
| 20～24歳 | 80%以上 |
| 25～29歳 | 80%程度 |
| 30～34歳 | 60%程度 |
| 35～39歳 | 50%程度 |
| 40～44歳 | 40%未満 |
| 45～49歳 | 5%未満 |
| 50歳以上 | 1%未満 |

**図1-30　女性が1年以内に妊娠できる確率**

女性が一年以内に妊娠できる確率は二〇～二四歳で八〇%以上、二五～二九歳で八〇%程度、三〇～三四歳で六〇%程度、三五～三九歳で五〇%程度、四〇～四四歳で四〇%未満、四五～四九歳で五%未満、五〇歳以上で一%未満となるそうです。

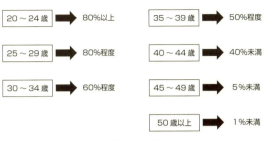

女性が三六歳を境として妊娠力が低下することについて、国ごとにその認識率を調査したところ、カナダで八二・一%、イギリスで七一・九%も認識されているのに対し、日本では二九・六%と極端に低かったそうです。日本の性教育が偏った内容であることを示しているのかもしれません。

女性の閉経期は四五～五五歳ですが、閉経時期は

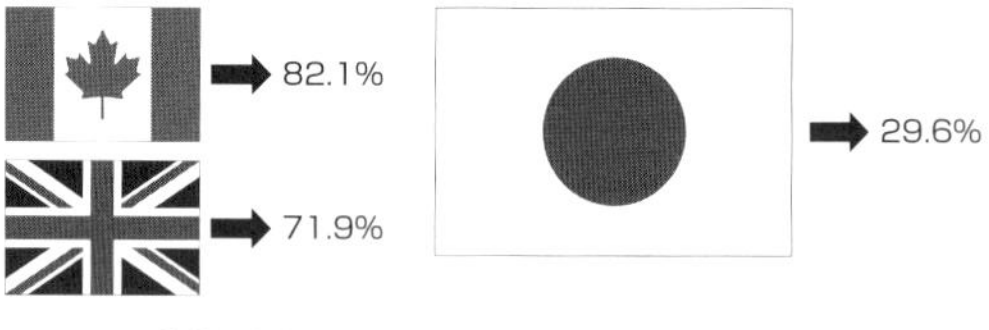


**図1-31　女性の妊娠力低下に対する認識率**

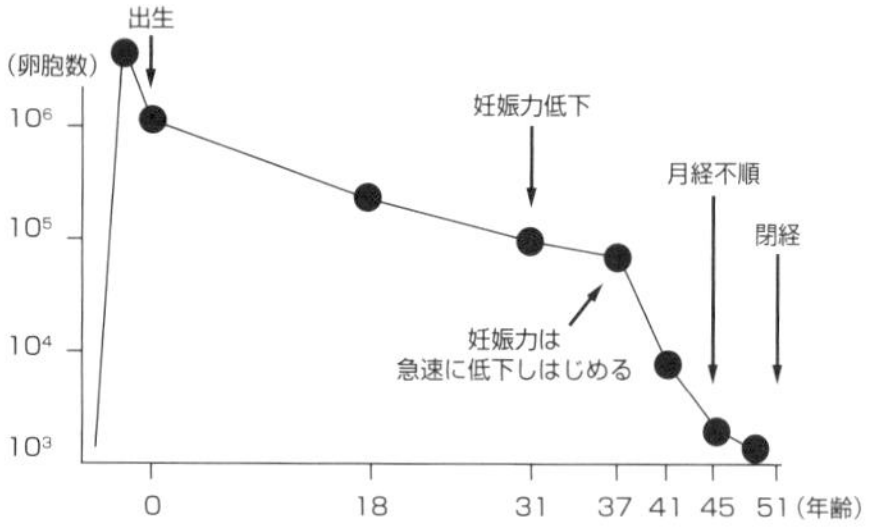


**図1-32　加齢に伴う卵胞数の変化**
（出典：文献31）

平均寿命が八七歳を超えるようになった現在でも変わらないようです。大事なことは卵子の老化が閉経の一三年前から始まるということです。問題は何歳で閉経するか誰も予測できないことです。例えば四五歳で閉経する人は三二歳から卵子の老化が始まりますので、このことはきわめて重要な情報です。さらに一％の女性では、若い時から卵巣に卵子数が少なく、二〇代、三〇代で早期閉経することもあります。図1‐32に示したような卵胞数の変化も個人によって異なることを知っておく必要があります。

ニューヨーク医科大学の研究チームは、二四〜四一歳の不妊治療中の女性のＤＮＡ修復遺伝子を調べました。その結果、乳癌感受性遺伝子（ＢＲＣＡ１）と呼ばれる卵子の癌抑制遺伝子の働きが三六歳以降に急低下することが分かりました。[32] したがって、卵子の老化は、ＤＮＡの損傷を修復する機能が低下するために卵子にＤＮＡ損傷が蓄積して発生することになり、長年不明であった要因が解明されたのかもしれません。

## 卵巣予備能と抗ミュラー管ホルモン（ＡＭＨ）

女性の卵巣の卵胞は、初潮時に約三〇万個あったものが閉経までの約四〇年間でゼロになります。卵胞数は個人差が大きいですが、不妊治療の際にホルモン刺激による卵胞予備能がどの程度あるのか調べる方法があります。そもそも抗ミュラー管ホルモン（ＡＭＨ）は胎児期の精巣から産生され、男性には必要のないミュラー管（女性生殖管の原器）を退行させる重要な働きを持っています。このＡＭＨは女性では卵胞から分泌されますので、ＡＭＨを測定することにより卵胞予備能を予測することが可能です。ＡＭＨは卵胞腔のない前胞状卵胞と卵胞腔のある胞状卵胞から分泌され、年齢により基準値が一応決められています（＊75）。年齢が進むにつれて平均基準値が低下してい

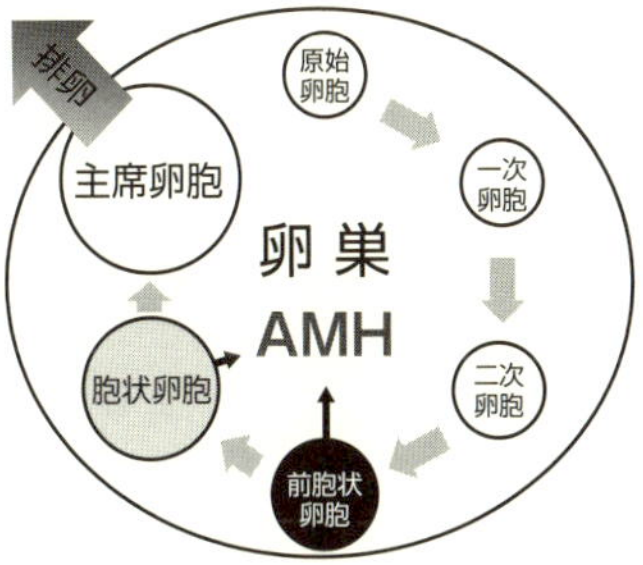


図1-33　抗ミュラー管ホルモン（AMH）と卵胞

＊75　ＡＭＨの基準値：二五～三〇歳…七、三〇～三五歳…五・六、三五～四〇歳…二・八、四〇～四五歳…一・四、四五～五〇歳…〇・七（単位：ng/mL）。

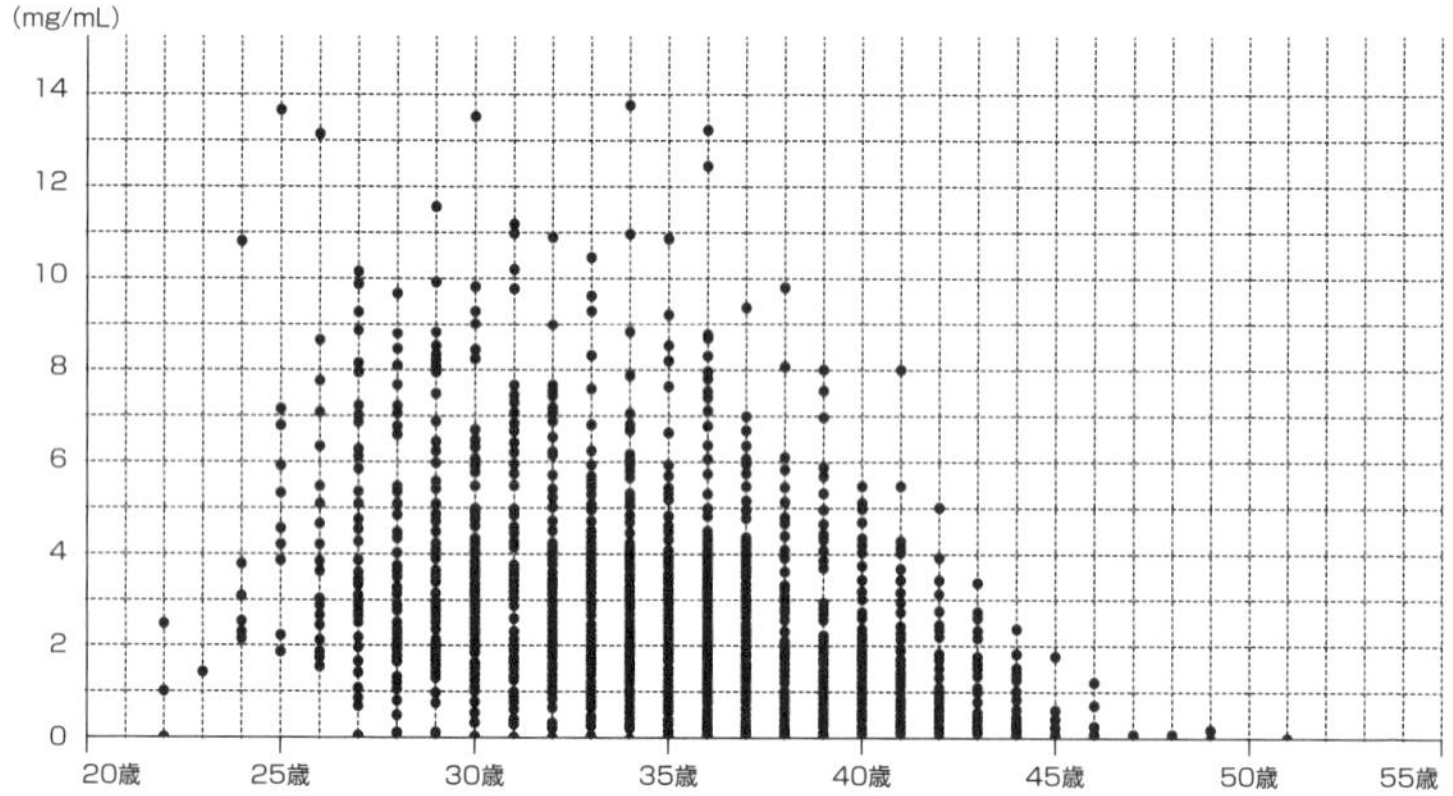


**図1-34　抗ミュラー管ホルモン（AMH）濃度の年齢別推移**
（出典：文献33）

きますが、AMHの年齢別の個人データ（図1-34）から分かるように、若くても低い人もいます。しかし、低いから不妊症の原因と診断するのではなく、低い人は閉経時期が早いことが予測されますので、妊娠計画や不妊治療に速やかに取り組む必要があります。また、多嚢胞卵巣症候群では逆に、AMHが高くなる傾向があり、数値が四を超えるとその可能性があるとされています。

牛や馬の顆粒膜細胞腫（卵巣の腫瘍）でもAMHが有意に上昇することが知られており、術前の診断法として活用できます。牛や馬の腹腔内潜在精巣の診断に困ることがありますが、血中AMHを測定すると通常より有意に高いことが分かっていますので、これも臨床応用可能です。

# 第二章

# 生殖器の進化

# 1 ペニスの進化

## ペニスはなぜ必要なのか

水中に生息するサケなどの魚類はもちろんのこと、カエルなどの両生類も、繁殖期になるとメスが放卵し、オスが放精する水中での体外受精を行うのが原則です。しかし、北アメリカの急流地域に生息する両生類のオガエルは、擬似ペニスを有する例外的存在です。この地域の水は急流の川しかないために通常の体外受精が困難なことから、擬似ペニスを使ってメスに精液を直接注入し、体内受精を行います。

鮫（サメ）という漢字は〝魚偏〟に〝交〟わるという字からなりますが、漢字を作った昔の人はサメが交尾することを知っていたことになります。どのようにしてサメの交尾を観察したのか興味が持たれますが、命がけであったことは間違いありません。

実はイワシ、サケ、マスなどの多くの硬骨魚類は体外受精ですが、サメやエイなどの軟骨魚類では二本の腹鰭が擬似ペニス（クラスパー）になり、交尾による体内受精を

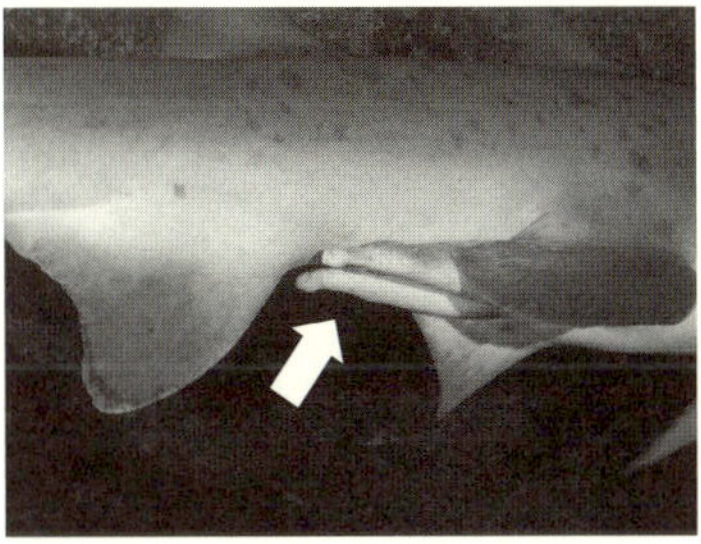

図2-1　サメの擬似ペニス（クラスパー）
写真提供：Ogasawara-Photo / PIXTA（ピクスタ）

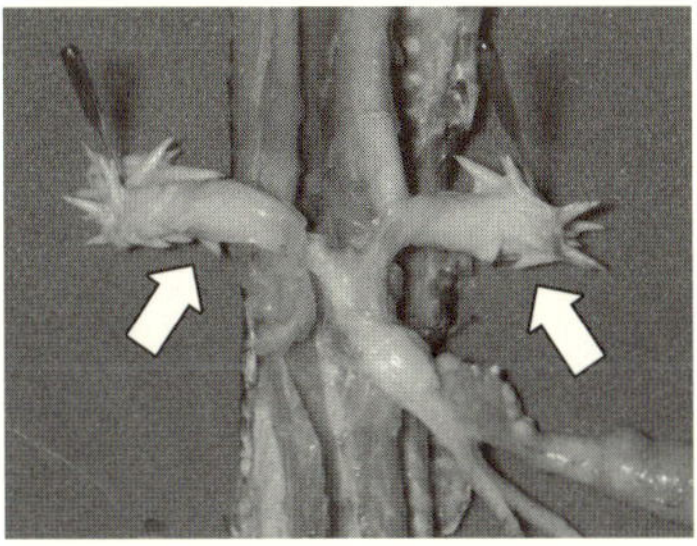

図2-2　ヘビのヘミペニス（アオダイショウ）
多数の棘状突起がある。
写真提供：エキゾチックペットクリニック 霍野晋吉先生

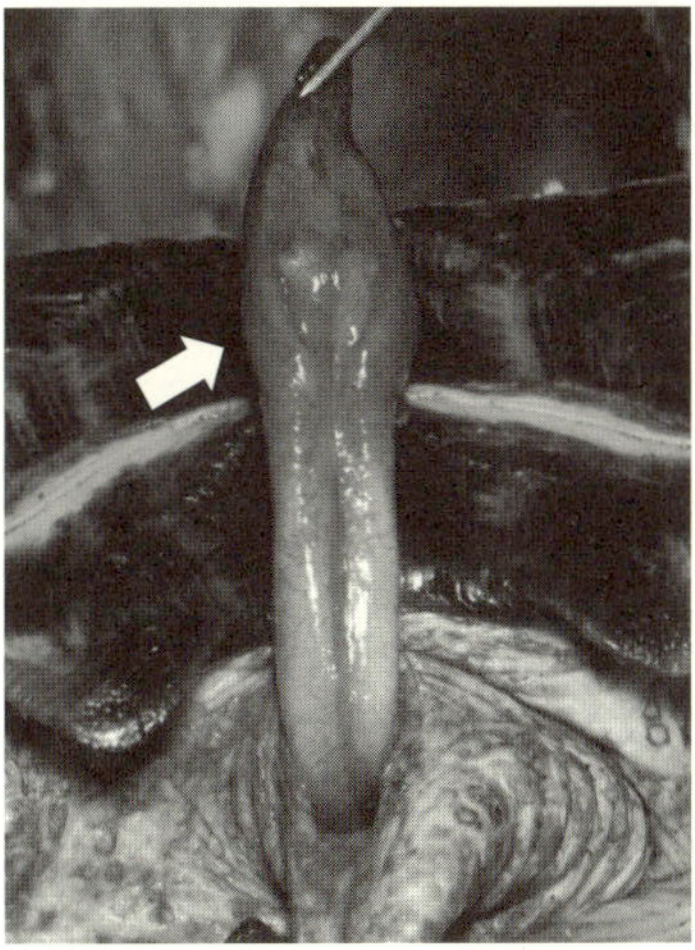

図2-3　カメのペニス（インドホシガメ）
写真提供：エキゾチックペットクリニック 霍野晋吉先生

行います。ペニスの起源は、オガエルなのかサメなのか分かりませんが、おそらく魚類であるサメの方が古いように思えます。

水から陸に上がった爬虫類や哺乳類が子孫を残すには、温度や乾燥にきわめて弱い精子をメスの体内に直接注入する必要があったため、ペニスが発達したと考えられます。ヘビなどの大部分の爬虫類はヘミペニス（半陰茎）を二本持っており、交尾に際しヘミペニスを反転させてメスの総排泄腔に一本だけ挿入します。爬虫類のカメやワニは一本のペニスを有しますが、いずれも精液を〝雨どい〟方式でメスの体内へ送ります。古い鳥に属するカモやダチョウも一本のペニスを持っていますが、やはり精液は〝雨どい〟方式で送り込まれます。一方、鳥類の九七%を占める新しい鳥類（鶏、カラス、スズメ、文鳥などほとんどの鳥）はペニスを失い、小さい生殖結節しかないため、総排泄腔の交接（kiss）により精液を送り込みます。精液を雨どい方式でなく、ペニスの管を通して送り込むようになるのは、最も原始的な哺乳類であるカモノハシです。カモノハシは総排泄腔を有しますが、精液だけはペニスを介します。

〝性器〟の大発見

これまでペニスはオスの専売特許と思われてきましたが、二〇一一年連続日本人が受賞しているイグ・ノーベル賞（ノーベル賞のパロディ版）の二〇一七年の生物学賞の内容には驚かされました。北海道大学の吉澤和徳氏らは、洞窟に生息するチャタテムシの一種のトリチャタテムシのメスが伸縮自在のペニスを有し、オスの腹部に差し込んで精子を受け取るということを発見しました。別にペニスがオスになくても体内受精できるという点で衝撃的な発見です。そうであるならトリチャタテムシのメスはペニスから産卵するのかどうか興味あるところですが、これはブチハイエナのメスが偽ペニスから出産することを想起させます。

## 有袋類のペニスの進化は驚異的である

ペニスは有袋類においてきわめて著しく進化します。最も古い有袋類であるフクロモモンガは長い二本のペニスを持っていますが、精液のみを排出し、尿はペニス基部から排出されます。オポッサムのペニスの基部は一体となっていますが、先端部位は二本に分かれており、先端部位から精液、ペニス基部から尿が排出されます。最も新しい有袋類であるカンガルーのペニスは先端まで一本に合体し、精液も尿も先端部位から排出されます。もちろん、身近な哺乳類のオスは全て一本のペニスに尿道が開口しており、ペニスから精液も尿も排出されます。

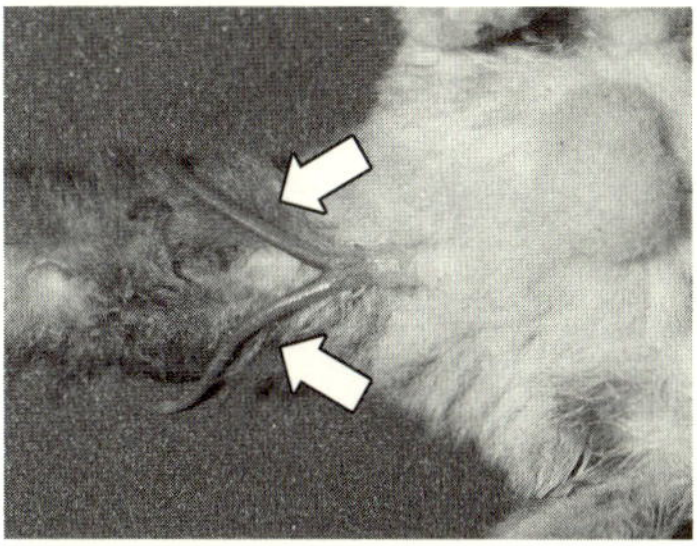

**図2-4　フクロモモンガのペニス**
写真提供：エキゾチックペットクリニック 霍野晋吉先生

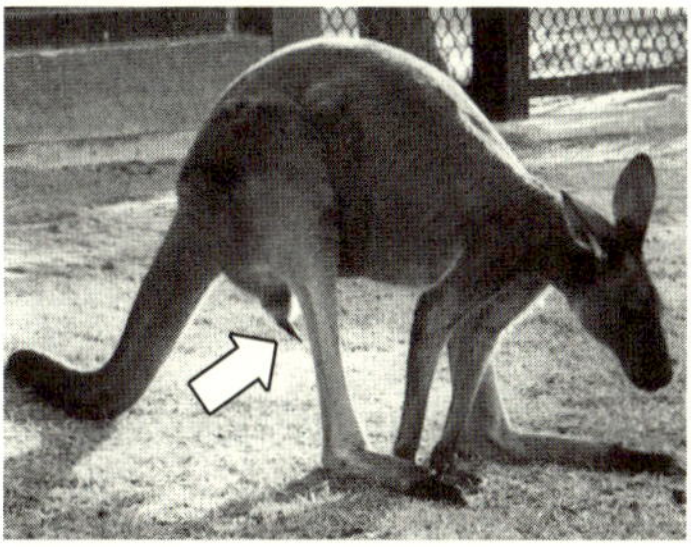

**図2-5　カンガルーのペニス**
写真提供：山本海行氏（https://umihoshi.com）

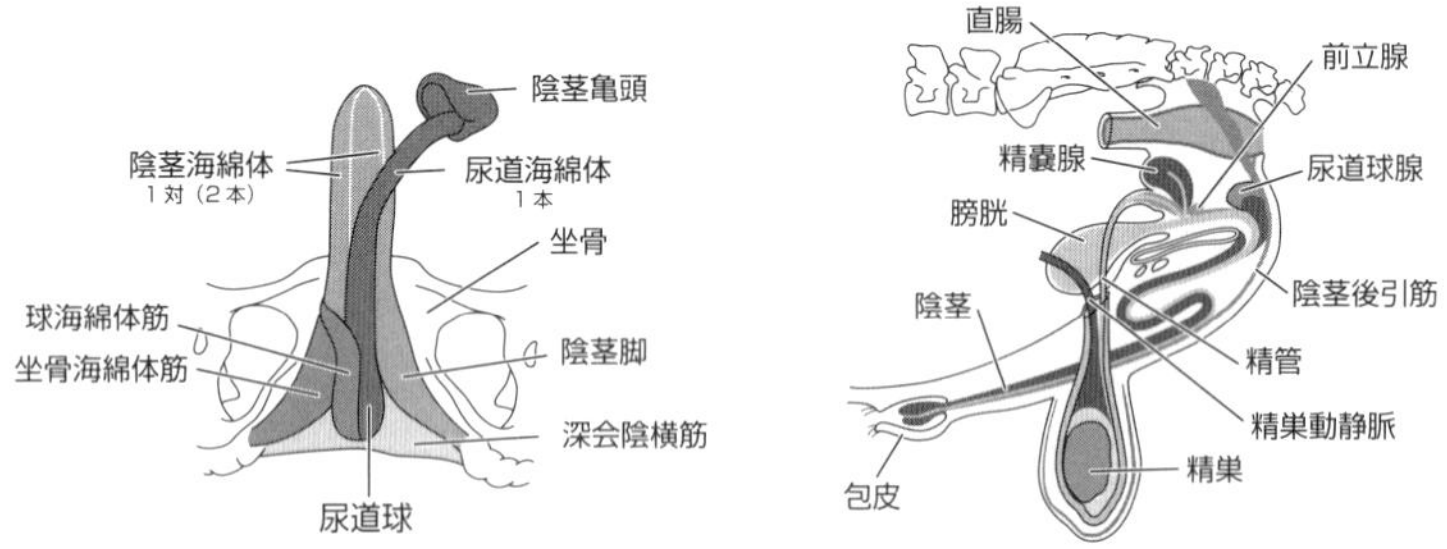


**図2-6　人と牛のペニスの構造**
左：人、右：牛。
（出典：文献1）

哺乳類のペニスは二本の大きな陰茎海綿体と一本の小さな尿道海綿体からなります。二本の陰茎海綿体は有袋類の二本のペニスの名残りと思われます。有袋類のペニスの進化から推測すると、二本の陰茎海綿体に後から尿道が伸長して亀頭部位までカバーし、尿道海綿体を作ったものと思われます。したがって、ペニスは本来、副生殖器（精液排出）専用であったものが、後から泌尿生殖器の役割を持たされたことになります。

ペニスに骨（陰茎骨）を有する動物には、霊長類のゴリラ、オランウータン、チンパンジー、食肉類の犬、イタチ、ミンク、アザラシなどがいます。陰茎骨の一義的意義はまず、ペニスの支持機能です。特に、体格の割にペニスが短く細いゴリラ、オランウータンなどでは支持機能が重要です。チンパンジーには陰茎骨があり、人にはないことから霊長類の進化過程の最終段階で陰茎骨が失われたように考えられがちですが、古い霊長類であるメガネザルに陰茎骨がなかったり、新しい霊長類であるオナガザルに陰茎骨があったりと一貫性はありません。

人類は七〇万前にアンドロジェン受容体の遺伝子に突然変異を起こし、チンパンジーには存在するペニスの棘を失ったことが報告されました。[2] この突然変異により性感度が低下したために人類の性交時間が霊長類の中では最も長くなり、体格的に霊長類の中で最大のペニスを持つようになったと考えられています。科学的証明はされていませんが、アンドロジェン受容体の突然変異は人類の体毛を薄くしたり、陰茎骨の消失をもたらした可能性は十分考えられます。

## 鳥がペニスを失った理由

陸上に生息する動物はペニスによるメス体内への精子注入が不可欠であり、鳥類にもペニスは必要と思われます。しかしながら、九七％の鳥類にはペニスはなく、総排泄腔に生殖結節があるだけで、雌雄の交尾は総排泄腔が接触するだけであるため交接と呼ばれています。一方、古い鳥類に分類されるカモ、ハクチョウ、ダチョウにはペニスがあります。長年、この差異が何によるものか不明でしたが、イェール大学のリチャード・プラムは、骨形成因子であるＢＭＰ－４（＊1）遺伝子が鶏には欠損し、カモには存在することを初めて証明しました。[3] 当初、ＢＭＰは骨形成を誘導する蛋白性因子として発見されましたが、その後、骨だけでなく心臓、腎臓、軟骨などの形成にも

＊1　ＢＭＰ－４：bone morphogenetic protein（骨形成蛋白質）－４の略。

幅広く関わっていることが分かりました。

カモの一種であるアルゼンチンレイクダックのペニスは、繁殖期になると体長の二倍くらいに成長し、水中で交尾します。このようなカモの場合は、ペニスの溝（雨どい方式、これを精溝という）を精液が伝ってメスに注入されます（体内受精）。ペニスはライバルが多いほど長く、ライバルが少ないほど短くなります。カモのペニスの勃起は速やかに起こるのですが、これは哺乳類の血液と異なりリンパ液の流入によるためです。このカモのペニスは繁殖期が終わるといったん消失しますが、翌年の繁殖期になると再生します。

カモのような水中交尾の水鳥がペニスを必要とすることは理解できますが、陸上にいるダチョウにもペニスが存在するのはどのような理由なのか、興味あるところです。おそらく、鳥走類に分類される大型のダチョウは体が大きいので、小さな鳥と同じような交接方式ではメスに精子を渡しにくいことから、ペニスが残ったと考えるのが妥当のようです。

## ペニスの支えは奥深い

平静時の包皮はペニスの鞘の役割を果たします。牛、羊、豚などの長いペニスは、平静時には陰茎後引筋によりS字状に折り畳まれています。馬や犬などにも陰茎後引筋があり、平静時には包皮という鞘に納められています。オスに性的刺激が加わると、ペニスは勃起して太くなり伸長します。この時のペニスの勃起力は陰茎後引筋の力を上回りますが、勃起が終了すると逆に陰茎後引筋の力が上回り、ペニスは包皮内に自然と収納されます。

牛や馬では勃起時に包皮自体が大きく移動することはありませんが、犬の包皮は交尾時に亀頭球の後ろまで大きく移動します。人の場合は亀頭を除きペニスのほとんどが包皮に覆われており、包皮ごと膣内に挿入されます。人の包皮は、他の動物より性交時間が長いために起こる膣との摩擦を軽減する役割を果たすとされています。

多くの動物で交尾時にオスのスラスト（腰を前後に振る行為）が認められますが、ペニスを膣内に十分に挿入するためであり、挿入後もスラストを持続する動物は少ないようです。一方、ゾウはスラストしない動物として知られています。ゾウは体が大きいため腰を前後に振ること自体が困難であり、その代わりペニス自体が膣の入り口をレーダーのように探して挿入するそうです。

陰茎後引筋は尾骨に付着しており、想像以上に長い筋肉です。犬において椎間板ヘルニアなどによる神経麻痺が起こると、性的刺激がないのにペニスが包皮から突出し、持続性勃起症になることがあります。これは神経麻痺により陰茎後引筋が弛緩し、ペニスが包皮内に収納されないためです。

ペニスは二本の陰茎海綿体と一本の尿道海綿体から構成されますが、陰茎海綿体は左右に分かれて陰茎脚として坐骨に広く付着し、高い安定性を得ています。メスの陰核もペニスと同様に二本の陰核海綿体が左右に分かれて陰核脚として、驚くほどしっかりと坐骨に付着しています。

## 陰茎骨の果たす役割は?

ペニスの中にある陰茎骨の存在は一般には知られていませんが、霊長類、食肉類（犬、猫、トド、セイウチ）、コウモリ類、げっ歯類、モグラ類など、実は多くの動物が陰茎骨を有しています。セイウチはトドより少し大型の海獣ですが、トドの陰茎骨が一八センチなのに対し、セイウチの陰茎骨は六〇センチと長く、哺乳類の中で最大とされています。北太平洋に生息するトドはハーレムを作り陸上で交尾しますが、セイウチは個体数が少なく交尾する機会の限られる北極圏沿岸において、水中交尾により確実に受胎させるために陰茎骨が発達したという説が有力です。一方、人、有袋類（カンガルー）、ウサギ、ツパイ、ゾウ、ジュゴン、有蹄類（馬、牛、豚）、イルカ、クジラなどには陰茎骨はありません。陰茎骨の役割としては、一般にペニスを支える役割が大きいと考えられています。

一方、イタチやアライグマの陰茎骨の先端は鉤状になっています。これらの動物は交尾排卵動物（*2）であり、一回あたりの交尾時間がきわめて長いのが特徴です。したがって、鉤状の陰茎骨は長い交尾時間を維持するために必要と考えられます。

---

*2　**交尾排卵動物**：ほとんどの哺乳類は自然排卵動物だが、イタチ、アライグマ、猫、ウサギ、フェレット、ミンク、ラクダなどは交尾刺激により下垂体からLHサージが誘起され排卵するため、交尾排卵動物と呼ばれる。

犬のペニスは太いのが特徴ですので、本来、陰茎骨は不必要のように思われます。しかし、犬のペニス基部には亀頭球と呼ばれるボール状の部位があり、ペニスが完全勃起していない状態で亀頭球まで挿入する必要性があることから、やはり陰茎骨は不可欠と考えられます。時には犬のブリーダーが〝外玉〟と呼ぶ、挿入前に亀頭球が勃起してしまう犬がおり、習慣化すると自然交配ができなくなるため人工授精するしかありません。なお、犬の陰茎骨と尿道は亀頭球基部から併行して走行しますので、陰茎骨起始部の尿道は広がりにくく尿道結石が溜りやすくなっています。

真猿類の狭鼻猿類のオナガザルは大きな陰茎骨を持ち、同じ狭鼻猿類のゴリラ、オランウータンなどは小さな陰茎骨を持っていますが、人は陰茎骨を持っていません。さらに古いサルでも大きな陰茎骨があったり、なかったりしますので、霊長類の進化の過程に一貫性はないように思われます。少なくとも、チンパンジーにはないアンドロジェン受容体の変異が人には存在することが、陰茎骨の有無に関係するのかもしれませんし、無関係かもしれません。なお、犬では、X線検査において雌雄の区別は陰茎骨の陰影の有無により簡単に知ることができますし、お産したメスの乳頭も鮮明に撮影されます。

蛇足になりますが、旧約聖書ではアダムのアバラ骨（rib）からイブは誕生したとされています。これは支柱（陰茎骨）と翻訳すべきところをアバラ骨と間違えて訳したことに由来します。当然、男性が失った骨は陰茎骨のみです。

## 人のペニスの血液供給量を左右する要因

心臓から下半身につながる後大動脈は、第四腰椎付近で左右に分岐して二本の外腸骨動脈（腸骨側）となります。左右の外腸骨動脈はさらに内腸骨動脈と大腿動脈に分岐します。大腿動脈は両足に血液を供給し、内腸骨動脈は骨盤腔内の臓器へ血液を流します。骨盤には内臓臓器を支える骨盤底筋があり、その厚さは青年期には五～九センチもありますが、中高齢になると半減するために、尿や便の失禁にも関係します。内腸骨動脈から分岐した内陰部動脈は、会陰動脈と陰茎動脈にさらに分岐しながら骨盤底筋を走行しますので、骨盤底筋の菲薄化は男性性器への血液供給量を低下させます。骨盤底筋のうち特にペニスへの血液供給に関係するのが、球海綿体筋と恥骨尾骨筋（ＰＣ筋）の二つです。中高齢者が骨盤底筋を維持するためには、肛門を絞める運動を二〇回程度、朝昼夕繰り返すことが推奨されています。

男性は五〇歳以降に一五～二〇％も筋肉量が減少するとされています。また、家に引きこもっている人は三〇代から年〇・五～一％の筋肉が減少するそうです。特に、散歩や運動の少ない人は大腿動脈への血流量が減少しますので、内腸骨動脈への血流量も相関して減少します。中高齢になると勃起不全や中折れを経験する男性が多くなりますが、その原因として筋肉量・血流量の減少とテストステロン濃度の低下の影響が大きいとされています。

一般的に、男性のテストステロン値は中高齢になるに従い低下する傾向にありますが、七〇代でも高い値を維持する人もいれば二〇代でも低い人がいますので、個人差が大きいことにも留意する必要があります。テストステロン濃度を増加させる方法として、大腿筋や腹筋の筋肉量を増やすことが先決かもしれません。そのためにはまず、散歩やスクワットなどの運動は欠かせません。さらに七時間以上の睡眠、バランスのとれた食事、友人と話す、社会とのつながりを持つ、新しいことにチャレンジするなど、筋肉と神経の活動はテストステロン産生に大きく関係しています。

## 人がペニスの棘を失った結果として何が変わったか？

人類はチンパンジー、マカク、マウスにはあるアンドロジェン受容体の調節遺伝子を七〇万年前に失い、ペニスの棘や感覚毛（髭）を消失したとされています。[2]この報告では、アンドロジェン受容体調節遺伝子のノックアウトマウス（*3）を使って、実際にマウスのペニスの棘と髭の消失を確認しています。ペニスの棘を失ったマウスはメスマウスを妊娠させられなくなるそうで、ペニスの棘の役割は想像以上に大きいようです。マウスにおいては交尾刺激によるプロラクチン（マウスでは黄体刺激ホルモン作用あり）放出が黄体維持（妊娠維持）に不可欠ですので、棘がないと交尾刺激が不十分となり妊娠黄体が形成されないのかもしれません。

ペニスの棘の役割については、交尾排卵動物であるネコ科動物でよく知られていま

*3　ノックアウトマウス：遺伝子配列が解明された遺伝子の働きを調べるために、特定の遺伝子を欠損させた遺伝子組み換えマウス。正常なマウスと遺伝子欠損マウスにおいて生理解剖学的な特性を比較することにより、多くの遺伝子機能が解明されている。

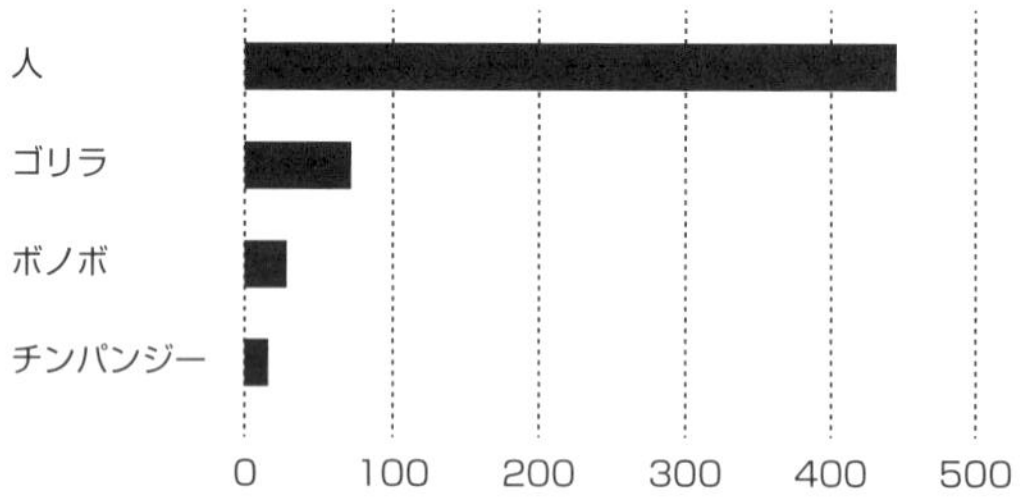


**図2-7　霊長類の平均性交時間の比較（秒）**
（出典：文献4）

す。このペニスの棘による交尾刺激は、メスの神経系を介してＬＨサージ（排卵誘起に不可欠な下垂体ホルモン）を分泌して排卵させます。家猫において確実に排卵に至るＬＨサージを分泌させるためには、一回の交尾刺激では不十分なことが多く、通常は数回～一〇回程度の交尾を必要とします。ライオンは一回の受胎に一〇〇回程度の交尾を繰り返します。ネコ科動物のペニスの棘はアンドロジェンの影響を強く受けており、低アンドロジェン症においてペニスの棘は消失しますので、低アンドロジェン症は肉眼でも診断可能です。

　一方、霊長類においては、交尾刺激は排卵には無関係です（自然排卵動物）。それでは、霊長類においてペニスの棘はどのような役割を持つのでしょうか？　この問いに対する明確な答えは存在しません。ゴリラ、オランウータン、チンパンジー、ボノボなどのアフリカ系霊長類の交尾時間は短く、一回の交尾時間が六〇秒を超える霊長類は少ないようです。ペニスの棘を失った人の性交時間は平均一〇分とされていますが、旧石器時代の人類の性交時間は一時間を優に超えていたとされています。アンドロジェン受容体の変異はペニスの棘の消失と性感度を低下させたために、人類の射精までの時間が飛躍的に長くなり、霊長類の中でペニスが最も長く太く発達したのかもしれません。

## 人類の性は生殖を超越した？

ボノボは従来ピグミーチンパンジーと呼ばれ、チンパンジーの一種とされてきましたが、解剖学的所見から全く別種と認定されました（一九二八年）。ボノボの大きな繁殖学的特性は、発情期でない時期であっても年間を通してメスがオスを許容することです。本来の生殖につながる生涯の発情日数もチンパンジーの六倍にも達し、分娩間隔（分娩と分娩との間の期間）も短くなっています。この分娩間隔が短くなる理由は、ボノボの生息地域には食糧が多く、出産時期の異なる子供を同時に保育可能にしているのに対して、採食条件の厳しい地域に住むチンパンジーは、子供が巣立たないと次の子供を産めないことが関係しています。ボノボの極めつけの特徴は、交尾行動が親子同士、子供同士、オス同士、メス同士でも見られることです。交尾行動は生殖だけでなく、個体間のコミュニケーションもしくは争い回避の役割を持つと考えられています。したがって、ボノボは父系社会で狂暴性のあるチンパンジーと異なり、たいへん平和的な母系社会動物とされています。

旧石器時代において人類の一族は五〇人程度で構成され、自然の洞窟や作られた洞穴を利用して住んでいたと思われます。この時代、人類は生きるために不可欠な食糧（木の実、芋、野生動物、魚介類）を狩猟能力、男女、年齢に関係なく平等に分配する原始共産社会を営んでいました。人は野生動物に比べ、体格的に秀でているわけではなく、腕力、走力、木登り能力いずれも劣っています。

しかし、野生動物の繁殖が自然環境から大きく制約を受けながら、食糧の増減が個体数の増減に直結したのに対して、旧石器時代の人類は限られた食糧を分け合ったり、動物や魚を協力して捕獲する知恵とコミュニケーション能力で生き延びてきました。野生時代の牛や豚の祖先は、限られた繁殖季節の中で性周期を繰り返してきましたが、家畜化された牛や豚は一年中性周期を繰り返すようになりました。したがって、人類も一年中一定の食糧を確保できるようになったことが、一年間を通して月経周期を営むことにつながった可能性はあります。

しかしながら、人の女性が排卵前後以外の時期にも男性を受け入れるようになった理由は、全く憶測の域を出ません。ボノボは母系社会であり、メスが群れのリーダー役を果たしますので、ボノボのメスがいつでも受け入れるのは群れをリードするためにオスを制御する手段に使ったのかもしれません。常時オスを受け入れるのは人とボノボだけという認識が多い中で、そもそも類人猿では発情期すら存在しないという極論もありますが、類人猿では限定された発情期よりはもう少し長い期間オスを受け入れているというのが真相のようです。

人類の旧石器時代では食糧が共有されたように性も共有されていたというと、多くの日本人は驚くかもしれません。そもそも性（生殖）は神様の思し召しであり、性は恥ずかしいという概念が全く存在しなかった時代において、若い男女が多夫多妻の緩やかな婚姻関係を持っていたことは十分に考えられます。動物は一回の妊娠のために約二〇回交尾しますが、人は約一〇〇〇回とされています。この大きな違いは、動物の性と人の性とは質的に明らかに異なるということを示唆しています。生物学者のエドワード・ウィルソンは「人の性は人と人をつなげる道具であり、生殖は二の次だ」と述べていますが[5]、まさに至言と言えます。

チンパンジーと人のＤＮＡの差異は数％とされていますが、スタンフォード大学の学者は、人においてアンドロジェン受容体の調節遺伝子の欠落と同時に腫瘍抑制遺伝子（GADD45G）の欠落も発見しました。腫瘍抑制遺伝子の欠落は特定の脳領域の成長抑制を解放させ、脳容積の拡大に寄与したと考察されています[2]。特に、大脳容積の拡大は人の言語能力を高め、機序はおそらく異なるのかもしれませんが、ボノボと同様に性交によるコミュニケーション力を飛躍的に高めることに寄与したと予測されます。

## 霊長類のペニスを考察すると何が分かるか？

霊長類のペニスの長さを比較すると、ゴリラ三センチ、オランウータン四センチ、チンパンジー八センチ、ボノボ一四センチとされています。ゴリラとオランウータンはオス一頭に数頭のメスからなるハーレムを形成します。チンパンジーとボノボは乱婚であり、交尾回数がきわめて多いことから、ペニスの長さに反映していると思われます。チンパンジーとボノボの差異は、チンパンジーの交尾時期が繁殖季節に限定されるのに対し、ボノボは年間を通して交尾する点です。これら類人猿のペニスはいずれも細いのが共通点です。精巣重量（両側）を比較すると、ゴリラ三〇グラム、オランウータン三五グラム、チンパンジー一二〇グラム、ボノボ一一〇グラムです。特定の相手を持たない乱婚タイプのチンパンジーとボノボが突出して精巣重量の重いことが分かります。

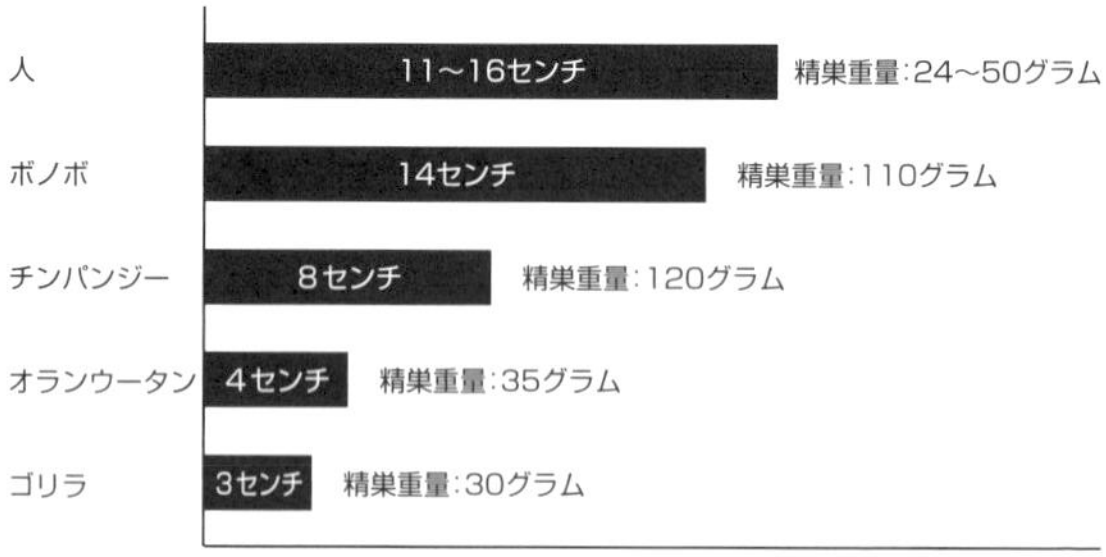


**図2-8　ペニスの長さと精巣重量**

一方、人類の人種別のペニスの長さは、黒人一六センチ、白人一四センチ、東洋人一一センチであり、精巣重量（両側）は黒人五〇グラム、白人三三グラム、東洋人二四グラムとなっています。黒人が住んできた環境は最も過酷であり、背が高く身体能力の高い人が生き残りやすく、多くの子孫を残したことが示唆されます。寒い環境で生活してきた白人も、体格の大きい人が熱損耗率の効率から生き残りやすいと考えられます（大きい方が体重あたりの体表面積が小さくなるため）。世界的に最も生活しやすいアジア地域では、体格の小さい人でも容易に生き残れたことが示唆されます。このようにペニスサイズと精巣重量には人種による差異が多少ありますが、人類と同等のペニスの長さを有するボノボとの大きな違いはペニスの太さです。

この人類のペニスの太さを説明する要因としては、①アンドロジェン受容体調節遺伝子を七〇万年前に失い、性感度が低下したために人類の一回あたりの性交時間が霊長類の中で格段に長くなったこと、②同時に腫瘍抑制遺伝子の欠損により大脳容積が拡大し、言語能力と性コミュニケーション能力を発達させたことなどが相互に関連して、女性が年間を通して受け入れるようになった可能性はあります。さらに、男性だけでなく女性も性感度が低下したために、女性がオルガズムに達するまでの時間が長くなり、性交時間が延長した可能性もあります。

オルガズムとは、男性および女性の主観的に官能的な恍惚、すなわちエクスタシーとして特徴づけられるような性愛的経験の絶頂であり、脳と生殖器において同時に生じると定義されています。[6]まず、生殖器からの触覚が活性化されると、不安と警戒を担う扁桃体（喜怒哀楽の情動を司る神経核）が抑制され精神的にリラックスし、脳の快感回路が活性化されてドパミンが分泌されることで快感を感じます。脳の快感回路は個体の生存と種の保存のために働きますので、例えば、物を食べる、水を飲む、性交をする時には快感回路が働きドパミンが分泌されます。[7]

男性のオルガズムは常に射精時に限られますが、女性のオルガズムは性交中に何回も繰り返される反面、常に経験するとは限らないとされています。イギリスのBBC放送は、女性のオルガズムの画像を放映しました。軟性内視鏡をペニスに装着して、女性がオルガズムに到達した時の画像を捉えましたが、想像をはるかに超えるものでした。オルガズム時の外子宮口は象の鼻のように伸びて突出し、いかにも膣の精液を吸引しているのではと思わせる動きを繰り返すというものでした。女性のオルガズムが受胎率を向上させるという報告はありませんが、男性の射精反射を高めるという効果はあるようです。

一方、人類の祖先は野生動物に比較すると弱い存在であり、厳しい環境の中で生き延びて子孫繁栄するために一族内での団結と協力は最優先事項であったと思われます。一族内における争いごとを避ける一番のコミュニケーションツールとしての性交の役割はきわめて大きく、人類の祖先が一番恐れた〝孤独〟や〝孤立〟を克服した要因の一つと思われます。他の動物は、発情時期のみに発情シグナルをオスに向けて強く発信するのに対して、人類はフェロモンを感知する鋤鼻器を退化させ、排卵時期（発情）を隠すようになったとされています。この現象が、いつでも受け入れるようになったために排卵シグナルが不要になった結果なのか、受胎しやすい時期が分からなくなったために女性が常に受け入れざるを得なくなったのか、定かではありません。いずれにしても、ペニスの太さを増すことに貢献したと思われます。

人のペニスは亀頭部にカリがあることが特徴であるとされています。人工ペニスの亀頭部にカリがある場合とない場合において、精液に見立てたコーンスターチを膣模型に入れて排出試験を行ったところ、カリがあると九一％排除できるのに対して、カリがない場合は三五・三％しか排除できないことが報告されています。[8] カリの役割としてライバルの精液を排除する働きが一番に考えられ、男性のライバルの存在が予想されます。

ペニスの太さの発達を考察すると、人類の性交時間の長さは重要な要因ですが、それだけでなく年間を通しての性交頻度も大きな要因と言えます。そのような観点から旧石器時代の人類は、現在の一夫一妻よりは多夫多妻の共同婚の方が合理的と思われます。したがって、旧石器時代の人類は現在の一夫一妻ではなく、ボノボやチンパンジーと同様に多夫多妻の乱婚であったことが強く示唆されますが、科学がこれを証明することは困難かもしれません。

## 人類は〝裸族〟時代にペニスを進化させた

人類は約二〇万年前に、熱帯アフリカに〝裸のサル〟として誕生しました。全世界に広がった人類の中で、アフリカ、アマゾン、ニューギニアの熱帯地域では今でも裸で生活する裸族がいます。ニューギニア・ダニ族の男性は成人するとペニスにペニスケースを付け、男性力を誇示します。また、ペニスケースからはみ出した陰嚢は精巣サイズを誇示します。したがって、女性は容易にペニスや精巣の大きい男性を選べます。陰嚢（精巣）のサイズは多産と生命力の象徴だからです。一方、裸族の女性は腰みのを付けていますが、胸は丸出しで生活していますので、男性は胸の大きい女性やお尻の大きい女性を容易に選べます。このような男女の好みによる選択圧（*4）が長年にわたり継続すると、その特性はますます増強されていきます。

オーストラリアの女子学生一〇五名に、コンピュータイメージした男性の身長（高、中、低）、ペニス（長、中、短）、肩幅（広、中、狭）の組み合わせパターンから好みを選んでもらった研究報告があります[9]。現代社会における女性の好みは、「ペニスが長い」と「身長が高い」が同程度で、次に「肩幅が広い」の順位であったそうです。したがって、現代においても、ペニスが大きく身長の高い男性が選ばれることが確認され、裸族時代からあまり変化していない可能性があります。なお、この調査では男性の容姿、学歴、職業、財産、性格などは全く考慮されていません。

もちろん、いざ女性が結婚相手を選ぶとなると、優しさ、男性らしさ、経済力などが重視されるようになります。現代社会においては多くの男女が経済力を持てるようになるまで結婚を先延ばしにする傾向にあり、四〇歳を超えると一生独身者になる確率が高いという問題があります。さらに、若者は結婚に対しても消極的であったり（草食化）、結婚していても共働きが多く家庭内労働の過重からセックスレスの傾向が強まっていますので（絶食化）、人類のペニスの特性も一万年単位で考慮すると二極化するのかもしれません。

---

*4　**選択圧**：選択とは、進化の過程で生存に適した性質や嗜好が集団内で広がっていくことであり、その差を生む要因を選択圧という。

## オスとメスの生殖器の比較発生学

妊娠初期におけるオスとメスの性腺と生殖器には差異がありません。Y染色体にSRY（Sry）遺伝子を有するオスの性分化はメスより早い時期に起こります（人では七週齢と一二週齢）。胎子精巣のセルトリ細胞からは、抗ミュラー管ホルモン（AMH）が分泌され、中腎傍管（ミュラー管）を退行させます。オスの中腎管（ウォルフ管）はオスの生殖道を形成します。精巣から分泌されたテストステロンは、直接的にウォルフ管由来の精巣上体、精管を発達させますが、副生殖器に存在する酵素によりテストステロンが代謝されたジヒドロテストステロンは、尿生殖洞由来の副生殖腺（ウォルフ管由来の精嚢腺も含め）、前庭ひだ、生殖結節を発達させます。生殖結節は急速に伸長して生殖茎となり、尿道海綿体を引き寄せ、前庭ひだを閉じて尿道を形成することで陰茎が完成します。前庭ひだは尾方へ移動して縫合され、陰嚢を形成します。

二本の中腎傍管（ミュラー管）は卵管、子宮、腟に分化しますが、動物種により卵管から子宮頸管まで癒合しない重複子宮や、子宮角が消失し子宮体のみある単一子宮まで様々なタイプがあります。メスにおいて中腎管（ウォルフ管）は退行します。メスの生殖結節は伸長することなく陰核になり、前庭ひだはオスと異なり縫合されず小陰唇になります。生殖隆起は人では大陰唇を形成します。

女性副生殖腺の中で、前立腺に相当するのがスキーン腺（小前庭腺）です。スキー

| 胎子器官 | メス | オス |
|---|---|---|
| 未分化生殖巣皮質 | 卵巣 | 退化 |
| 未分化生殖巣髄質 | 退化 | 精巣 |
| 中腎管 | 痕跡 | 精巣上体、精管、精嚢腺 |
| 中腎細管 | 痕跡 | 精巣輸出管 |
| 中腎傍管 | 卵管、子宮、膣（頭側） | 痕跡 |
| 尿生殖洞 | 膣前庭、尿道、膀胱、膣（尾側） | 前立腺、尿道球腺、尿道、膀胱 |
| 前庭腺 | スキーン腺（多数）、バルトリン腺（一対） | 前立腺、尿道球腺 |
| 生殖結節 | 陰核（クリトリス） | 陰茎 |
| 前庭ひだ | 小陰唇 | 陰嚢 |

**表　メスとオスの胎子期の相同器官の比較**

ン腺は外尿道口に近い部位に開口し、性感帯とされるグレフェンベルグ・スポット（Gスポット）に近く、もしかするとGスポット部位を裏打ちしている可能性があります。一方、牛の精液採取法の一つとして精管膨大部マッサージ法（*5）がありますが、Gスポットは前立腺の頭側にある精管膨大部や精嚢腺の相同器官（*6）の可能性も考えられます。イタリアの科学者がオルガズムのある女性とない女性を比較するために、超音波診断装置を使って膣壁の厚さを調べたところ、オルガズムの有無とGスポットの有無とが関連していることが分かったそうです（膣壁の厚い人はGスポットがある）。要するにGスポットを有する人もいれば、持たない人もいるということです[10]。

男性の尿道球腺に相当するのがバルトリン腺（大前庭腺）であり、通常一対存在します。ここから排出される分泌腺液の役割は、性交時における摩擦を軽減する粘滑剤としての役割が第一義であり、きわめて重要な役割を持ちます。

**＊5　精管膨大部マッサージ法**：牛の直腸から手を入れて精管膨大部と精嚢腺を軽く撫でることにより精液採取する方法だが、包皮内に射精するために雑菌が多く入るのが難点。

**＊6　相同器官**：進化の過程で形態、機能が大きく変わってしまっても、発生初期においては同じ起源由来の器官をいう。哺乳類の手と鳥の翼、精巣と卵巣などがその例。

## 犬と人の前立腺肥大症

犬と人は、加齢に伴い前立腺肥大が起こることで共通しています。犬の前立腺は性成熟すると急速に大きくなり、他の臓器が大人の体重に達すると成長を停止するのに対して、前立腺のみは一定の速度でその後も増殖を持続します（ゾウのオスは、性成熟に達した後も体全体が成長を持続する点で例外的）。特に前立腺肥大が進行すると臨床症状を示すことがあり、例えば血様尿道分泌物、血尿、排尿障害、血精液症（精液に赤血球が混ざり赤く見える）、排便困難、リボン状便（扁平な便）などが見られます。犬では排便困難が多く、人に多い排尿障害は少ないとされています。前立腺肥大の原因は、高齢化に伴いテストステロンが低下した結果として、エストロジェンとの比率が変わり、腺上皮細胞や間質細胞が増殖して起こるとされています。

犬の前立腺肥大症の治療法は通常、精巣摘出が第一選択肢になります。酢酸クロルマジノン製剤（黄体ホルモン作用）は当初、人の前立腺肥大症の治療薬として開発されましたが、動物用にも転用され、前立腺肥大症のインプラント剤（皮下に埋め込む薬剤）として市販されています。

犬の精液量は四～五歳頃に最大に達しますが、その後、前立腺肥大が進行するにつれ、精液量が減少します。特に大型犬では、八～九歳で無精液症になることがあります。この精液量が減少する理由は、前立腺が硬い被膜に包まれているために、前立腺間質細胞の増殖が進行すると内部圧力が高まり、腺細胞（前立腺液［＝精液］を分泌する細胞）への血流量が減少するためと思われます。

人においても組織学的な前立腺肥大は、三〇代から始まり、五〇歳で三〇％、六〇歳で六〇％、七〇歳で八〇％、八〇歳では九〇％に見られます。症状を示す前立腺肥大症の頻度は、五〇歳から増加しますが、その全てが治療を必要とするわけではなく、治療が必要となるのは、前立腺肥大症の四分の一程度と言われています。人の臨床症状として、排尿障害、頻尿、残尿感があります。

前立腺機能は、テストステロンの働きで維持されています。前立腺肥大症の治療に使われる酢酸クロルマジノン製剤は、精巣に直接働きテストステロン産生を抑制しますが、テストステロンが低下するため勃起能も影響を受けます。この薬剤は前立腺癌にも適用されます。また、テストステロンは前立腺でジヒドロテストステロンへ転換されて働きますので、その転換酵素を阻害する薬剤としてデュタステリドがあります。この薬剤ではテストステロン産生は変わらないため、勃起機能の抑制は少ないとされています。

前立腺肥大症の排尿障害に対する治療もいくつかあります。前立腺尿道を拡張し排尿を改善させるαブロッカー剤（シロドシン、タムスロシン：α1A受容体阻害剤）は、性交満足度や勃起機能を改善することはありません。一方、シルデナフィル（商品名：バイアグラ）より強力な作用を有するタダラフィル（商品名：シアリス）は、排尿改善とともに、勃起能維持も可能とされています。

人の前立腺疾患の中で、六五歳以降に発症し、八〇歳では二〇％に見られるのが前立腺癌です。前立腺癌はリンパ節や骨に転移しやすいですが、進行の遅いタイプもあります。前立腺癌は男性ホルモンの影響で大きくなる傾向があり、男性ホルモンを遮断する方法として精巣摘出が当初試みられ、それを提唱したアメリカのチャールズ・ハギンスはノーベル生理学・医学賞を受賞しました（一九六六年）。しかし後日、彼の論文の症例数が余りにも少ないことが指摘されているそうです。現在では、強力なGnRH製剤を投与し、負のフィードバック作用によって男性ホルモンを抑制する前立腺癌の治療が行われています。

## 男性不妊症の原因

男性不妊症で最も多いのは、妊娠に必要な精子数が存在しない造精機能障害（精子をうまく作れない（*7））です。原因不明が半数以上を占めますが、原因の明らかなものとして精索静脈瘤（*8）があります。健康な男性でも一五％に精索静脈瘤がありますが、不妊症男性の場合には二五〜四〇％もあり、男性不妊症の原因として最も多くを占めます。精索静脈瘤は八〇％以上が左側に発生し、思春期以降に多くなります。その理由として、左側の精索静脈の方が右側の精索静脈に比べて長いこと、さらに右側精索静脈と異なり左側精索静脈は、下大静脈より圧の高い腎静脈に還流するため抵抗が大きいことが考えられています。精巣の頭部には蔓状静脈叢があり、精巣温度の調

＊7　**造精機能障害**：色々な原因により精巣における精子産生が妨げられ、不妊症の最大要因となる。

＊8　**精索静脈瘤**：精巣から還流する血液がうっ滞するために静脈肥大を起こすこと。最大の要因は、左腎静脈が腹部大動脈と上腸間膜動脈に挟まれることにより、左腎静脈圧が高くなることによる。

節に重要な役割を果たしており、高い温度の動脈血と低い温度の静脈血とが熱交換することで、精巣へ送る血液の温度を数度低下させます。ところが精索静脈瘤ができると、血管が腫脹し精索が圧迫されるために熱交換が妨げられ精巣温度が低下せず、その結果として精子形成が妨げられます。

　男性不妊症の原因として二番目に多いのが無精子症であり、鼠径ヘルニア手術（＊9）、精巣上体炎（＊10）、先天性精管欠損（＊11）などが原因となります。三番目に多いのが精子活力のない精子無力症であり、先天的な異常、前立腺の炎症、精巣の炎症などで起こります。四番目は勃起障害であり、ストレスなどの心因性、器質性、心因性と器質性の混合などが原因となります。加齢に伴いテストステロン値は低下する傾向があり、高齢になるに従い勃起障害は多くなります。

## 射精障害の原因

　男性の射精障害で多いのは早漏と思われがちですが、実際にはその逆の重度遅漏が圧倒的に多く（五四％）、特に加齢に伴い増加します。重度遅漏の場合、膣内射精が得られず性的な満足度が低下します。重度遅漏の原因の半分は誤ったマスターベーション法に起因するとされ、ペニスを床に押し付けたり（プッシュ法）、強く握りすぎるなどの問題点が指摘されています。誤ったマスターベーションの解決法としてマ

＊9　**鼠径ヘルニア手術**：小児期に実施されることの多い鼠径ヘルニア（脱腸）の手術により、誤って精管を結紮することによって起こる。

＊10　**精巣上体炎**：尿道炎や前立腺炎、膀胱炎などの尿路感染症、もしくは性感染症によって体内に入った病原体が、精巣上体まで逆流することによって精巣上体管を閉鎖することで無精子症を起こす。

＊11　**先天性精管欠損**：精管の発生異常または尿路系との接続異常により発生する。

スターベーター（商品名：TENGA）の利用があります。これは擬似人工腟になりますが、ハード、スタンダード、ソフトの三種類があり、徐々に圧迫レベルを落として遅漏の改善を図ります。

重度遅漏の原因の残りの半数は心因性とされていますが、老化に伴う性感度の低下、すなわちテストステロンの低下などが関係していることが多いようです。要するに、老齢に伴うテストステロン低下は、精嚢腺分泌液の減少と前立腺肥大による分泌量減少を来たし、前立腺尿道に射精前に蓄積される液体量が少なくなり射精中枢への刺激が低下します（最も起こりやすい）。

二番目に多いのが、事故による脊髄損傷などが原因の射精障害です（二〇％）。この場合には勃起率は六〇～八〇％ありますが、射精率は一〇％程度と低いそうです。しかしながら、バイブレーターを使うと射精率が向上するという報告もあります。ただし、脊髄損傷部位が胸椎だと射精率は高いですが、腰椎になると射精率が低下します。海外の医療施設では電気射精装置が使われており射精率は高いそうですが、国内の医療施設では電気射精装置の所有率

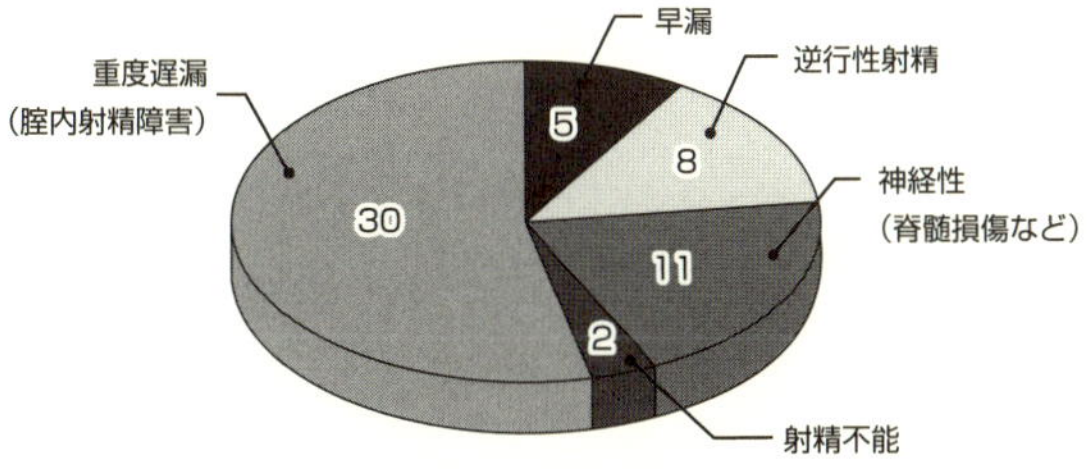


図2-9　射精障害男性患者の病状区分（56例）
（出典：文献11）

が低いようです。そもそもバイブレーターは、一九世紀に最も多い病気であった女性のヒステリー治療法の目的として開発されたものであり、男女ともに活用できる機能を持っている点で驚きです。

三番目は、射精時に膀胱括約筋が閉鎖せず、膀胱内に射精される逆行性射精です（一四％）。糖尿病が原因となることが多いようですが、前立腺や腹部の外科手術の副作用により引き起こされる場合もあります。

なお、図2-9のデータでは早漏は少ないことになっていますが、患者として診療を受ける人が少ないことも考慮すべきかと思われます。

## 恥ずかしくて人に言えない排尿後尿滴下

高齢化に伴い男性は、排尿終了後に尿漏れ（約一〇ミリリットル）を起こしやすくなり、五〇歳以上で三人に一人が発症するとされています。そもそも内臓は骨盤底筋により支えられており、その厚さは若い時には五～九センチあるものが、老化に伴い三～四センチにまで薄くなります。その結果、排便や排尿の調節が難しくなります。排尿後尿滴下の直接的原因は、ペニス基部にある球海綿体筋の衰えにより、まだ尿が完全に排出されず、尿道に尿が一部溜っているのに排尿が終わったと勘違いすることで起こります。さらに、球海綿体筋の衰えは、骨盤底筋の尾骨恥骨筋の衰えとも関連しており、尾骨恥骨筋から球海綿体筋への血流が低下するのも促進要因です。球海綿体筋は、男性では「排尿促進筋」、女性では「腟括約筋」と呼ばれます。
また、前立腺の真ん中を膀胱からの尿道が通っていますが、前立腺肥大症になると尿道圧迫により排尿時間が長くなることも排尿後尿滴下の原因となります。

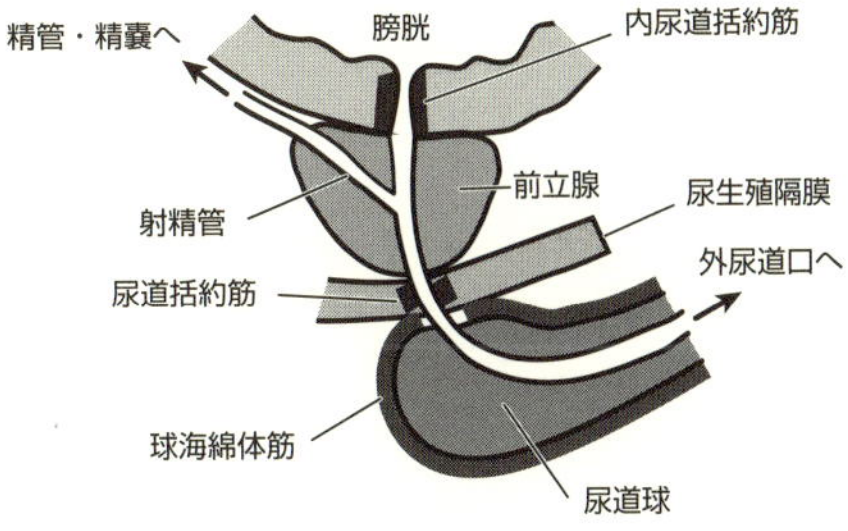


**図2-10　球海綿体筋が排尿促進する**

対策として、肛門を数秒ずつ二〇回閉める骨盤底筋体操を一日三セット繰り返すと骨盤底筋が鍛えられます。肛門と尿道に分布する陰部神経は同じですので、肛門を絞めることで尿道周囲も一緒に鍛えられます。

四〇歳以降の女性も咳やクシャミをすると尿失禁が起こりやすくなりますが、骨盤底筋の委縮が原因ですので、骨盤底筋体操は男女ともに効果的です。

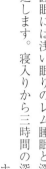

## 人の睡眠と勃起不全（ED）との関係

睡眠には浅い眠りのレム睡眠と深い眠りのノンレム睡眠とがあり、九〇分間隔で繰り返します。寝入りから三時間の深いノンレム睡眠は特に重要であり、この時に成長ホルモンが分泌されます。成長ホルモンは細胞分裂を刺激して細胞の入れ替え（一日あたり三〇〇〇〜五〇〇〇億個）を促進しますが、良い睡眠がとれないと細胞の入れ替えが停滞し、全身の身体機能の低下を招く可能性があります。特に、一〜二日しか寿命のない消化管上皮細胞や好中球などの入れ替えが停滞すると、食欲や免疫機能の低下を引き起こします。睡眠時間は一定の長さをとることも重要であり、できれば七時間以上の睡眠が望まれます。特に記憶は起床する前のレム睡眠時に定着するとされ、睡眠時間の短い人はレム睡眠が大きく短縮するために、結果的に記憶力が低下します。

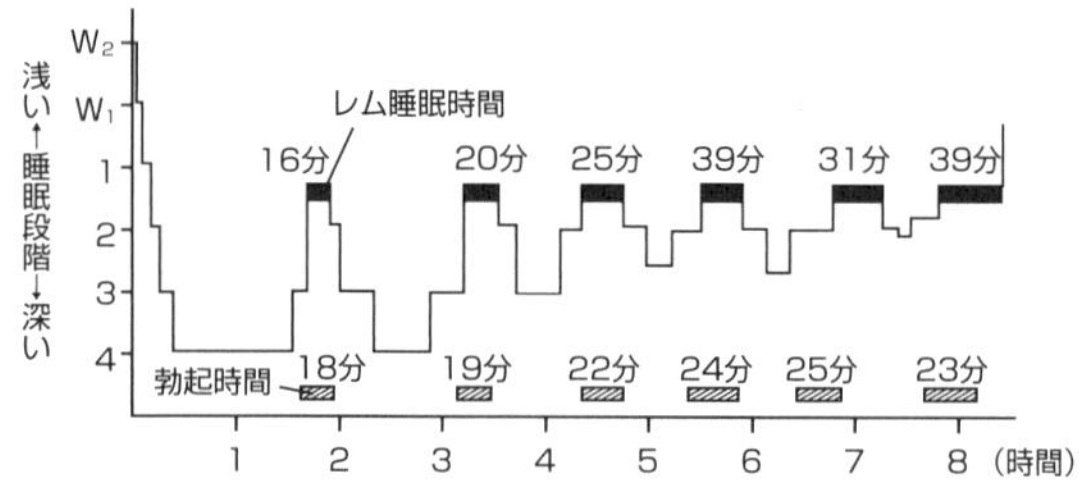


**図2-11　睡眠周期と夜間勃起現象との関係**
（出典：文献 12）

　男性の夜間勃起現象は、レム睡眠に一致して夜間に四〜六回起こります。この現象は、胎児期にも超音波検査により観察されていることから、生体の本源的な生理機能と思われます。夜間勃起現象は思春期以降に急増し青年期にピークに達しますが、その後は老化に伴い減少します。勃起レベルはテストステロン濃度と高い相関のあることが知られており、低テストステロン症ではほとんど夜間勃起現象が起こりません。

勃起不全（ＥＤ）は中高齢になると増加しますが、ＥＤ発現三年後に六七％が狭心症（心臓の冠動脈が狭くなる疾患）を発症するという報告があります[13]。したがってＥＤは、心筋梗塞や脳梗塞のイエローカードとされています。その理由は、陰茎動脈は比較的細い血管であり、この血管が一番先に血流量低下の影響を現すことから狭心症の指標になるとされています。

ＥＤの正確な診断は泌尿器科医が行いますが、検査の恥ずかしさと認識不足のために放置されがちです。自分で簡単に診断できる方法として、スタンプ（切手）法があります。一円切手を一二枚くらい購入して、連続した切手三〜四枚をペニスに巻いて寝て、朝起きてミシン目が切れていたらＥＤではないことになります。もし、切れていなくてもさらに二回は繰り返します。たかがＥＤ、されどＥＤですので、自分の健康状態のチェックは重要です。

一般に老化に伴いテストステロン値は低下しますが、テストステロン値は個人差が大きいとされています。高齢でも社会活動に積極的に関わったり、運動を心がけている人はテストステロン値が高く、ＥＤ発症率は低いそうです。

## コラム　男性割礼の目的は衛生？

包皮の役割は、ペニスの亀頭部位を守る働きが考えられます。幼少時には包皮は完全にペニスを覆っていますが、成長するにつれて亀頭部位が露出します。真性包茎では性交に支障が出ますので、手術を要しますが、仮性包茎は通常問題になりません。

体を毎日洗えない乾燥地帯もしくは砂漠地帯においては、幼少時や一人前の男になる儀式として、包皮を切除する男性割礼の習慣が広く実施されています。コーランや旧約聖書には男性割礼が記載されており、宗教的一環として大部分のイスラム教やユダヤ教の男性はもちろんのこと、キリスト教の一部の男性も割礼を受け入れています。ヒトラーはユダヤ教徒を摘発するために割礼痕を悪用した歴史があります。アメリカの軍隊では戦地に赴く前に、衛生上の観点から割礼する男性が多いとされています。

アフリカなどにおいて、割礼者は非割礼者よりエイズ感染率が低いとされていますし（ケニア五三％、ウガンダ四八％〔非割礼者を一〇〇とした場合〕）、パピローマ（乳頭腫）ウイルス罹患率も割礼者は非割礼者より低いとされています。したがって、割礼は衛生状態が毎日保てない地域においては、現代でも合理的な意義があると思われます。

一方、牛や豚の人工授精目的の精液採取において、従来から包皮内洗浄が励行されてきました。包皮内は垢が溜りやすく大量の細菌を含むからです。また、凍結精液や冷蔵精液を調整する際の希釈液には必ず抗生物質を加えますが、精液採取においてどうしても細菌の混入が防げないことと、細菌の持っている毒素（エンドトキシン）が精子にダメージを与えるためです。しかし、犬の精液採取において包皮内洗浄をするブリーダーは国内では少ないようです。この違いの理由は、牛や豚の繁殖分野では最初から獣医師が関与してきたのに対し、犬の繁殖ではブリーダー中心に行われてきた歴史的相違のためかもしれません。

アフリカの一部の国において、女性性器の一部を切除する女性割礼の風習があります。男性割礼と異なり宗教的な背景はないとされますが、一部イスラム教地域と重複しています。女性割礼の方法には、①陰核（クリトリス）だけを切除、②一部陰部も含めて切除、③全部の陰部切除と陰門閉鎖などがあります。目的は、男性的なものを除外することだそうですが、割礼をしないと成人した一員とみなされず、嫁にも行けないということで成人前に実施されます。欧米の人権団体が女性割礼の廃止運動を行っていますが、未だにこの風習は続いています。

男性割礼と異なり女性割礼にはメリットは全く見当たりませんし、非衛生的な処置がなされると一生の機能障害を蒙ります。この地域の男性指導者や聖職者の表向きの理由はさておき、女性は子供を産めれば十分という考え方なのか、処女信仰の究極なのか、単に男性割礼に相当するものを女性に求めた結果なのか、真意は判然としません。

コラム

## ペニスへの畏怖と崇拝

現在では卵子と精子が受精して、胚が成長して子供として生まれることはよく理解されていますが、昔の人々にとっては子供が生まれること自体がたいへん不思議な現象でした。しかしながら、男女の性交がないと子供は生まれないことや、近親相姦は子供に悪影響が出ることは経験的に知られていたと思われます。いずれにしても、男女生殖器を子孫繁栄の象徴として畏敬の念を込めて祀るのは自然な成り行きだったと思われます。世界各地に生殖器に類似した陰陽石や生殖器を模したものがご神体として神社に安置されたり（田縣神社、多賀神社、金山神社など）、魔除けとして家の前に置かれる風習は今でも見られます（ブータン）。

古代エジプトの戦争では、捕虜だけでなく倒した敵のペニスも切り取り、戦争成果として持ち帰りました。古代エジプト時代の戦いを描いた石盤の絵には、倒した軍人の頭に角のようなものが描かれていますが、これは切り取ったペニスを表しています。この風習が行われた理由は、ペニスを切り取ることによって死んだ敵が復活できなくなると信じられていたことがあります。古代エジプト人にとってペニスは畏怖すべきものであり、首を落とすのと同じくらい重要な意味があったようです。

## コラム　自慰は罪悪か？

キリスト教では生殖を伴わない性行為を禁止しており、自慰（マスターベーション）をすることは罪悪とみなされます。この考え方は、欧米文化をそのまま受け入れた明治以降の日本にも浸透しました。そのため、自慰を行うと「禿げる」、「頭が悪くなる」、「身長が伸びない」などといったことが巷間まことしやかに言われ続けてきたようです。科学的には性交はテストステロン値が大幅に増加することから体に良いという認識で一致していますが、（これもキリスト教の影響かもしれないが）自慰については学者間でも異論があったようです。

最近の報告で、男性の自慰後にテストステロン値が一九％増加することが判明し（図2-12）、

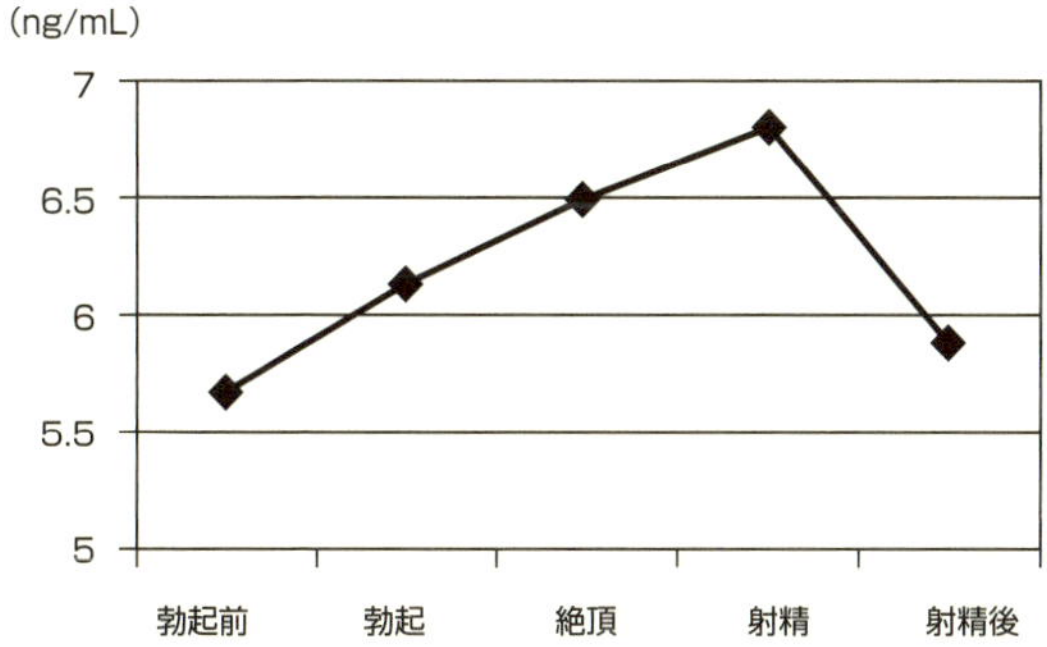


**図2-12　人の自慰による射精前後における血中テストステロン値の推移**
（出典：文献 14）

自慰の科学的根拠が証明されたものと考えられます。したがって、若い人や大人(老人になっても)の自慰行為は、性交の代替行為または補充行為として何ら問題ないことになります。しかし、射精頻度が高いとテストステロンは逆に低下するという事実も無視できないことですので、何事も程度問題と思われます。一週間の禁欲はテストステロンを一過性に増加（四六%）させるという報告がある一方で、三カ月以上の禁欲はテストステロンを低下させるという報告もあります。少なくとも長い禁欲は、テストステロン産生に悪影響を与える可能性を充分に認識しておく必要がありそうです。

　一方、動物においても自慰は珍しいことではなく、馬、サル、イルカ、ゾウ、犬、猫などで多数観察されています。猫は交尾排卵動物ですので、交尾刺激がないと子宮蓄膿症（排卵後に黄体ホルモン作用により発症するので、交尾刺激による排卵が必要）を発症するはずはないのですが、実際には一頭飼いの猫が子宮蓄膿症を発症することがあります。このような事例から、猫は交尾排卵動物ではなくなったと考える学者もいるようですが、発情したメス猫はソファー、壁、ケージに陰部を擦りつけるのが頻繁に観察されますので、一頭飼いでも排卵して子宮蓄膿症を発症しても何ら不思議ではありません。

# 2 子宮の進化

## 卵管の役割は卵生か胎生かで変わる

魚類は硬骨魚類と軟骨魚類で卵管の役割が大きく異なります。

通常の硬骨魚類のサケ（イクラ）、ニシン（数の子）、タラ（タラコ）の卵管は、魚卵を体外に放出する管の役割だけです。

軟骨魚類のサメは卵生、卵胎生、胎生であり、卵管の役割も複雑です。小型のサメのナヌカザメ、ネコザメ、イヌザメは卵生ですが（卵管の役割のみ）、卵殻は簡単に流されないような形態をしており、半年から一年かけて孵化します。シロワニは卵胎生であり、子宮の中で先に孵化した子供が後から生まれる卵を食べながら成長するため（一時的子宮）、片方の子宮から一匹だけしか生まれません。オオメジロザメは子宮内で孵化し育ってから生まれる胎生です（完全な子宮）。なお、チョウザメはサメという名前がついていますが硬骨魚類に分類され、魚卵は世界三大珍味の一つであるキャビアです。

両生類、爬虫類、鳥類、哺乳類の卵管の起源は中腎傍管（ミュラー管）であることは間違いないですが、魚類の卵管はミュラー管由来とする学者とそうでないという学者がいます。両生類のカエルの卵管は、卵子にゼリーを付加するために長いことが特徴です。鳥類や爬虫類の卵は、卵管や子宮部において卵白や卵殻が付加されてから産卵されます。

多くの動物において卵管は二本ありますが、鳥類では孵化中の発生時期に片方の卵巣、子宮が退行するために一本しかありません。

硬骨魚類や両生類では水中での体外受精が一般的ですが、軟骨魚類のサメやエイは哺乳類と同様に交尾して体内受精します。いずれも卵管が受精場所になります。

胎盤を持つ哺乳類では、ミュラー管は「卵管＋子宮＋膣」に分化しますが、卵管は短縮し、子宮と膣は長くなります。特に、多数の胎子を妊娠する多胎動物では子宮が長くなります。犬において、大型犬は多くの胎子を妊娠しますが、超小型犬は数頭しか妊娠できません。これは犬の体格により子宮の長さが決まり、生き残れる一定サイズ以上の胎子を出産するために、胎子数を制御するためと思われます。

## 子宮の分類と特徴

哺乳類である単孔類のカモノハシの子宮には卵生のためか膣は存在せず、子宮角が尿生殖洞に直結しています（図2‐13）。また、卵管は子宮角の延長になります。有袋類の子宮角は胎子の産道になる中央膣につながり、さらに二本の側膣とともに尿生殖洞につながります。有袋類では短期間だけ卵黄嚢胎盤が形成されますが、すぐに超未熟な新生子を生み、新生子は袋の中で乳腺から栄養を得て発育しますので、袋は体外の子宮の役割を果たしています。

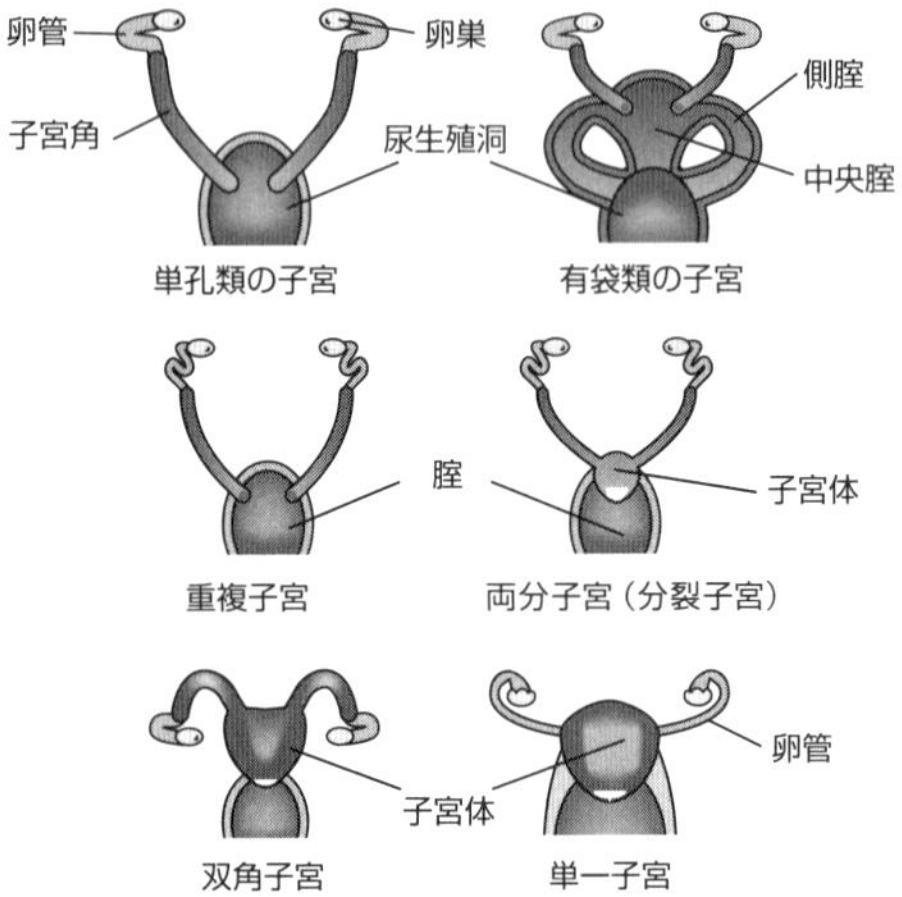


**図2-13　各子宮の分類**
（出典：文献15）

ウサギ、ラット、マウスなどでは、二本の子宮角それぞれの子宮頸管が膣に開口しており、重複子宮と呼ばれます。重複子宮以降は本格的な胎盤を形成しますが、重複子宮では子宮内感染が起こった場合に片方だけの影響で済むという利点があります。

牛、豚、犬、猫などでは、二本の子宮角が短い子宮体で一体化

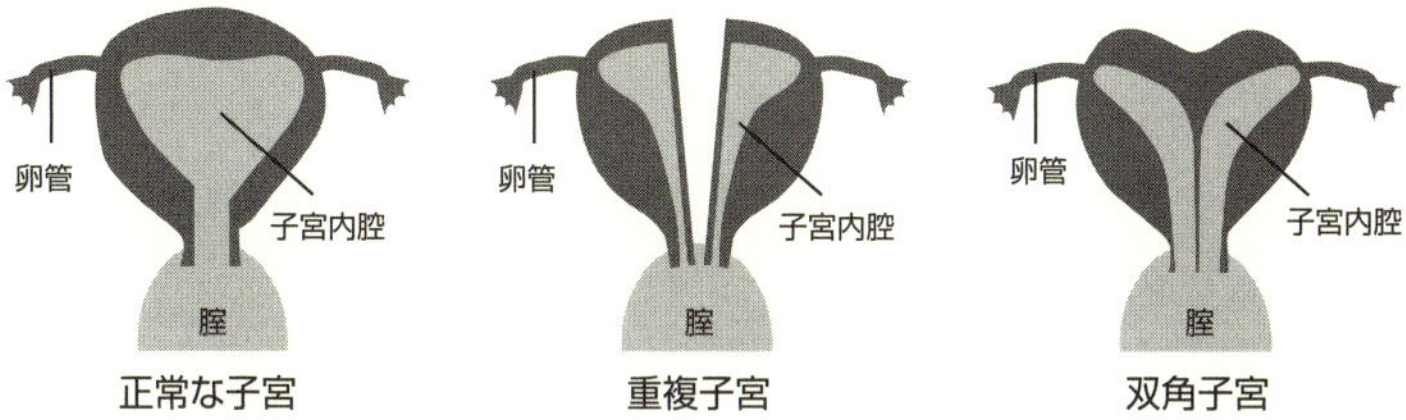


**図2-14　人の子宮奇形**
（出典：文献16）

し、一本の子宮頸管が膣に開口しますので両分子宮または分裂子宮などと呼ばれます。両分子宮では産子数が多い動物種ほど子宮角は長くなり、同じ動物種では体格が小さくなるほど産子数が少なくなる傾向があります（犬や豚）。馬では子宮角が短く子宮体が大きくなり、双角子宮と呼ばれます。

さらに霊長類では、子宮角がほとんどなくなり子宮体のみとなり、単一子宮と呼ばれます。双子妊娠において双角子宮では妊娠後期に流産率がきわめて高いのに対して、単一子宮では単子妊娠と流産率は変わりませんので、単一子宮は双角子宮より子宮拡張性が高いものと思われます。

## 人の子宮の発生学

人の子宮は単一子宮に分類され、多くの家畜に存在する左右に分かれた子宮角はほとんどなく、大きな子宮体のみになっています。人の子宮奇形は三〜

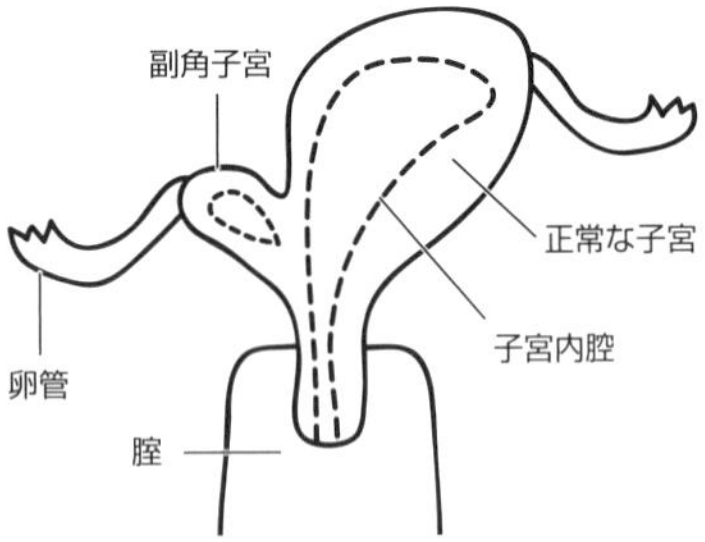


**図2-15　非交通性副角子宮の模式図**
（出典：文献17）

八%程度見られるそうですが、一番多く見られるのは子宮角と子宮体が同じ比率になる双角子宮で、馬の子宮と同じタイプになります。次に多く見られるのが重複子宮ですが、ウサギなどに見られる分化の低いタイプになります。これらのことから推測されるのは、人の子宮も二本のミュラー管が重複子宮、両分子宮、双角子宮そして単一子宮へ分化して形成され、分化が正常に行われないと色々な段階で形成が止まるということです（図2-14）。

　牛の子宮は両分子宮で子宮体と子宮頸管は一つですが、まれに子宮頸管が二本ある個体がいますので、この場合もウサギと同様の重複子宮の途中にあることが分かります。多くの場合は受胎性に問題はないですが、片側のみが盲管（端が閉じている）になっていると不受胎の原因となる場合があります。

　人の子宮奇形の中に非交通性副角子宮（単角子宮）がありますが、副角子宮は子宮との交通が遮断されています（図2-15）。五八三例の非交通性副角子宮患者において、副角子宮側と正常子宮側とで受胎率を比較したところ、驚くべきことに副角子宮側が五八%、正常子宮側は四二%とほとんど受胎率に差異はなかったそうです[18]。副角子宮に受胎するためには、精子は交通性のある子宮と卵管を上向し、反対側の卵管で受精

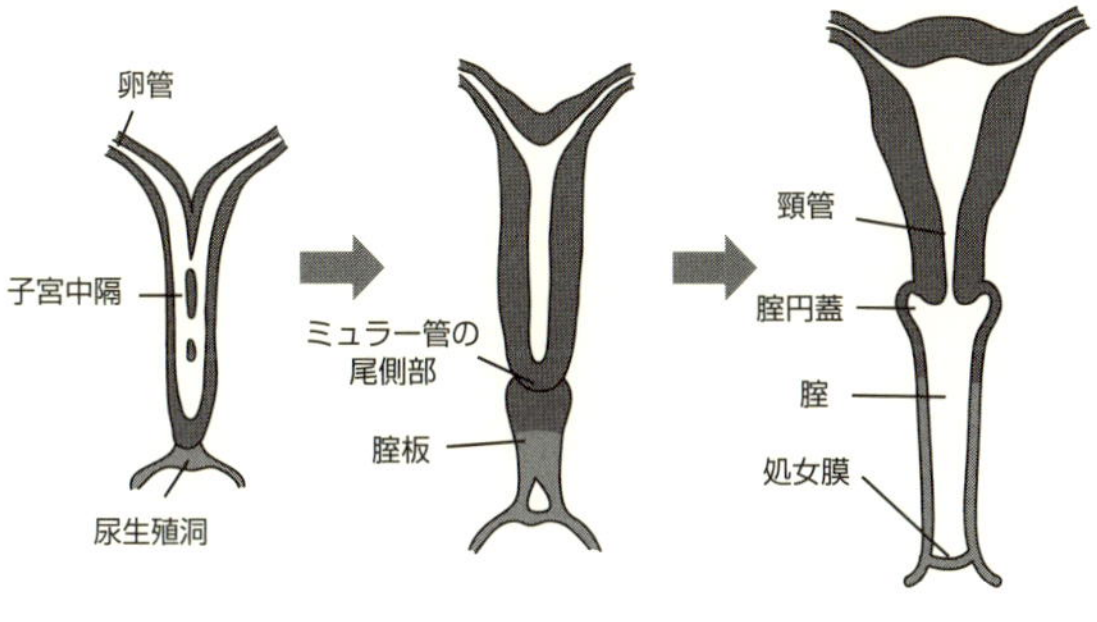


**図2-16　人の腟形成過程**
（出典：文献20）

し副角子宮に着床する必要があります。「事実は小説よりも奇なり」の科学版でしょうか。一方、発情終了後〇～一五時間のモルモットの腹腔内に精子五〇〇万個を注入したところ、高い受胎率が得られたそうです。[19] 腹腔内に入った精子は卵管采（＊12）から卵管膨大部に移動し受精したと思われますが、これは哺乳類における腹腔内受精の最初の報告であり、報告者は獣医師だそうです。

従来、腟はミュラー管で形成されているとされていましたが、現在では頭側腟はミュラー管、尾側の腟は尿生殖洞とされています。したがって、処女膜（動物では腟弁）はミュラー管と尿生殖洞の接合の名残りではなく、尿生殖洞の腟板（腟の末端部）の名残りになります。

最近、胎児期にミュラー管を子宮や腟に分化させる因子が発見されました。横浜市立大学の佐藤友美氏は、ビタミンA誘導体の一種であるレチノイン酸が、ミュラー管から子宮や腟に分化させるスイッチの役割を果たしていることを発見しました。マウ

＊12　**卵管采**：腹腔側に広く開口した卵管の末端部。排卵した卵子をピックアップする働きを持つ。

スのミュラー管において、レチノイン酸の合成酵素や関連蛋白質が多い部位が卵管や子宮に分化するのに対し、それが存在しない部位では膣になることを解明したのです（二〇一六年）。

## 卵管と子宮の機能

卵巣は卵管とは直接つながっていません。卵巣から排卵された卵子は、卵管采が排卵部位に移動してキャッチします。卵管采の癒着や高齢化に伴う卵管采の機能不全により、卵子を卵管采に取り込めないキャッチアップ障害が問題になっています。この場合の対応としては、卵巣から卵子を取り出して体外受精して胚移植する方法が解決策になります。

卵管は卵管膨大部と卵管峡部からなります。卵管采でキャッチされた卵子は、線毛により卵管膨大部へ移動します。一方、子宮から卵管峡部へ上向してきた精子は、卵管膨大部で受精します。卵管には多くの線毛がありますが、分泌細胞もありますので、卵管分泌液は精子の受精能獲得を促進します。卵管の線毛は卵子を輸送する働きもありますが、もっと重要な役割は胚を回転させることにより、卵管での着床を防ぐことです。人の不妊症の原因として、子宮内膜症やクラミジア感染による卵管閉鎖がありますす。両側卵管閉鎖では不妊症となるため、この場合も体外受精しか解決策はありま

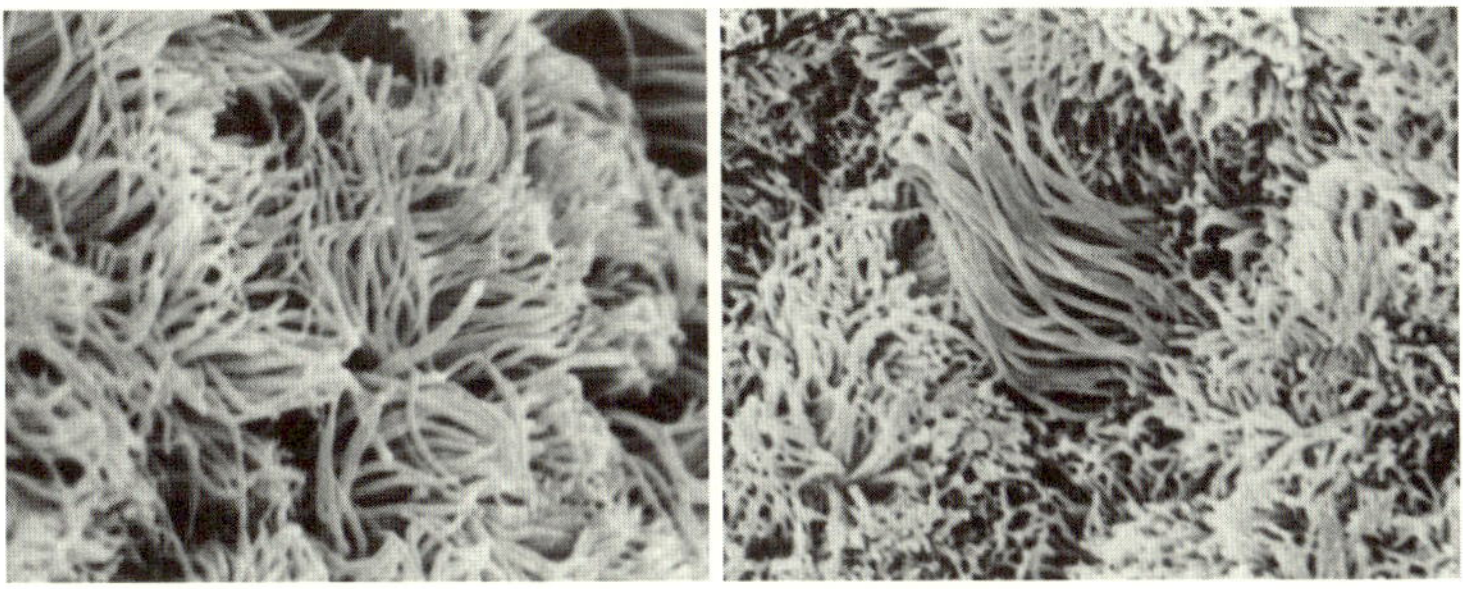

**図2-17　牛の卵管内膜（左）と子宮内膜（右）の走査電子顕微鏡像**

せん。

子宮の役割は主に四つあります。

まず、一番目に精子の上向経路としての役割があります。子宮筋層の収縮は、精子を卵管へ移動するのを助けます。子宮は卵管と異なり線毛細胞は少なく、ほとんどが子宮乳（＊13）を分泌する分泌細胞（子宮腺）です（微絨毛はある）。排卵前の子宮腺からの分泌液は、精子の受精能獲得にも寄与します。

二番目に、黄体（＊14）の調節機能があります。多くの動物において子宮内膜からPGF2α（＊15）が産生され、妊娠しないと発情周期の黄体は退行し、次の発情周期を回帰させます。

三番目は、胚の着床と妊娠です。胚からの母体認識物質が分泌されるとPGF2αの産生は阻止され、黄体はそのまま妊娠黄体として維持されます（牛や羊）。プロジェステロン（＊16）は全ての哺乳類において、妊娠維持に必須のホルモンです。プロジェステロンは妊娠とは無関係に、子宮内膜の着床性増殖により胚の着床準備を行い、子宮収縮を抑制します。

---

＊13　**子宮乳**：子宮腺から子宮腔に分泌される組織栄養成分。

＊14　**黄体**：卵胞の排卵後に形成され黄体ホルモンを産生するが、妊娠しないと黄体退行して次の発情周期を繰り返す。草食動物の黄体は草のカロチン色素のために黄色だが、草を食べない動物の黄体は肉色である。

＊15　**PGF2α**：プロスタグランジンというホルモンの一種であり、繁殖領域では黄体退行や子宮収縮作用を期待して利用される。

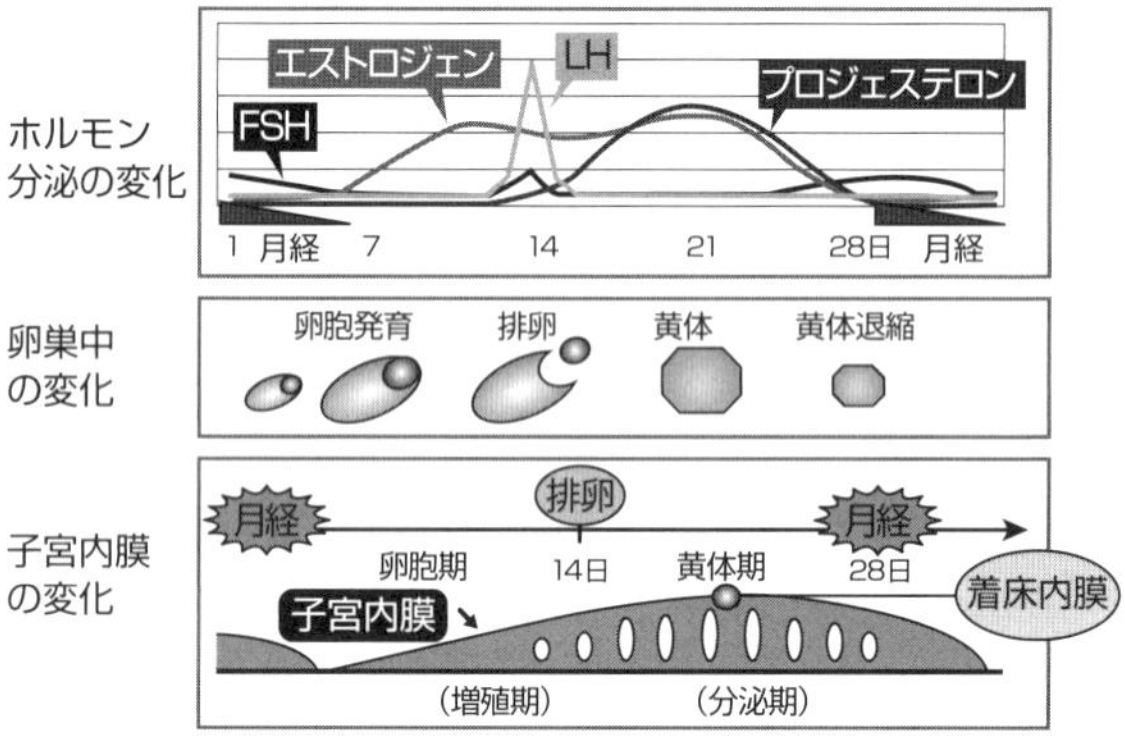


**図2-18　人の月経周期におけるホルモン分泌、卵巣、子宮の変化**
（出典：文献21）

着床性増殖では子宮腺がきわめて発達し、子宮内膜は厚くなりますが、子宮収縮がないために増殖期（卵胞期）より子宮壁は柔らかく感じます。プロジェステロンの働きにより子宮乳が分泌され、胚への組織栄養の役割を果たします。胎盤が完成すると、血液栄養供給だけでなく、ホルモン産生、ガスや老廃物の交換も行います。胎盤形態によっては、胎盤が形成された後も血液栄養だけでなく、子宮乳の組織栄養も供給され続けます。

四番目は、分娩と分娩後子宮退縮です。満期分娩時期に近づいた胎子から分娩シグナルを受け取ると、プロジェステロンの低下とエストロジェンの増加が起こり、胎子や胎盤を排出するための子宮収縮を引き起こします。もし、子宮内膜が炎症を起こすと、胚の着床が阻害されます。また、不妊症の治療のためにホルモン剤を投与した際

＊16　プロジェステロン：黄体ホルモンの一つであり、黄体や胎盤から分泌される。子宮収縮抑制や子宮内膜の着床性増殖を促進し、妊娠維持に不可欠なホルモン。

に、卵胞や黄体から通常より多くホルモンが分泌され、着床が阻害されることがあります。ホルモン処置により多数の卵胞や黄体が形成され、それが子宮内膜に悪影響を与えるためです。

## 膣とペニスの適応性はどちらが高いか？

動物のペニスの形態は様々であり、特に昆虫や有鱗類（ヘビ、トカゲなど）の一部には外形で区別できない場合であっても、解剖によりペニスの特徴から品種の分類が行われる種類がいます。膣とペニスは錠と鍵の関係にあり、種の保存のための生殖隔離の役割を果たしていますが、メスの進化にオスが適応した結果と思われます。カワトンボのオスのペニスは、メスが以前の交尾で膣内に有した精子（精胞）を掻き出すシャベルを持っており、後から交尾したトンボは自分の子孫を残す確率を上げるそうです[22]。

そもそも交尾の受け入れの主導権はメスが握っており、メスが発情期でない時はオスから逃げたり、尾を丸めたり座り込んでオスを簡単に拒絶できます。一夫多妻のハーレムを作るゴリラ、ライオン、トドなどの動物では、メスはオス同士の戦いに勝った個体を受け入れるため、大きなオスが子孫を残す確率が高くなり、雌雄の体格差はますます拡大する傾向にあります。メスは生殖戦略において受け身的であるように思われますが、実は発情期にオスを誘導するために強力な性フェロモンを放出したり、オスを誘うために許容のモーションをかけます。ちなみにゾウのメスは、人間には聞こえない低周波超音波でオスを呼び寄せるそうです。

強姦のような交尾を行うとされるカモであっても、気に入らないオスに対してメスは螺旋状の膣を使ってペニスの侵入を阻止することができます。また、雌雄体格差があまり大きくない多くの哺乳動物は基本的には多夫多妻（乱婚）ですが、メスの体内における複数個体の精子からなる〝精子戦争〟により優良な子孫を残す戦略をとっています。メスが複数のオスと交尾するのは、オスの生殖能力が外見のみでは判別できないので保険をかけるためという考えがあります。特に、自然環境が厳しく食料が不足する時にその意義が高いとされています。

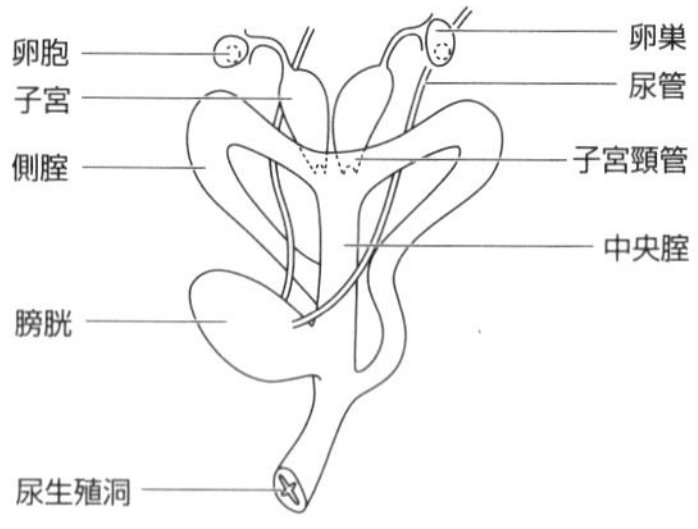


**図2-19　有袋類の腟**
（出典：文献23）

これらを踏まえると、雌雄の生殖戦略は生殖器の形態にも影響を及ぼすと考えられます。有袋類のフクロモモンガやオポッサムのペニスは二本あり、メスの腟は三本ありますが、これらの動物においては、二本のペニスはメスの二つの側腟に挿入されます。一方、カンガルーのペニスは一本で、腟はそのまま三つ残っていますが、ペニスは側腟には挿入されないため、ペニスの適応力の方が高いことを示す証拠かもしれません。カンガルーはペニスが一本なので側膣は不要のように思われますが、多量の精液を貯留するのに側膣も必要なのかもしれません。

また、豚のペニスの先端は螺旋状ですが、メスの子宮頸管も螺旋状であり、精液を子宮内に漏れることなく大量に送り込むことが可能です。犬のペニスには亀頭球があり、メスの膣前庭に嵌まり込むことで膣内を密閉して、精液を子宮内に送り込みます。いずれにしても基本的には、動物は子孫を効率的に残すために生殖器も適応してきたと思われますので、膣の適応よりペニスの適応力が上回るのが合理的であるようです。

## 霊長類に生理がなぜあるのか?

女性は生殖可能年齢に達してから閉経を迎えるまで、妊娠しない限り生理を繰り返します。月経周期は平均二八プラスマイナス六日とされていますが、若い時は平均より長く、閉経に近づくにつれ短くなります。その理由は、月経周期は卵胞期と黄体期を合わせた期間ですが、黄体期があまり変わらないのに対し、卵胞期は年齢とともに短縮するためです。閉経する理由は、閉経前の卵胞発育期間が短縮し、排卵に至らず黄体も形成されないために、人の卵巣から黄体退行ホルモン(プロスタグランジンF2α:PGF2α)も産生されなくなるためです(他の動物は子宮内膜から産生される)。

生理時の出血（経血）は、妊娠しなかった場合に子宮内膜層が一気に入れ替わる際の子宮内膜血管の断裂により起こります。女性の生理時に子宮内膜からはＰＧＦ２αが分泌され、子宮筋を収縮させ子宮内の内容物の排泄を促進します。この産生部位におけるＰＧＦ２αの子宮収縮作用が強く現れると、生理痛といわれる腹痛を起こし、下痢、吐き気、腰痛、頭痛などの月経困難症を伴う場合があります。

霊長類の着床において、胎子胎盤が母体の子宮内膜の上皮細胞、結合組織、子宮血管壁を融解し、母体血に直接接して妊娠期間中を通して栄養やガス交換を行っていますが、分娩時には胎子胎盤と一緒に子宮内膜部位まで排出されます。

サル、類人猿、人の中で、人が最も経血が多いとされています。なぜ、定期的に出血する必要があるのか、女性でなくても疑問が残ります。

婦人病学者のヤン・ブローゼンスは、月経が妊娠と同様、一種の炎症状態であることから、「月経は子宮を胎児の胎盤侵入に慣らすために起こる現象」であり、「妊娠への練習」であると説明しています。[24] これまでの説の中では最も納得できる理論のように思えます。なお、ＰＧＦ２αは炎症において産生される物質です。生理痛の折には鎮痛剤が汎用されますが、多くは抗炎症剤でありＰＧＦ２αによる炎症を抑制しますので、子宮からの血液排出も抑制されます。また、排卵において卵胞壁が破れて卵子は放出され、この時にもＰＧＦ２αが放出されるため、抗炎症剤は排卵を抑制する可能性もあります。

## 人以外の動物の外陰部からの出血

メス犬は、発情前期（約八日）、発情期（約九日）、発情休止期（約二カ月）、無発情期（数カ月）という約七〜八カ月の発情周期を繰り返します。犬の発情回帰は発情出血（発情期のみではない）の開始で気づかれ、オスを許容する発情期が近いことを知らせる重要な指標です。発情出血は約二週間持続しますが、出血量は発情前期が多く、発情期に入ると減少し、発情期の中頃以降にはほとんど見られなくなります。中には出血が三週間以上持続することもありますが、さらに長期に持続する場合は、卵巣の病気（卵胞嚢腫や顆粒膜細胞腫など）が疑われます。犬のブリーダーの多くは発情出血開始日を起点として、一一もしくは一三日目に交配させます。この出血は、エストロジェン増加による子宮内膜血管からの赤血球漏出によるものです。巷間〝犬の生理〟と呼ばれることがありますが、生理学的には〝人の生理〟とは全く異なる現象です。

牛では、発情終了後二〜三日に発情後出血が見られることがあります。これは、エストロジェンにより発達した子宮内膜の毛細血管が、エストロジェン低下により破たんして生じた出血が外陰部まで排泄されたものです。この出血現象は、子宮漿膜（子宮の外側）の毛細血管でも起こります。発情後出血は全ての牛に見られるのではなく、未経産牛では五割くらい観察されますが、経産牛では三割しか見られません。この差異は体格差によるものと思われ、大きな牛（経産牛）では膣サイズが大きく、外陰部の外まで血液が排出されないためと考えられます。もし発情後出血が見られたら、次回発情が一八～一九日後に出現する指標として利用されます。

## 子宮内膜症とは

子宮内膜症とは、子宮内腔以外の場所に子宮内膜が生育する病気とされ、生殖年齢の女性の一〇％に発症しますが、特に不妊症の二〇～三〇％に見られることから不妊症の原因の一つと考えられています。子宮内膜症は二〇～四〇代の女性によく見られる病気で、閉経になるとホルモン分泌もなくなるために症状も治まります。

子宮内膜細胞は主に卵管や腟を経由して、卵巣、S状結腸、直腸、仙骨子宮靱帯、腟、外陰部、膀胱、腹壁腹腔内にも迷入・生着し、月経周期ごとにホルモンに影響され増殖、出血を引き起こします。毎月出血を繰り返すことが原因でその部位に炎症を起こし、組織間の癒着を起こすと、下腹部痛、排便時痛、性交時痛、排卵痛がみられます。卵巣に子宮内膜細胞が迷入すると、毎月卵巣の嚢胞内で出血を繰り返すために、血液が変色してチョコレート色に見えることからチョコレート嚢胞と呼ばれます。

子宮腺筋症も子宮内膜症の一つのパターンで、子宮内膜症が子宮の筋層の中に広がった状態です。ひどい生理痛や月経過多症を示すことが多く、経産婦に多いとさ

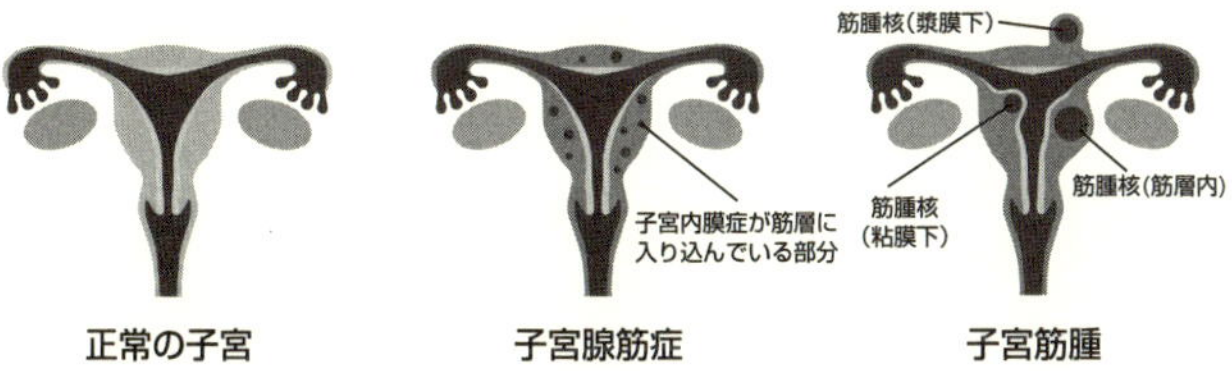


図2-20　子宮腺筋症と子宮筋腫

れています。良性の腫瘍とされる子宮筋腫との合併率が二分の一～三分の一と高く、子宮筋腫の症状と類似しています。子宮筋腫は閉経すれば萎縮しますが、閉経前なら筋腫の大きさ、位置、出血量などにより、対症療法や根治療法が選択されます。

## コラム　鶏の雌雄生殖器は哺乳類と大いに異なる

一般に市販されている鶏卵は全て無精卵ですので、保温しても雛になることはありません。しかし、鶏は一度交尾すると一カ月間も有精卵を生み続けることができます。その理由は精子貯留腺という場所に精子が保存されることにより、長期間持続的に精子を供給できるからです。

哺乳類には通常、卵巣や子宮は左右一つずつありますが、鳥類には左側しかありません。これは右側の卵管と子宮が抗ミュラー管ホルモン（AMH）により孵化過程で消失するために起こるのですが、飛翔のために失われた形質かもしれません。

卵黄は、卵巣の卵胞で作られ排卵しますが、哺乳類のように排卵後に黄体が形成されることはありません。排卵された卵黄は卵管のロート部から下降しながら、卵白は卵管膨大部、卵殻膜は卵管峡部、卵殻は子宮部で形成され（二五時間）、放卵すると数分後に次の排卵が起こります。鶏は四〜五カ月齢で卵を生み始めますが、この頃は小さい卵（S）を生み、月齢が進むにつれて大きな卵（L）を生むようになります。卵が大きくなるのは、成長に伴い卵管が大きくなり、卵白分泌量が増加するためであり、卵黄のサイズは変わりません。

有精卵を孵卵器に入れると、二一日後には雛が生まれます。孵卵器には保温だけでなく卵を回転させる転卵装置がありますが、転卵しないと卵黄が卵殻膜に付着して死亡します。生まれる雛の性別は雌雄半々ですが、卵を生まないオスは必要ありません。養鶏場へ産卵雛のみを供給する大規模な孵卵工場では、初生雛鑑定士（国家資格）が判別したメス雛のみを出荷します。この技術は戦前の日本で初めて開発されましたが、この技術が完成するまではオスの雛も一カ月間育て、生殖結節が大きくなってから雌雄鑑別が行われていました。この技術のポイントは、成長すれば明瞭な生殖結節を、孵化直後のわずかな突起の段階で認識することを可能とした点にありますが、わずかな突起であるために特別な訓練が必要です。この技術を研究し、初生雛鑑定士の技術を世界に広めたのは獣医師の増井清氏です[25]（一九三三年）。

増井氏は、左側しかない鶏の卵巣を除去すると、退化したはずの右側卵巣が復活し、卵巣や精巣、雌性間性から雄性間性まで出現することや、精子産生するものまであることを発見しました。

カメやワニの性決定は水温に依存しています。カメは二五度前後ではオスが、二〇度以下、三〇度以上ではメスが多く、二〇度あるいは三〇度付近では雌雄半々となり、ワニは三四度以上でオスになり三〇度以下ではメスになるとされています。爬虫類から進化した鳥でも、ＤＮＡによる性決定が怪しくなることがあるのでしょうか。

## コラム　昔の女性のヒステリー治療法とは？

『女性の健康と疾患』（一八七三年）という書籍にヒステリーが疾患として紹介されており、ヒステリーは治療を要する疾患の七五％を占めると記載されていますので、この時代において最も多い病気であったことになります。医学の誕生から一九世紀初頭までの長きにわたり「ヒステリーは女性特有の病気であり、子宮に原因がある」と信じられてきました。現在では、女性の左右脳間の情報交換量が多いために起こる神経症状と定義されるようになり、解離性障害と呼ばれています。

一九世紀、このヒステリーの治療法は、男性医師の指による陰核（クリトリス）マッサージであったということですから、このような医療行為を行う医師は現在ならすぐに訴えられることだけは間違いありません。さすがに職業とはいえ、毎日の指マッサージに疲れたのか、医師は電動式バイブレーターを発明したそうです（一九〇二年）。〝必要は発明の母〟と言われますが、一般にマッサージ器具として市販されている電気マッサージ器にそのような由来があったとは驚かされます。開発された電動式バイブレーターによるヒステリー治療は、数十年間にわたり続けられたそうです。現在では〝電マ〟と称される使い方に、時代は繰り返すという感があります。

医学の発達が十分でなかった時代の欧米で女性にヒステリーが多かった理由は、キリスト教において女性の自慰は死を招くとされてきたことにも由来しているようです。このようなキリスト教禁欲主義は、明治民法施行（明治二三年）以降に日本にも浸透したために、若者の自慰を白眼視する考え方はその後長く教育現場にも残ったようです。

ところで、クリトリスの存在が科学的に認識されたのは、それほど古いことではありません。イタリアの解剖学者であるマッテオ・コロンボが女性の陰部にあるクリトリスを初めて発見し、触診による反応性が個人により異なることを学部長に報告したところ、数日後に異端、悪魔崇拝の嫌疑で逮捕され、投獄されたそうです（一五五九年）。

コロンブスが新大陸を発見しなくてもアメリカ大陸は従前から存在していたように、クリトリスを発見しなくても女性にはクリトリスは存在していたのですが、女性は子供を産む機械であるという男性の偏見もあり、女性が性交や自慰によってクリトリスの快感を楽しむのは異端とするその時代の男性（とりわけ聖職者）の性《さが》に由来するのかもしれません。また、一七世紀の〝魔女狩り〟では、クリトリスの大きい女性は「悪魔の乳首」とされ、死刑に処せられたそうです（副乳のある女性も同じ扱い）。

アフリカの一部には、女性割礼と称してクリトリスを切除する風習が今でも残っています。科学の発達していない時代の男性聖職者の責任もありますが、現代のこの世の中になっても、女性を軽視し、自慰を否定する一部の聖職者の責任は大きいと言えます。

# 3　乳腺の進化

## 乳腺の発達と比較

哺乳類の中で一番古い動物は、単孔類（カモノハシなど）です。乳頭はなく、アポクリン腺由来の乳腺から滲んでくる乳汁を、孵化した子供は嘴《くちばし》ですくうように飲みます。

有袋類の新生子はカンガルーでも一グラム程度と超未熟状態で生まれますが、異常に発達した前肢だけで袋の外壁をよじ登り、袋の底にある乳頭をくわえると、そのまま数カ月間以上一度も離すことなく哺乳を持続します。カンガルーの新生子が外壁を登るのを見る機会はまれなために、オーストラリアの原住民のアボリジニは、カンガルーの子供は乳頭から木の芽のように生まれてくると信じていたそうです。

多胎動物では、胸部から腹部にかけて二列に乳腺が並びます。豚は七～八対（イノシシは五～六対）、犬は五対、猫は四対が一般的ですが、奇数の場合もあります。

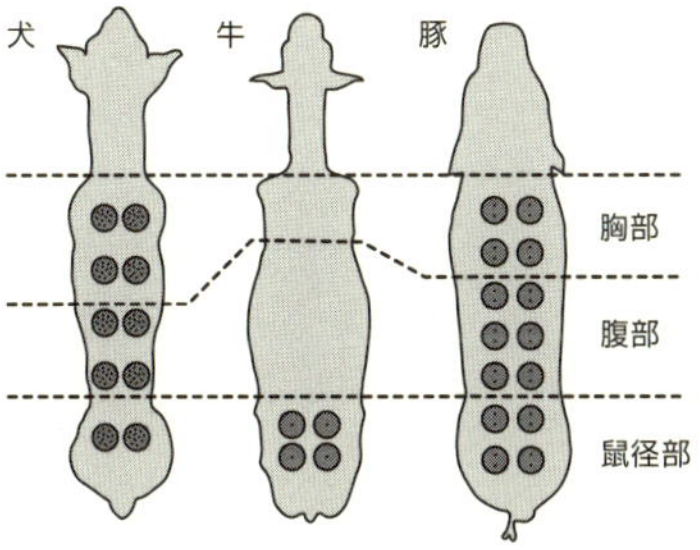


**図2-21　犬・牛・豚の乳腺の並び**
（出典：文献26）

単胎の場合、胸部か鼠径部かに偏って乳腺が分布します。牛は二対、馬、山羊、羊は一対で、いずれも鼠径部にあります。ゾウや近縁のマナティーは、胸部に一対あります。クジラは四つの胃を有し牛と近縁ですが、そのせいか外陰部の近く（鼠径部の近く）にあります。一般的な霊長類の乳腺は胸部に一対ありますが、原始的霊長類のアイアイの乳腺は例外的に鼠径部にあります。一般的な霊長類の乳腺は、胎子期に発生部位から上方に移動しますが、人は下方に移動します。この違いは、人以外の霊長類の子供は親の毛につかまって哺乳できますが、人の赤ん坊は力がなくつかまる毛もないために、乳腺が下に移動するものと思われます。いずれにしても、乳腺の位置は各動物の哺乳形態に適応して発達した特徴を持ちます。

そもそも人の胎児の発達過程において、乳腺は胸部だけでなく腹部まで何対も形成されますが、最終的に胸部の一対だけが残り、他は退化します。女性の五％、男性の二％には完全に退化しなかった副乳が存在しますが、乳頭もないために〝あざ〟との区別がつかず、本人も気づかないようです。

## 出産しないと泌乳しない理由

泌乳している山羊の下垂体を除去すると、泌乳は停止します。この山羊に副腎皮質ホルモン、甲状腺ホルモン、成長ホルモンを投与すると、乳量は三〇％まで回復します。これにプロラクチンを加えると、完全に一〇〇％回復します。したがって、上記の四種類のホルモンは泌乳維持ホルモンと呼ばれます。

動物により泌乳維持ホルモンの組み合わせは異なります。泌乳機能の高い牛と山羊は催乳ホルモンとされるプロラクチン濃度が高いと思われがちですが、実際にはプロラクチン濃度は低いことが分かっており、牛や山羊は低濃度のプロラクチンでも泌乳維持できる特殊な動物に進化したと言えます。まれですが、乳房を吸われ続けるとオスの山羊でも泌乳することがありますし、コウモリの中にはオスが普通に泌乳する種も存在するそうです。

分娩前に、プロラクチンと副腎皮質ホルモンは徐々に増加し、乳腺のプロラクチン受容体を増加させます。しかし、妊娠期の高いプロジェスステロンは、エストロジェン刺激によるプロラクチン分泌を強く抑制するとともに、副腎皮質ホルモン受容体と結合し、乳汁合成を抑制します。分娩に伴いプロジェステロンが低下しますので、副腎皮質ホルモンの乳汁合成抑制も解除され、エストロジェンによるプロラクチン上昇とあいまって、出産と同時に泌乳が開始されます。

一般に、哺乳動物は分娩しないと泌乳しないというのは生物学的特性の一つです。

しかしながら、分娩しなくてもホルモン剤を使って泌乳を誘起することは可能です。未経産牛において、エストロジェンやプロジェステロンを一週間ほど連続投与すると、分娩後ほどではありませんが乳腺が発達して、泌乳を開始させることは可能です。現在では、副腎皮質ホルモンやソマトロピン（合成牛成長ホルモン剤）を追加して泌乳量を高められることが報告されています。[27]

オオカミの群れは、雌雄の番《つが》いと数頭のメス、成長した数頭の娘とで形成されます。オオカミは食糧の少ない地域に生息しており、獲物が獲れないと母親の乳汁だけでは十分に哺乳できない場合があり、他のメスや娘が発情休止期に偽妊娠を起こして哺乳の補助的役割を果たすと考えられています。

犬の発情休止期（黄体期）と妊娠期間は同じくらいです。プロジェステロン値は黄体形成とともに増加し初期～中期に最高値に達しますが、その後急激に低下します。妊娠していない場合でも、プロジェステロン低下とともにプロラクチンが増加するために、乳腺の発達、乳汁分泌、巣作り行動などを示す〝偽妊娠〟を起こすことがあります。

もし、犬の発情休止期に卵巣摘出（不妊手術）を行うと、プロジェステロンが急減してプロラクチンが急増するために、手術後に偽妊娠を起こすことがあります。当然、その後には偽妊娠は発症しません。

## 乳癌にかかりやすい人

元アナウンサーの小林麻央さんが乳癌に罹り、闘病生活の末に三四歳で亡くなられたことは記憶に新しいところです（二〇一七年）。乳癌は女性の四〇〜五〇代に多発するとされ、乳癌罹患率は女性の悪性腫瘍の第一位、死亡率第五位という病気です。乳癌は進行度により非浸潤型と浸潤型に分類され、浸潤型は基底膜を破り細胞が他の臓器に転移しやすい特徴を持っています。

乳癌に罹りやすい人は、①一二歳以下で初潮があった人（乳癌発生率：約二〜三倍）、②五五歳以上で閉経した人（乳癌発生率：約二〜三倍）、③三五歳以上で初産を経験した人、④授乳経験やお産経験のない人（乳癌発生率：約二・五〜三倍）、⑤標準体重を二割以上超えている肥満の人、⑥避妊薬ピル、女性ホルモン、副腎皮質ホルモン（ステロイド）を常用している人が挙げられています。

①と②は、エストロジェン曝露期間が長くなると乳癌発生率が高くなることを示唆しています。③の初産年齢の高いお産がなぜ乳癌発生率の増加につながるのか興味あるところですが、その理由は分かっていません。④の授乳経験のない人とお産経験のない人の罹患率が高い理由は、妊娠期の長期のプロジェステロンによる乳癌の抑制効果なのか、乳汁を排出することによるデトックス（排泄）効果なのか、今後の研究が待たれます。

犬の子宮蓄膿症の発症率は、未経産では六〜七歳と比較的若い時に高いのに対して、経産では一一～一二歳と高齢での発症率が高くなります。この違いの理由として、出産により子宮内膜に潜んでいる細菌がきれいに排除される効果が示唆されており、男性の射精回数と前立腺癌発生率との関係からも、乳汁へのデトックス（毒物や老廃物の排泄）効果が影響している可能性があります。

⑤の肥満の人が乳癌発症率の高い理由は、お相撲さんの乳房からも分かる通り（脂肪がエストロジェンを分泌し、乳房腫大）、体脂肪から産生されるエストロジェンの影響と、肥満に伴う細胞数増加が細胞分裂数の増加につながると考えられています。スウェーデンにおける男女五五〇万人の疫学調査（欧州小児内分泌学会）から、身長が一メートルから一〇センチ高くなるごとに癌発症率は男性で一〇％、女性で一八％、乳癌は二〇％増加するという報告があり、体細胞数と癌発生との関係性が指摘されています。

⑥の避妊薬ピルや女性ホルモンは、ホルモンによる細胞増殖刺激効果の影響が多少考えられます。いずれにしても、三五歳以降の女性は、マンモグラフィーや超音波検査による乳癌検診が推奨されます。

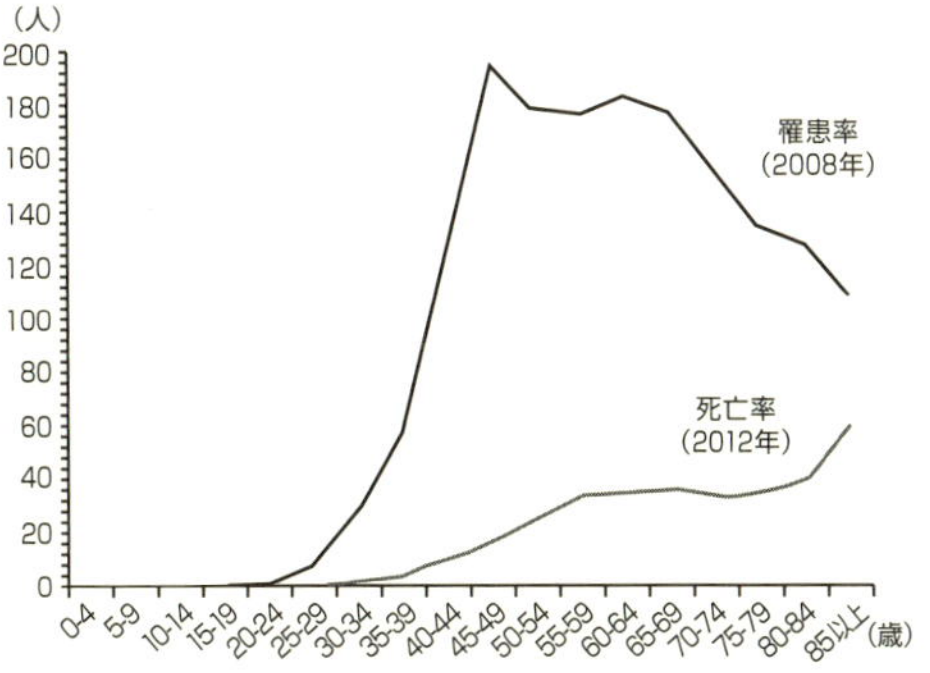


**図2-22　日本女性の乳癌の年齢別罹患率よび死亡率**
（国立がん研究センターがん対策情報センター）

# 第三章

# ホルモンはおもしろい

# 1　ホルモンとは

## ホルモンは〝興奮させるもの〟

　ホルモンは特異的な制御作用を及ぼすために、内分泌腺から血液中に分泌され、作用を及ぼす標的器官に運ばれて働く化学伝達物質です。ホルモンはギリシャ語で〝刺激するもの〟または〝興奮させるもの〟という意味があります。たとえ体中同じホルモン濃度であっても、作用するのはホルモン受容体の存在する標的器官に限られます。

　ホルモンの素材は、アミノ酸数の少ないペプチドホルモン、多くのアミノ酸からなる蛋白質ホルモン、コレステロール由来のステロイドホルモン、甲状腺ホルモンやカテコールアミンなどのアミン、アラキドン酸由来のプロスタグランジンなどがあります。ホルモンは神経系に比べると作用するまでに一定の時間を要しますが、その持続期間は神経系を大きく上回ります。ホルモンはシグナルですので、いつまでも作用するのではなく、必ず代謝され失活されることが重要です。もし、ステロイドホルモンを代謝する肝臓が障害を受けると、ホルモン代謝速度が遅くなるために内分泌障害を引き起こすことがあります。

前述したように、ホルモンが作用する部位は、そのホルモン受容体の存在する部位に限られ、血中ホルモンが高濃度であっても受容体が失われていると、そのホルモン作用はなんら発揮されません。ホルモン受容体数や結合能力は血中ホルモン濃度により変動しますので、ホルモンの調節は非常に複雑です。さらに、図３‐１にあるような、下位のステロイドホルモンが視床下部や下垂体の上位ホルモンを抑制する負のフィードバックシステム（末梢濃度が上がると上位を抑制する）も、下位ホルモン濃度を一定範囲に維持するために重要です。強力なＧｎＲＨ（＊１）製剤の投与は、下垂体のＧｎＲＨ受容体を抑制して、下垂体からの黄体形成ホルモン（ＬＨ（＊２））や卵胞刺激ホルモン（ＦＳＨ（＊３））分泌、そして性腺からのテストステロンやエストロジェン分泌を抑制することにより、前立腺癌や子宮内膜症の治療に利用されます。一方、発情期前に見られるエストロジェ

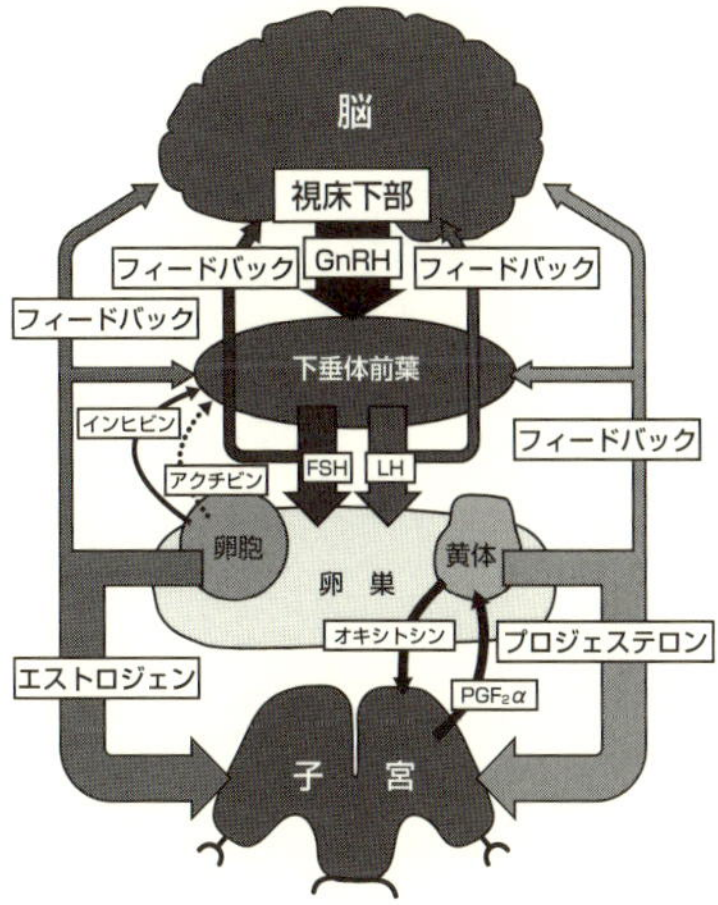


**図３‐１ 視床下部 ‐ 下垂体 ‐ 性腺軸の制御**
（出典：文献１）

＊１ ＧｎＲＨ：gonadotropin releasing hormone（性腺刺激ホルモン放出ホルモン）の略。

＊２ ＬＨ：luteinizing hormone の略。

＊３ ＦＳＨ：follicle stimulating hormone の略。

ンの増加は、排卵に不可欠なLHサージを誘起しますが、これは正のフィードバックと呼ばれています。

また、発情期のエストロジェンは、黄体期の子宮内膜プロジェステロン受容体を増加させ、FSHは卵胞のLH受容体を増加させ、卵胞成熟を促進します（アップレギュレーション）。逆にプロジェステロンは、子宮内膜のエストロジェン受容体を低下させる働きがあり（ダウンレギュレーション）、ホルモン相互の調節を行っています。

ホルモン製剤は、蛋白質やペプチドホルモンなど消化されるものは注射で、ステロイドホルモンや甲状腺ホルモンなど消化管内であまり消化されないものは注射や経口で投与されます。分子量が小さなペプチドホルモン製剤には点鼻薬剤が、エストロジェンやプロジェステロン製剤には注射や経口以外にパッチ剤もあり、粘膜や皮膚から吸収させます。

なお、エストロゲンやアンドロゲンというドイツ語読みの表記もありますが、ここでは英語読みに近いエストロジェンやアンドロジェンと記載します。

## 生殖機能は脳が支配する

脳の視床下部は自律神経の総本山であり、内分泌系の中枢でもあります。視床下部からは、下垂体から産生される性腺刺激ホルモン（Gn）を放出するホルモン（RH）

の合成と分泌を刺激します。下垂体前葉由来の性腺刺激ホルモンには、ＦＳＨとＬＨの二種類があります。当初これらのホルモン産生を刺激する調節因子はそれぞれ二種類あると考えられていましたが、最終的には一種類でＦＳＨとＬＨの二つを刺激することが判明したために、ＧｎＲＨと呼ばれるようになりました。

ＧｎＲＨについては、神経内分泌学の父と言われるジオフレイ・ハリスが、視床下部から下垂体ホルモン調節因子が分泌されることを予測していました。ＧｎＲＨは一〇個のアミノ酸からなりますが、この物質の発見には熾烈な競争が繰り広げられました。ポーランドのアンジェイ・シャーリーは一六万頭の豚から、フランス（アメリカに帰化してからの業績であるが）のロジェ・ギルマンは数十万頭の羊から、それぞれ視床下部より抽出物を精製し、ＧｎＲＨの構造を解析しました。二人はその功績により、ノーベル生理学・医学賞を揃って受賞しました（一九七七年）。奇遇にも高感度の画期的なホルモン測定法である放射免疫測定法（ＲＩＡ）を開発したロサリン・ヤローも、シャーリーらと同時にノーベル賞を受賞しています（一九七七年）。

薬剤にはアゴニスト（作動薬、類似体）とアンタゴニスト（拮抗薬）とがあります。ＧｎＲＨにもアゴニストがあり、短期間作用なら下垂体ホルモンを放出させますが、長期間作用すると、下垂体のＧｎＲＨ受容体が減少するために下垂体ホルモンを抑制させます。アンタゴニストは、常に下垂体ホルモンを即効的に抑制させます。

現在、ＧｎＲＨアゴニストは、人や家畜の排卵促進に汎用されます。一方、強力なＧｎＲＨアゴニスト（商品名：リュープリン）は、エストロジェンを強く抑制するた

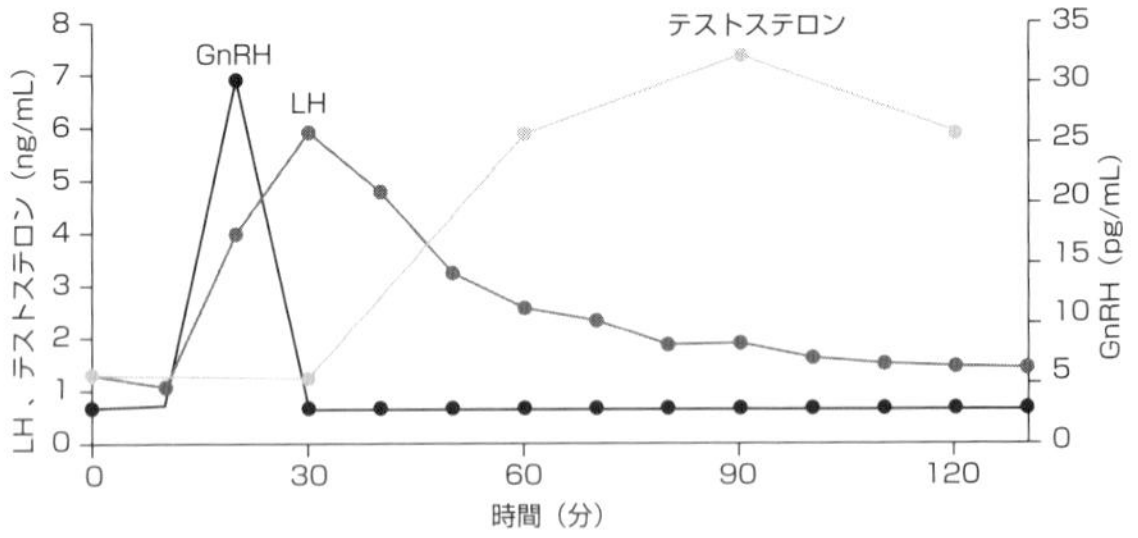


**図3-2　オス羊の下垂体門脈血中のGnRH、LH、テストステロンの分泌**
ホルモンの特性により半減期が異なる。
（出典：文献2）

め、人の子宮筋腫や子宮内膜症を改善する目的で利用されており（一過性にホルモン産生のない更年期状態にさせる）、また男性のアンドロジェンを抑制するため、前立腺癌の治療薬としても使われます。

図3-2はオスの下垂体門脈血中のGnRH分泌を示しています。GnRHにより下垂体からLHが分泌され、最終的には精巣のテストステロンを産生させます。生体内におけるホルモンは、GnRH、LH、テストステロンのようにパルス状（一過性）に分泌されることにより、それぞれの受容体を減少させないで働きを発揮します。しかしながら、長期間持続するホルモン剤を投与すると、そのホルモン受容体は減少し、その作用は失われます（ダウンレギュレーション）。前述のリュープリンの目的は、GnRH受容体を抑制することにより下位のホルモン分泌を阻害することです。

## 下垂体性性腺刺激ホルモンと胎盤性性腺刺激ホルモン

ＧｎＲＨにより下垂体から産生・放出され、性腺（卵巣と精巣）を刺激する重要なホルモンとして、下垂体性性腺刺激ホルモンであるＦＳＨとＬＨとがあります。メスではＦＳＨは卵胞発育を促進し、ＬＨは排卵させたり黄体を形成させたりします。卵胞の成熟には、ＦＳＨだけでなくＬＨも必要です。オスにおいてはＦＳＨが精子形成前段階を促進しますが、ＬＨは精子形成後段階を促進するテストステロンを刺激します。生体内の下垂体ホルモンの働きを理解しておくことはきわめて重要です。

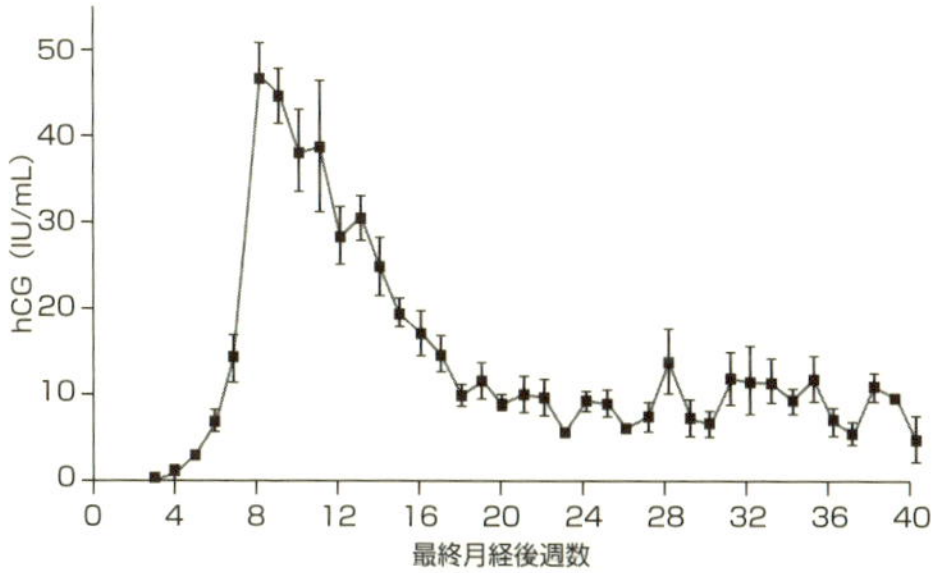


**図3-3　人の妊娠期における血中hCGの推移**
（出典：文献3）

女性のＦＳＨの基準値は、閉経期になると末梢ステロイドホルモンが低下するために、値が大幅に上昇します（＊4）。いずれにしても、長期にわたり、低すぎたり高すぎたりした場合に問題となります。

一方、妊娠期に分泌される性腺刺激ホルモンとして、ヒト絨毛性性腺刺激ホルモン（ｈＣＧ）があります。これは胎盤から妊娠期間を通じて分泌され、黄体や胎盤からのプロジェステロン産生を刺激するホルモンです。人では、妊娠早期から分泌が開始さ

---

＊4　ＦＳＨの基準値：卵胞期で三・二～一四・四、排卵期で四・七～二一・五、黄体期で一・四～八・四、閉経期は二五・八以上になる。ちなみに男性の基準値は二・〇～八・一四の間（単位：mIU/mL）。

れることから、早期妊娠診断の目安として利用されます。従来のｈＣＧ簡易測定キットは、次期月経周期を幾分過ぎてからしか検出できませんでしたが、現在市販されている新しいキットは測定感度を上げたことにより、ほぼ次期月経予定日には妊娠診断が可能になりました。

ｈＣＧは下垂体ＬＨと類似したアミノ酸構造をしているため、妊婦尿を精製して作られたｈＣＧ製剤は、排卵や黄体形成といったＬＨ作用を目的として使用されます。

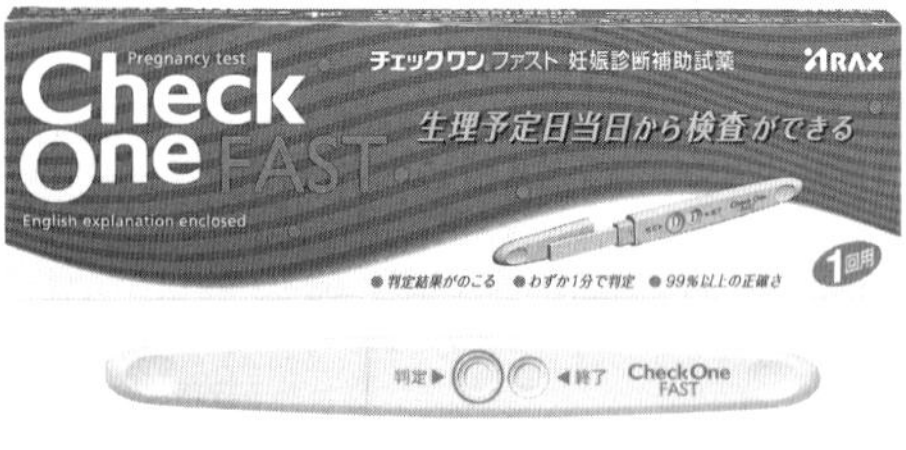


**図3-4　hCG簡易測定キット（妊娠診断補助試薬）**
写真提供：株式会社アラクス

ｈＣＧ製剤は比較的安価であることから動物医療にも汎用されますが、動物においては異種蛋白質になります。そのため、反復投与するとｈＣＧに対するアンチホルモン（抗体）が形成されてその効果が減退しますので、頻回投与は避ける必要があります。一方、同じ目的でＧｎＲＨ製剤も使用されますが、半減期が短いので効果が弱い傾向があるものの、分子量が小さいために反復投与してもアンチホルモンは作られません。動物医療において従前はＧｎＲＨ製剤がｈＣＧより高価だったために使用が控えられていましたが、今では使用頻度が高まっています。

## 2　ステロイドホルモン

ステロイドホルモンには、性ステロイドホルモンと副腎皮質ホルモンとがあり、コレステロール由来です。人医療においては使用頻度が高いことから、副腎皮質ホルモン製剤をステロイドと呼び、スポーツ界でドーピングとして摘発されることのあるステロイドは男性ホルモンを意味します。

### エストロジェン作用の多様性

発情周期の卵胞や妊娠期の胎盤で作られるホルモンとして、エストロジェン(estrogen)があります。エストロジェンは総称であり、天然のものにはエストロン、エストラジオール-17βやエストリオールなどがあります。三つの中で生物活性の最も強いものはエストラジオール-17βであり、エストリオールは代謝産物に該当し、弱い活性しかありません。

発情に伴う発情徴候は動物によって多種多様ですが、発情徴候の主役は卵胞からのエストロジェンです。エストロジェンは副生殖器の細胞増殖作用を持っており、血流を多くするため外部からも外陰部周辺の腫脹や発赤として観察されます（サル、牛など）。エストロジェンは皮下脂肪を蓄積するので、思春期の女性は体に丸みを帯びてきますが、妊娠準備としてのエネルギー保存のためとされています。

エストロジェンには水分貯留作用もあり、発情期には粘液が流動性を帯びて陰門外に排出する動物も見られ、粘液の粘稠度により交配適期をある程度診断できます（牛、人など）。また、体液中の塩化ナトリウムを増加させますので、子宮頸管粘液を採取してスライドグラス上で乾燥させると結晶が観察されます（牛、人など）。この作用を利用して、唾液をレンズに乗せて乾いてから観察する人用排卵日推定装置が市販されています。さらに、エストロジェンには膣上皮細胞を増大し、角化細胞にする作用があり、これを指標に発情期を診断できる動物もいます（ラット、マウス、犬など）。また、オキシトシン受容体を増加させ、子宮収縮作用を増強します。犬においては発情前期から発情出血が発現し、発情が近づいたことが分かります。

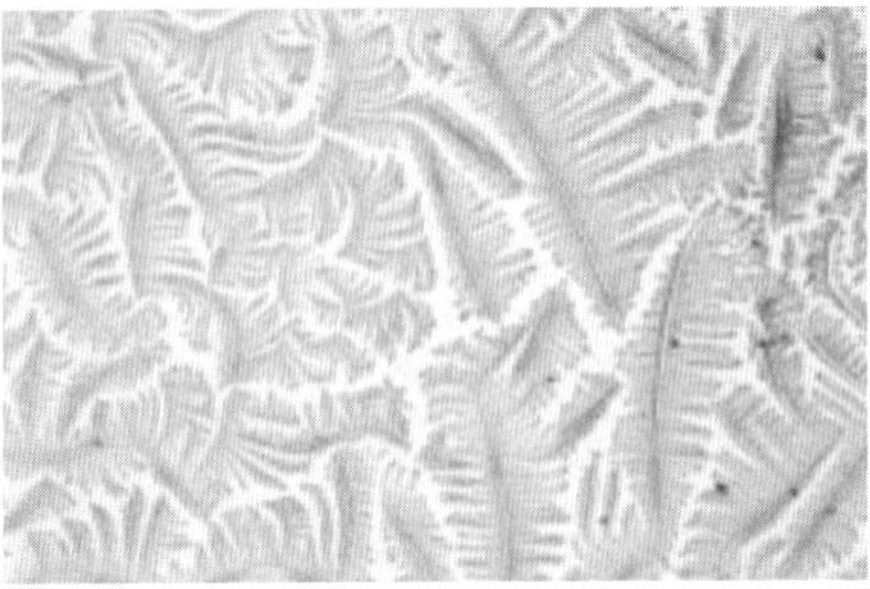

図3-5　牛の子宮頸管粘液の塩化ナトリウムの結晶

多くの動物において、エストロジェンの内分泌学的に重要な役割として、排卵に必要なLHサージを

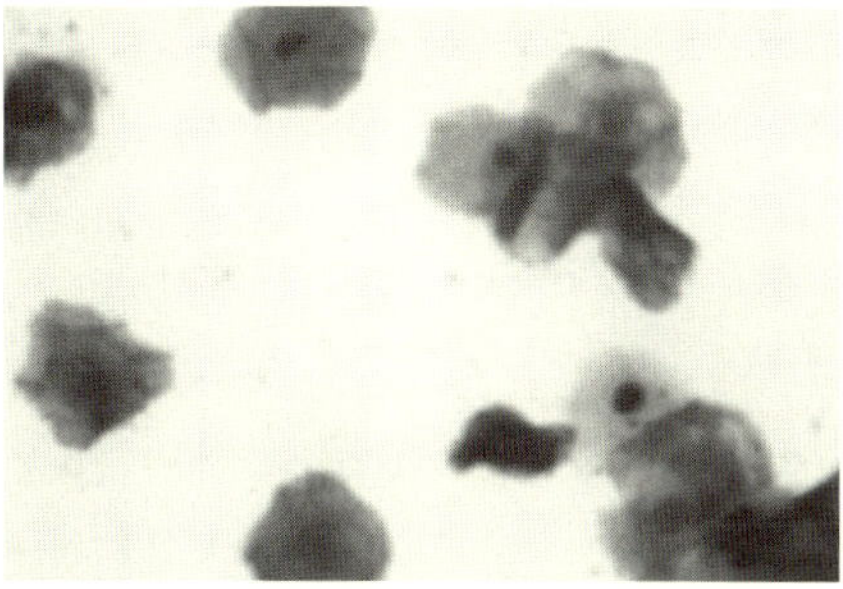

図3-6　犬の発情期にみられる角化細胞

刺激することがあります（正のフィードバック作用による）。また、エストロジェンは妊娠期にプロジェステロンと共同して妊娠維持に働く一方で、妊娠末期にはオキシトシン受容体を増加させ、胎子娩出に役立ちます。

人の無排卵性卵巣疾患の治療法として、クロミフェンというエストロジェン製剤が使われます。このクロミフェンは、弱いエストロジェン作用しか持ちません（エストラジオールの数%）。クロミフェンを投与すると、視床下部のエストロジェン受容体と結合しますが、きわめて弱いエストロジェン作用しかないために、もっとエストロジェン分泌を増加させようと、ＧｎＲＨやＬＨ、ＦＳＨの産生を促進します。クロミフェンの副作用として、長期使用による子宮内膜の菲薄化や排卵誘発による双子妊娠の増加が挙げられています。

## 女性の更年期障害はエストロジェン低下に由来する

生殖可能年齢を過ぎても生きる動物は限られており、人はその例外に属します。女性の月経周期は年齢が進むにつれ短くなりますが、それは卵胞期が短縮するためです。加齢に伴い卵胞数の在庫数が少なくなり、卵胞が十分に成熟せず卵胞からエストロジェンが分泌されなくなれば、最終的に排卵が停止します。排卵が起こらないと黄体形成がなくなり、黄体退行期に起こる生理も消失します。人の閉経期は平均五二歳(四五〜五五歳)です。喫煙者は二年ほど早まるとされ、未経産者や未婚者も早まる傾向があります。

女性の更年期障害は閉経期不定愁訴とも呼ばれます。卵胞ウェーブ(*5)の発育卵胞数が減少するために、エストロジェン濃度が低下します(図3-7)。エストロジェン低下は自律神経を活性化させ、血管拡張を起こして顔や全身のほてりがわけもなく起こります。さらに体温が上がったり、心拍数の増加、嫌な発汗などの症状を起こします。

エストロジェンはビタミンDを活性化して、カルシウムを溜め込む働きがありますが、女性は妊娠・出産でカルシウムを多く必要とするためです。閉経期になるとエストロジェン濃度が減少するために、骨のカルシウムが失われる骨粗しょう症になり(約一千万人)、転んだだけで骨折が起こりやすくなります。

エストロジェンは余分なカロリーを蓄える働きがありますが、これも妊娠する時の

---

*5 **卵胞ウェーブ**：卵巣にある多数の前胞状卵胞の中からFSH依存性卵胞、LH依存性卵胞、主席卵胞と選択されるが、性周期に数回の卵胞の発育と退行を波のように繰り返すことから卵胞ウェーブ(卵胞波)と呼ばれる。

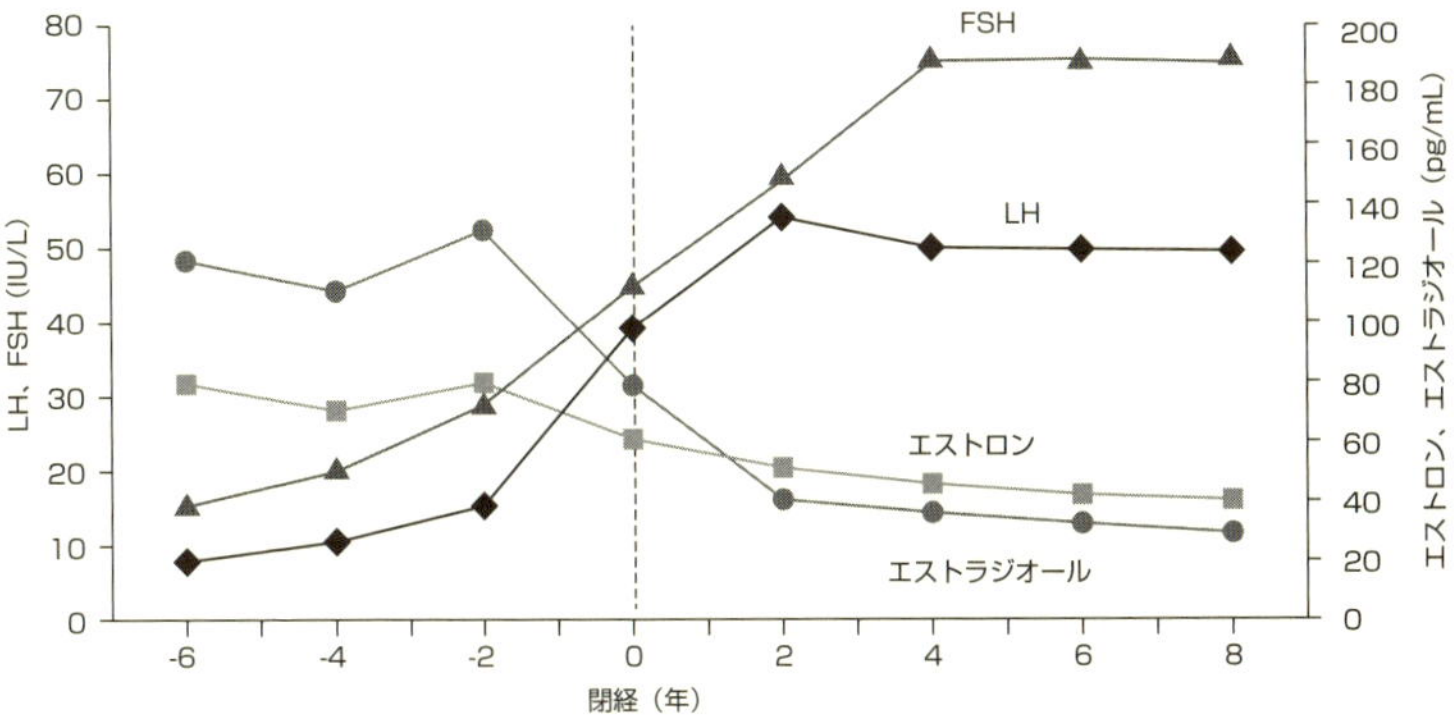


**図3- 7**
**女性の閉経前後のエストロジェン（エストロン、エストラジオール）、FSH および LH の推移**
（出典：文献 4）

備えです。また、インシュリン産生を促進する働きがあり、インシュリンが増加すると中性脂肪を皮下に蓄えるために、女性らしくふっくらした体型になります。閉経期を過ぎると、精神的不安定も重なり食欲が増進する傾向があり、体重増加につながります。

## コラム　ステロイドホルモンは山芋を原料に合成される

一九三〇年頃は、エストロジェンを化学的に合成できなかったために、原料を馬尿に求めていました。図3・8のポスターは戦前に馬産地である岩手県内で使用されていたものですが、その後、馬の飼育頭数の多い北海道での収集が多くなりました。その当時、一〇~三月までの農閑期には、妊娠馬からの採尿が農家の貴重な収入源となり、牛乳の単価より高い価格で取引されたそうです。ポスターに妊娠一二〇~二七〇日とあるのは、この時期にエストロジェンが最も高くなるためですが、エストロジェン前駆物質は胎子性腺で作られ、妊娠中期の胎子性腺は母馬より大きくなります。胎盤で代謝産生されたエストロジェンは、母体子宮の成長に胎子自ら貢献していることになります。

図3-8　馬尿を求めるポスター

妊婦はエストロジェン（エストロン）を尿一リットル中に一万単位、馬では一〇万単位も含むとされており、質・量ともに妊娠馬がきわめて優れていたことが分かります。戦後は化学的に合成できるようになりましたので、エストロジェンは生物学的単位から重量単位に変更されました。馬の尿からは結合型エストロジェンとして硫酸エストロンが抽出され、妊馬尿の語源を有する硫酸エストロン製剤（商品名：プレマリン）が開発されています。人医療においてプレマリンは、不妊治療として排卵障害や子宮内膜を肥厚（着床しやすくする）させるのに使われます。また更年期障害、膣炎の治療にも使用されています。

メキシコに自生している山芋に似た植物の根には、ジオスゲニンが多量に含まれています。このジオスゲニンは、エストロジェンやアンドロジェンなどのステロイドホルモンの構造に類似していることから、ステロイドホルモンの化学合成の原材料として使われています。沖縄に自生している山芋にトゲドコロがありますが、ジオスゲニンを多量に含んでおり、男性ステロイドホルモンのデヒドロアピアンドロステロン（DHEA）による抗疲労効果が期待されることから、市販されています（効果は不明）。

### コラム　合成エストロジェン（DES）の薬害から学ぶこと

ジエチルスチルベステロール（DES）は、人類が初めて開発した最も強力な合成エストロジェンとされています（一九三八年）。DESの構造は、天然エストロジェンのそれとは大きく異なることが知られています。DESは流産、早産防止のために、欧米において多数の妊婦に投与されました（五〇〇万人以上とされている）。投与開始から二〇～三〇年くらい経過してから（一九六〇～七〇年代）、一〇代後半～二〇代の若い女性に膣癌、子宮頸癌の多数の報告がなされるようになりました。若い男性にも精巣癌、潜在精巣、精子奇形の発生が報告されました。当然、若い世代にこのような癌が多発することは考えられないことでした。調査の結果、母親が妊娠三カ月以内にDESを服用していたことが判明し、アメリカでのDES使用は一九七三年に中止されました。しかし、ヨーロッパでは一九七八年まで、第三諸国では一九九四年まで使用されたそうです。

一九六〇年代にアメリカに留学していた高杉のぼる氏は、マウス、ラットを使った研究からDESの影響を示唆する論文を発表していたために、DESが日本国内で市販されることはなかったそうです。アメリカのジョン・マクラクランは、妊娠マウスにDESを投与して、その母親から生まれたオスのマウスの六割が半陰陽（間性）になることを発表しました（一九七五年）。この論文は、妊娠動物へのホルモン剤投与が、本来の遺伝子の性から逸脱し性分化異常を引き起こすことを示した点で高い評価を得ています。

アメリカやオーストラリアにおいては、天然ホルモンや牛合成成長ホルモン製剤（rBST）が肥育促進剤（肥育ホルモン）として多くの肉牛に使用されています。国内においては、家畜へのステロイドホルモン剤やrBSTを肥育や泌乳促進の目的で使用することは禁止されていますが、国内で消費される牛肉の半分以上はアメリカやオーストラリアから輸入されています。以前に、輸入肉のステロイドホルモン残留がきわめて高いという報告がなされ、発癌と関係するのではという研究報告が勇気ある日本人医師によりなされましたが（二〇〇九年）、最近ではニュースにもならなくなりました。アメリカでは乳牛にも、泌乳量増加目的で二週に一回の割合でrBSTが注射されています。いずれにしても、ステロイドホルモンや成長ホルモンが経口的に体内に入ると人体に影響を与える可能性は否定できませんし、長期にわたる研究が望まれるテーマと思われます。間違っても牛海綿状脳症（BSE）の原因となった動物由来肉骨粉の輸入を許した事例の二の舞にならないことを願います。

コラム　**植物性エストロジェンの効用**

　エストロジェンは主に卵巣や胎盤から産生されるホルモンですが、不思議なことに天然の植物の中にこのエストロジェンと同じような作用を持つ物質があります。

　この働きが発見された経緯は、アジア地域住民では乳癌や更年期障害が少ないことから、西洋医学の専門家が食物の比較を行い、ようやく最近になって大豆の神秘を知るところとなりました。大豆の中に含まれている成分を詳しく調べたところ、エストロジェンに似た構造を持ち、エストロジェン作用を持つ物質が突き止められ、これは植物性エストロジェンと名づけられました（イソフラボン類）。

　エストロジェンは乳癌の発生や増殖を促進しますが、植物性エストロジェンは体内のエストロジェンと拮抗的に働いて抗エストロジェン作用を示すため、乳癌の発生を予防する効果があるとされています。女性が更年期になるとエストロジェン産生が減少するために更年期障害を発症しますが、イソフラボンの摂取はその症状を軽減する可能性があります。また、アメリカにおけるある疫学研究では、豆乳を一日一回以上摂取する人では前立腺癌の発生頻度が七〇％減少することが報告されています。

　植物性エストロジェンによって草食動物が不妊になるという事例は、一九四〇年代初めにオーストラリア西部で発生した羊の「クローバー病」として有名です。ヨーロッパから持ち込まれたレッドクローバーに植物性エストロジェンが多量に含まれていたために、羊が不妊や流産を起こしました。そもそもエストロジェンには、牛の発情期に食欲を低下させる働きがありますが、牛の分娩前にマメ科植物のクローバーやアルファルファをたくさん与えると、母体からのエストロジェンとの相加相乗作用により、分娩前に食欲不振を起こし、重篤な疾患を誘発する可能性があります。

## テストステロンは男の二次性徴だけではない

男性ホルモンはアンドロジェンとも呼ばれ、その代表がテストステロンです。テストステロンは精巣のライディッヒ細胞から分泌されますが、標的細胞の副生殖腺（前立腺、精嚢腺、尿道球腺）や陰茎などで酵素（5αリダクターゼ）の作用を受けて、テストステロンより数倍強い生理作用を有するジヒドロテストステロン（DHT）として働きます。性成熟時期に達すると、テストステロンの影響で二次性徴として髭や体毛が濃くなり、蛋白同化作用により骨格筋が発達します。精子形成において高濃度のテストステロンを必要とすることから、テストステロンは蛋白と結合して精細管内に運ばれるとされていましたが、セルトリ細胞においてエストロジェンに転換されて精子形成を刺激することが判明しています。

男性型脱毛症にもDHTが関係しているため、市販の育毛剤にはDHTを抑える成分（5αリダクターゼを抑制する成分）が含まれています。

オリンピックにおいてドーピング検査によりメダルが剥奪される事例が頻発していますが、多くは蛋白同化作用のある男性ホルモンにより筋肉を増強する薬物であり、その他にも気管支拡張剤、赤血球造血因子などが検査対象に含まれます。

胎子期にテストステロンによりオスの副生殖腺を分化させる一方で、精巣のセルトリ細胞からは抗ミュラー管(*6)ホルモン（AMH）が分泌され、オスの未分化ミュラー管を退行させます。アンドロジェンはオスの脳を雄性化しますが、これは〝アンドロ

*6 ミュラー管：胎子期の性未分化の段階において雌雄に存在するが、オスにおいては早期に退行し、メスにおいては卵管、子宮、膣の頭側部を形成する。

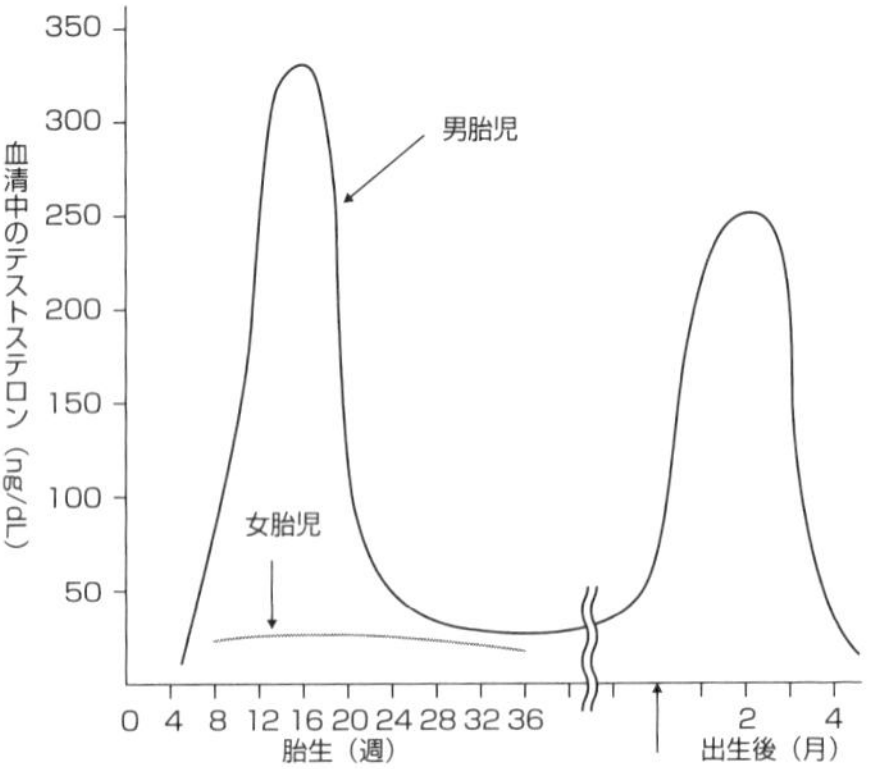


**図3-9　男児のテストステロン値は成人に近い**
（出典：文献5）

ジェンシャワー〟と呼ばれます。人や牛など妊娠期間が比較的長い動物においては妊娠期中期に、ラットやマウスなど妊娠期間が短い動物においては出生後に脳の性分化が起こります。そもそもアンドロジェンシャワーを受ける前は、脳の視床下部には持続性性中枢と周期性性中枢（＊7）とがありますが、アンドロジェンシャワーが放出されるオスでは周期性性中枢が失われ、持続性性中枢のみになります。メスにおいてはアンドロジェンシャワーがありませんので、二つの性中枢が働き、性成熟後にメス特有の性周期を繰り返します。

人の場合、胎児期に流産防止のために男性ホルモン剤（プロジェステロン剤は弱い男性ホルモン作用を有する）を投与され生まれた女児と男児は、投与されていない女児や男児より攻撃性が高いことが分かっています。妊娠マウスにおいて、子宮の中でオスに囲まれていたオスはメスに囲まれていたオスよりも狂暴とされていますので、投与された男性ホルモンが生後の男女の性格（扁桃体？）に影響を与えることは充分

---

＊7　**性中枢**：脳の視床下部に存在する生殖機能を調節する神経中枢であり、発生段階においてオスでは持続性性中枢のみが残り、メスにおいては周期性性中枢と持続性性中枢の両方が温存される。

に考えられます。

男性においては、テストステロン値が高いほど寿命が長く、疾患リスクが低下します。副腎皮質から分泌されるアンドロジェンとしてデヒドロエピアンドロステロン（DHEA）がありますが、DHEAが高い女性の寿命は長く、疾患リスクも低くなっています。

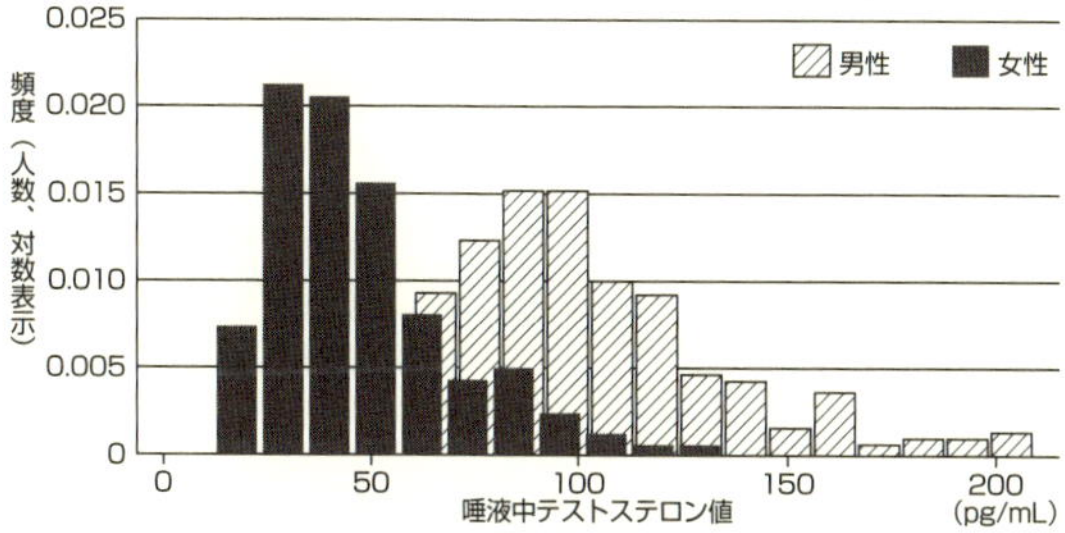

**図3-10　唾液中テストステロン値の男女比較**
（出典：文献6）

## 男性ホルモンをよく知る

血中テストステロン値は、男女で一〇倍以上開きがあります（＊8）。この血中ホルモン値は、血清蛋白に結合した結合型と結合していない遊離型を合計した数値であり、実際に生物学的作用を発揮する遊離型だけの値ではありません。したがって、最近では、血中遊離型テストステロンと高い相関性があることが分かっている唾液中テストステロン値が測られます。

唾液中テストステロン値を男女で比較すると、平均的に男性の値が女性の値より高いのは確かです

＊8　**血中テストステロン値**：男性で二・五～一一・〇、女性で〇・一～〇・六（単位：ng/mL）。

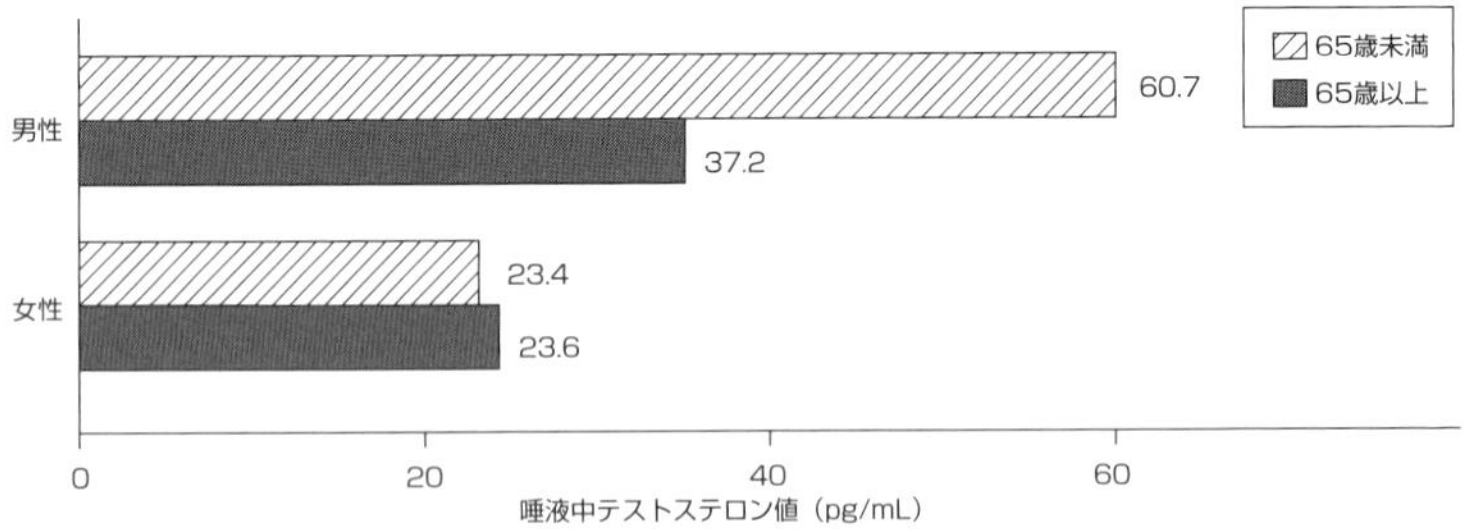


**図3-11　65歳未満と65歳以上の唾液中テストステロン値**
（出典：文献7）

が、一〇倍も高いことはなく、何と三分の一の男女のテストステロン値は重複していることが分かりました。

さらに六五歳未満と六五歳以上の男女で唾液中テストステロン値を測定した結果、男性では六五歳未満に比べて六五歳以上で半減するのに対して、女性は変わらないことが示されています。この結果から、男性は精巣からのテストステロンが低下する一方で、肥満で増加した脂肪細胞からエストロジェンが供給されることから、男性の〝オバサン化〟が予測されます。一般に若い時は男気一本の男性が、高齢化に伴い優しくなるのはその反映かもしれません。他方、女性は閉経に伴い卵巣由来のエストロジェンは激減しますが、副腎皮質由来のテストステロンは変化しませんので、女性の〝オジサン化〟が予測されます。女性が高齢化するにつれ、恥ずかしさや世間体をあまり気にすることなく振る舞う姿も、オジサン化の現れかもしれません。

## 男性更年期障害（ＬＯＨ）症候群とは？

男性更年期障害（ＬＯＨ（＊9））症候群とは、男性の老齢化とともにテストステロンが低下することにより起こる症状であり、加齢男性性腺機能低下症候群とも呼ばれます。表に挙げた症状の中で、三つ以上当てはまるとＬＯＨの可能性があります。おそらく高齢者の多くが当てはまる症状と思われ、同居家族の理解が必要です。

老齢化すると夜間にトイレに行くことが多くなります。実は、夜間の尿量は昼間より少なくなります。その理由は、就寝すると抗利尿作用のあるバゾプレッシン（オキシトシンに類似した下垂体後葉ホルモンの一つ）が増加して尿量を減少させるためで

| |
|---|
| ①怒りっぽくなった |
| ②疲れやすくなった |
| ③汗をよくかく |
| ④寝付きが悪い・眠れない |
| ⑤不安な気持ちになる・落ち着かない |
| ⑥おしっこが近くなった |
| ⑦自分のピークが過ぎたように感じる |
| ⑧性欲や性的衝動が減った |
| ⑨朝の勃起がなくなった |
| ⑩おっくうな気分になる |

表　男性更年期障害（LOH）のチェック

＊9　ＬＯＨ：late onset hypogonadism の略。

す。壮年になるまではテストステロンが比較的高く、バゾプレッシンを増加させますので、夜間にトイレに行くことは少ないものの、老齢化するとテストステロンが低下するためにバゾプレッシンも低くなり、尿量が増えて、夜間のトイレ回数が多くなります。夜間頻尿とは夜間に二回以上トイレに行く場合であり、八〇代の男性で九一%、女性でも七二%が夜間頻尿とされています。

睡眠中にトイレに行くのは、睡眠の質にも直接関連しています。図3-12の下段は高齢者の睡眠の深さを示していますが、若者に比べて覚醒状態が多く、これも夜間頻尿の原因となります。

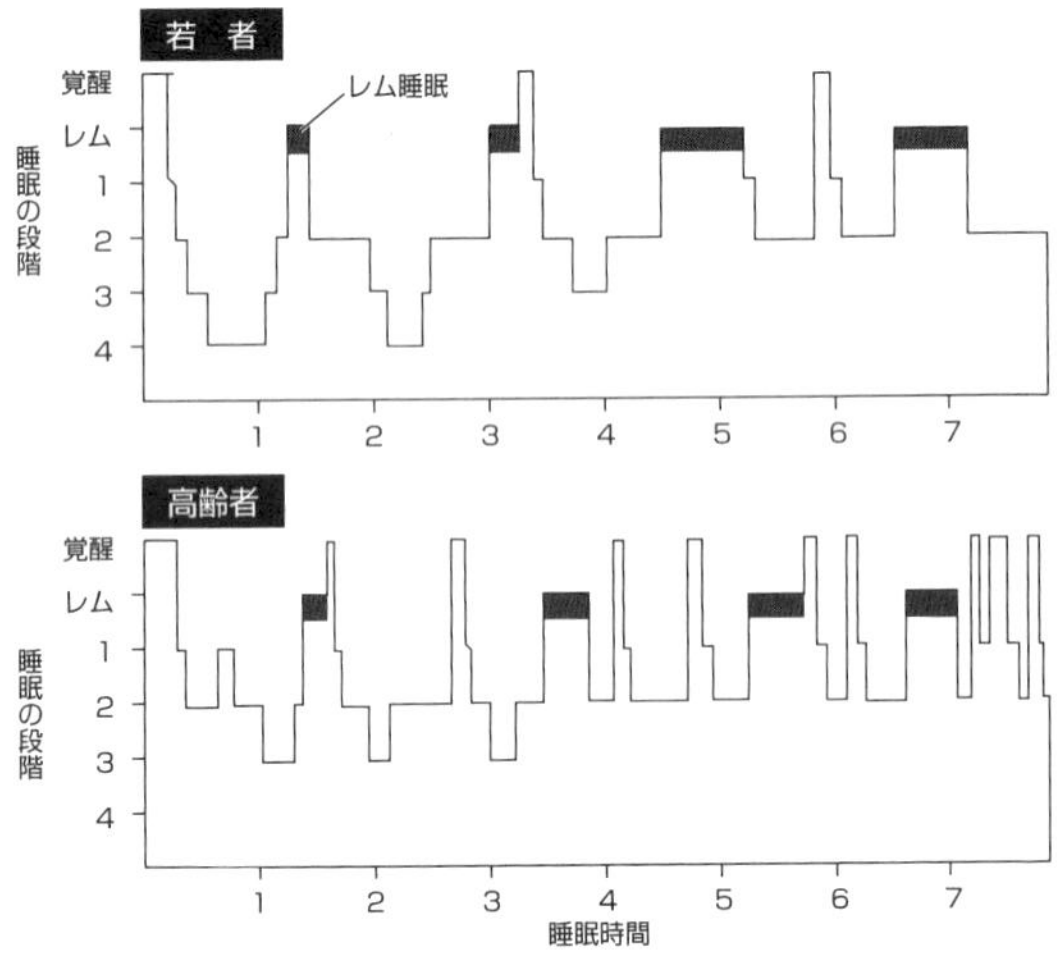


**図3-12　レム睡眠とノンレム睡眠の世代比較**
(出典：文献8)

## 黄体ホルモンは避妊薬にも使われる

黄体ホルモンはジェスタージェンとも呼ばれ、代表的なものがプロジェステロンです。プロジェステロンは黄体から主に産生されますが、妊娠期に胎盤から産生する動物もいます。

プロジェステロンは、性周期において排卵後形成される黄体から分泌され、胚が着床する準備（子宮内膜の着床性増殖）や、胎盤形成までの栄養を供給する子宮乳の分泌にも関係します。全ての有胎盤類において、妊娠維持にはプロジェステロンが不可欠です。プロジェステロンの妊娠維持の機序は十分に解明されていませんが、最も大きな役割は子宮収縮の抑制とされています。

妊娠期間が長い人や馬のプロジェステロンは、妊娠初期では黄体から供給されますが、中期以降は胎盤から供給されます。約一五〇日の妊娠期間を有する羊は妊娠中期以降には胎盤から供給されますが、同程度の妊娠期間を有する山羊は妊娠期間を通して黄体から供給されます。妊娠期間のプロジェステロン分泌を黄体に依存する山羊や豚では、黄体を除去するとただちに流産を起こします。

避妊薬としてアメリカや日本ではピル、ヨーロッパではプロジェステロン拮抗薬が多く流通しています。プロジェステロンには排卵抑制作用があり、ピルにはほとんど含まれています。また、多くのピルにはプロジェステロンの作用を強化するためにエストロジェンも含まれていますが、このエストロジェンはピルの副作用を高める働き

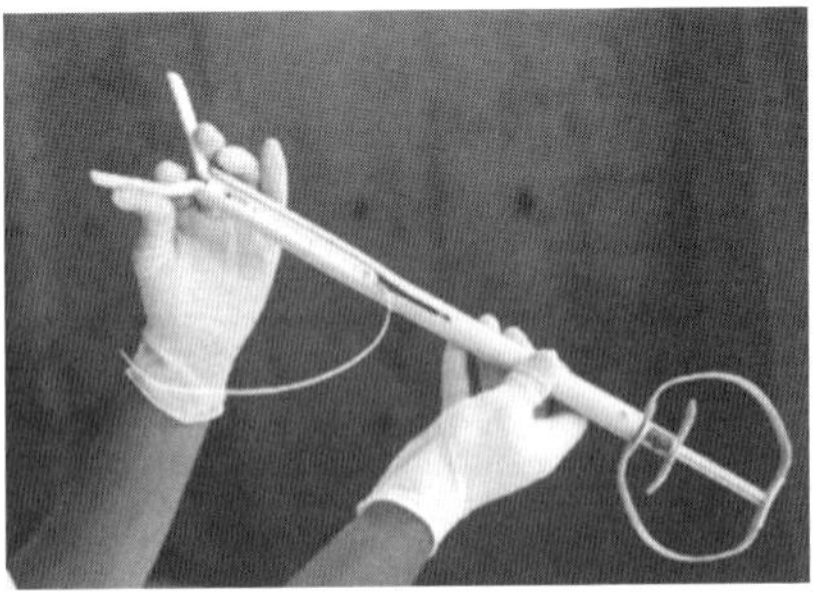

図3-13　膣内プロジェステロン徐放剤のアプリケーター

もあります。天然のプロジェステロンは経口薬では薬効が低いため、プロジェステロン類似体（アナログ）が使われます。現在では副作用を軽減するために低用量タイプもありますが、その効果は個人差があり、十分ではないことも指摘されています。

また、コンドームの付け忘れやコンドーム破れに際し、緊急避妊用のアフターピル（レボノルゲストレル製剤）があります。これは性交後七二時間内に服用することで、排卵や着床を阻止して妊娠を防ぐものです。ただし、効果は一〇〇％ではありません（二四時間以内が成功率は高い）。しかし、若い人を含め、アフターピルの存在を知っているのと知らないのとでは天と地の差があります。

動物医療においては、プロジェステロンをシリコンに浸透させた膣内徐放剤(＊10)が発情同期化(＊11)や繁殖障害治療に使用されています。

＊10　**徐放剤**：薬物を徐々に放出するように工夫が施された薬剤。

＊11　**発情同期化**：畜産の大規模化に伴い、繁殖管理の省力化に寄与する発情周期の調節が求められてきた。最近では発情同期化技術をベースに、定時に人工授精する排卵同期化と併用されている。

コラム　薬指の長さはペニスの長さと相関する?

男性の場合、胎児期の男性ホルモンが多いと薬指が長くなると言われ、ペニスの長さと相関するという考えがあります。男性では、薬指と人差し指の比が〇・九二と薬指の方が長い人が多いとされています。これは、胎児期中期に男性ホルモンが上昇することとの関連性が指摘されています。したがって、薬指が長い男性はペニスが長く、男性ホルモンが高めで精子数も多い可能性があります。ただし、他人への攻撃性が高かったり、スケベな傾向も指摘されています。一部の男性や多くの女性は、薬指と人指し指の比が一・〇とほぼ同じ長さの人がいます。これらの男性はペニスが短く、男性ホルモンが低かったり、おとなしく、精子数も少ない傾向があります。

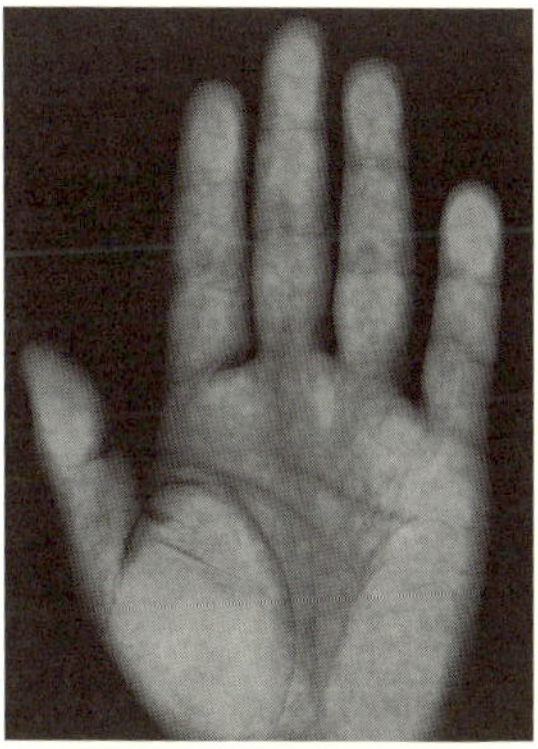

**図3-14　男性の多くに見られる指**
男性では薬指が人差し指に比べて長い人が多い。

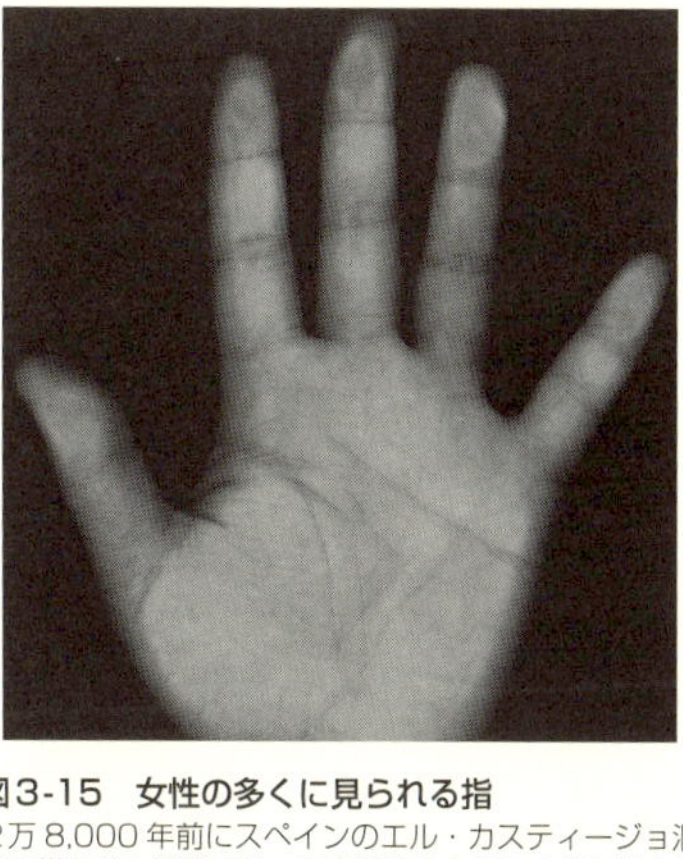

**図3-15　女性の多くに見られる指**
2万8,000年前にスペインのエル・カスティージョ洞窟に描かれた手形では、この写真のように人差し指と薬指の長さが同じ人が75%を占めている。

二万八〇〇〇年前にスペインの洞窟の壁に描かれた人の手は、人差し指と薬指の長さが同じ人の割合が七五％を占めています。太古の芸術家はほとんどが女性であったようで、女性が旧石器時代の母系社会の反映でシャーマンとして指導的立場にあったのかもしれません。

女性の月経前三〜一〇日に現れる精神的、身体的症状は月経前症候群と呼ばれ、月経が始まるとともに消失します。肩こりや頭痛などの痛みや集中力低下、めまいや冷や汗などの自律神経反応、泣きたくなったり不安になったりする否定的感情、息苦しさや胸の圧迫感といった気分の制御困難などの症状が含まれるそうです。和歌山県立医科大学の金桶吉起氏らは、胎児期に男性ホルモンを浴びる量が多いほど、月経前症候群が重度になるという興味深い仮説を発表しました（二〇一七年）。この研究では、四〇三名の女子学生の薬指と人差し指の比率の調査と月経前症候群に関するアンケート調査が行われました。その結果、薬指が長い人ほど（胎児期の男性ホルモンの影響が強く現れ、そのホルモン由来は副腎皮質と思われる）、月経前症候群が強く現れることが分かったそうです。いずれにしても素晴らしい研究の着眼点と思われます。

## コラム　男性のテストステロンはどのように増減するのか

テストステロンを低下させる原因の一つは、ストレスとされています。テストステロンが一般に最も低下する要因は、過労、睡眠不足、喫煙などのストレスです。さらに、男性は勝負や競争に負けると女性よりもストレスを強く感じるようです。ある実験では、男性は上司から三〇分間小言を言われ続けただけで、テストステロン値が一気に一一歳分低下したそうです。

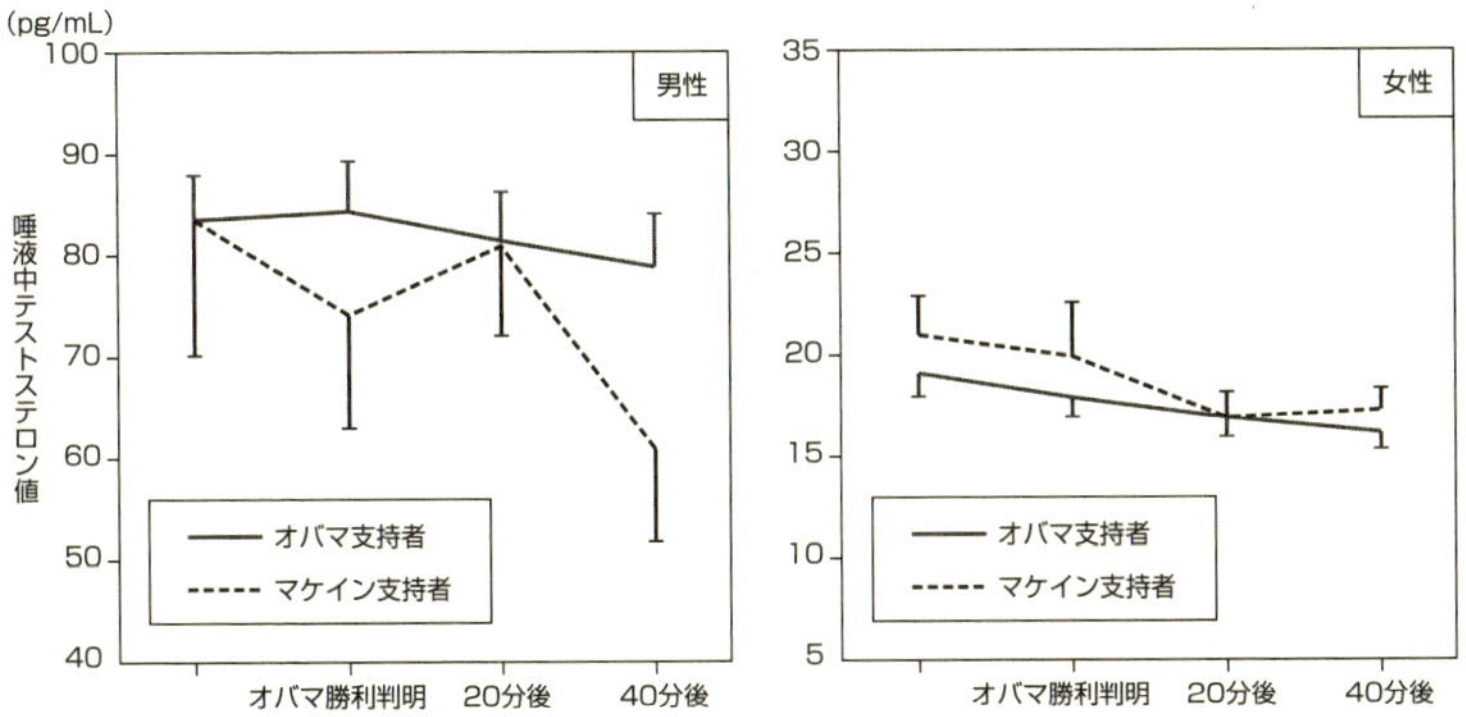


**図3-16　アメリカ大統領選における両陣営支持者の唾液中テストステロン値の変化（男女）**
（出典：文献9）

二〇〇八年のアメリカ大統領選において、民主党のオバマ候補と共和党のマケイン候補の男女支持者の唾液中テストステロン値を測定した報告があります。オバマ支持者の男性のテストステロン値が勝利判明後も変わらなかったのに対して、マケイン支持者男性のテストステロン値は大幅に低下しました。一方、女性では両陣営ともにテストステロン値に変化はありませんでした。

男性のテストステロン値は勝負に勝ったり、応援しているチームが勝った折にも増加することが分かっており、男性が勝負ごとに熱中しやすいことを意味しているのかもしれません。ヤクルトスワローズなどで監督を務めた野村克也氏は、連勝中赤いパンツを履き続けたという逸話がありますが、勝負時に赤いパンツを履く人は意外に多いようです。赤いポルシェを乗り回すだけでテストステロン値が上がるという報告もあり、車の走行中に沿道の人に振り返って見られることに優越感を持

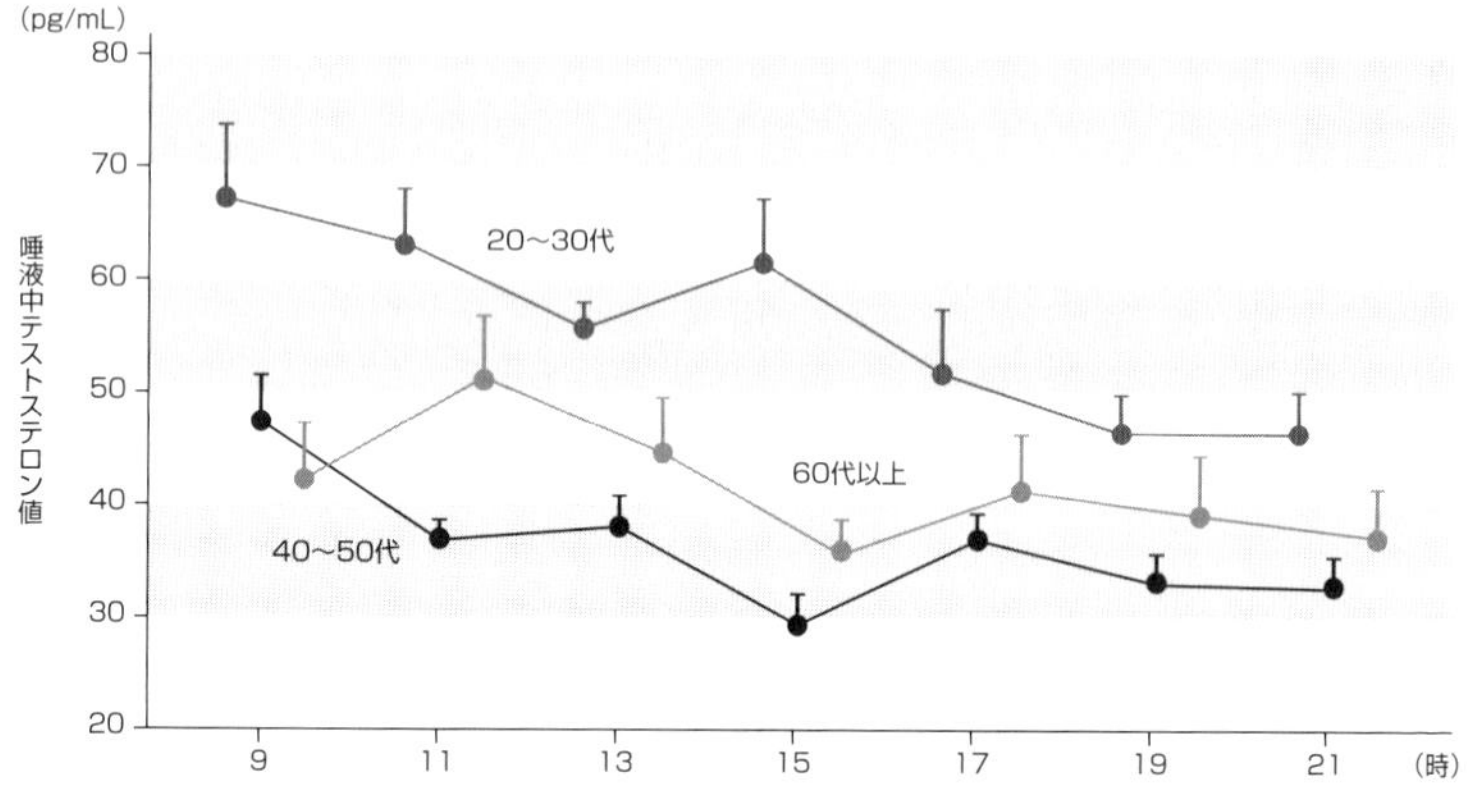


**図3- 17　男性の年代別唾液中テストステロン値の比較**
（出典：文献 10）

つためと思われます。男性はセックスクラブに行ったり、きれいな女性に会っただけでテストステロン値が一〇数%増加するとされており、性交すると七〇%以上増加するという報告もあります。男性にとって、旧石器時代から獲物を取った時やゲームに勝利した時以上に性交は大事なことかもしれません。

日本の大手企業に勤める男性の唾液中テストステロン値を九〜二一時まで二時間間隔で測定し、世代ごとに比較した報告があります。二〇〜三〇代のテストステロン値は朝が最も高く、夜に低下するという日内変動が高いレベルで推移しており、副腎皮質ホルモンと同調した傾向と思われます。ところが、四〇〜五〇代のテストステロン値は、六〇代より低いレベルで推移しています。この現象は、四〇〜五〇代が中間管理職として上と下に挟まれて一番ストレスと疲労を感じている可能性が示唆されます。一方、六〇代は年齢的に上位にあり、ストレスをあまり感じないことが考えられます。[10]

人ではボノボと同様に年間を通して女性が男性を受け入れるようになり、眠るだけの時間としては約一二時間の夜間は長すぎます。日が沈み眠りに就くと真夜中に一度目覚めて性交したという七〇万年の間に培われた眠気サイクルは、夜中の二～三時（性交後）と午後の二～三時（暑い地域ではシエスタの休憩時）の二回あり、一二時間周期で繰り返すという説は人類のペニス進化の説明として合理的なようです。また、朝方に男性ホルモンが高くなるという現象も、睡眠リズムに関連した動きと考えられます。

## コラム　男と女の脳は一四歳から変わる

男性は狩猟時代、獲物を捕らえるために、獲物と自分との距離を測る空間認知能力を発達させました。どのような方法で獲物をしとめるのが効率的かを考える生活をずっと送ってきたために、論理的思考能力が身に付いたとされています。したがって、多くの男性は地図を逆さまにしても読めますが、女性は地図を読むのを不得意とする人が多いとされています。

一方、女性はわが子の微妙な表情の違いから子供の健康状態を察知する能力に長けています。したがって、女性は他人の表情や気持ちをすばやく読み取る能力が発達しており、コミュニケーション能力が高いとされています。[11]

大脳辺縁系の奥にある扁桃体は、私たちの感情や攻撃的な衝動を担っていますが、この扁桃体は男性の方が大きく、そのため男性は攻撃性が高いとされます。一方、記憶の中枢である海馬は、女性の方が大きく、海馬と情動中枢との連絡網をたくさん持っているとされているため、女性はおしゃべりであるとされます。

　左右の脳をつなぐ脳梁の太さは、男性よりも女性が太いとされています。女性が話す時には左右の脳が同時に使われますが、男性が話す時には左脳が主に使われます。男性は脳の前後の連絡が多いのに対し、女性は左右脳間での連絡が多くなっています。この差異は一三歳以下では見られず、一四歳以上で明瞭に見られるそうです。男性は一日に七千語しゃべり、女性は一日に二万語以上しゃべるそうです。例えると、女性は二丁拳銃を持っており、男性は一丁拳銃しかありませんので、男性は女性に口論では到底敵わないことになります。したがって、昔の男性は「ちゃぶ台返し」や「言葉のDV」で間接的に女性に打ち勝とうとしましたが、現代の男性は直接的な「物理的DV」を行うことが多いようで、女性の経済力の向上とあいまって離婚率が高くなった要因と考えられます（しかし、賢い女性は口論をせず、男性に取り合わない）。

　思春期以降に脳の機能に差異が出ることから性ホルモンの影響が考えられますが、結論は出ていません。ただし、女性の脳にはプロジェステロンが血中の二〇倍もあるそうなので、もしかしたらその影響かもしれません。

## 3　プロラクチン

### プロラクチン作用は催乳だけではない

プロラクチンは、脳の下垂体前葉から分泌される単純蛋白質ホルモンの一つです。プロラクチンは成長ホルモンと構造的に類似しており、同じ祖先遺伝子から分化したと考えられています。授乳刺激によりプロラクチン抑制因子のドパミン（脳内神経伝達物質（*12））が抑制されることで、プロラクチンが分泌され乳汁合成を促進します。エストロジェンはプロラクチン分泌を増加させますので、動物では発情期にプロラクチンの一過性の増加を示し、エストロジェンが増加する妊娠末期にかけてさらに高濃度に達します。このエストロジェン増加に伴うプロラクチンの増加は、乳腺葉の発達に関係しています。高濃度のプロラクチンは、分娩後の生理的な範囲でもＧｎＲＨや性腺刺激ホルモンを抑制しますので、頻回授乳する期間において発情周期は抑制されます。人の場合、断乳後一カ月でプロラクチン値は正常に低下し、一～三カ月で月経

＊12　ドパミン：アドレナリンやノルアドレナリンの前駆物質であり、神経伝達物質である。ドパミンにはプロラクチンの抑制作用がある。なお、ドパミンという用語は医学分野で使われるが、化学分野ではドーパミンと呼ばれる。

周期が回帰します。

ラット、マウスにおいては、交尾刺激が数回のプロラクチン分泌と関係しており、このプロラクチンが黄体刺激作用を持っています。羊、山羊、犬や猫においても、プロラクチンはＬＨと同様に黄体刺激作用を持っており、少なくとも犬や猫の妊娠後半にプロラクチン抑制剤を投与すると、黄体のプロジェステロン産生が抑制されるために流産を引き起こします。

人においてプロラクチンは日内変動し、睡眠中に増加します。成長ホルモンは睡眠後三時間くらい増加しますが、入眠時間が朝方にずれると成長ホルモン分泌は低下するのに対し、プロラクチンにはそのような影響はありません。成長ホルモンの睡眠後分泌は生体の細胞分裂を刺激し、古い細胞を新しい細胞と入れ替える重要な役割を果たしています。

人の甲状腺機能低下症においては、脳の視床下部から多量の甲状腺刺激ホルモン放出ホルモン（ＴＲＨ）が放出されるためにプロラクチンが増加します。高プロラクチン血症は視床下部ＧｎＲＨを抑制し、下垂体ＬＨを低下させるため、排卵が抑制され、無排卵などの繁殖機能の低下を来します。また、下垂体腫瘍などにより高プロラクチン血症を起こすと、性腺刺激ホルモンが抑制されるために、女性は無月経、男性は勃起不全を来すことがあります。

ドグマチール（商品名）はスルピリド製剤というドパミン拮抗剤ですので、本来は統合失調症やうつ病においてドパミンを抑制するために使われます。一方、胃潰瘍や十二指腸潰瘍の胃薬として、場合によっては食欲増進剤として使われることもあります。しかし、ドグマチールを服用すると、ドパミン抑制によるプロラクチン増加が起こり、男性ホルモンや女性ホルモンの低下による勃起不全（ＥＤ）や無月経などの副作用を発症することがあるため、要注意です。

## 性交後のプロラクチン増加現象の意味

プロラクチンが女性の専売特許でないことが、徐々に解明されています。性交後やマスターベーション後に男性の血中プロラクチン値は増加することが知られており、さらに、性交後の方がマスターベーション後よりプロラクチン値の増加率は高くなります。この性交後プロラクチンの増加は、男性に性的不応期が存在する理由になっています。男性の性的不応期は、一般に約九〇分とされています。中には、射精後に全く性的不応期を示さない男性がおり、その原因を調べるために、数回の射精の前後のプロラクチン濃度が測定されました。その結果、その男性のプロラクチンは、射精後の増加が全く観察されなかったそうです[12]。射精後の性的不応期は他の動物でも見られることですが、一日精子生産数と一回射精精子数の近い人においては、精子の浪費を防ぐ意味があるのかもしれません。新婚カップルは毎日性交することが多く、精子数が減少するために、結婚直後はしばらく妊娠できないことがあります。これは通常、「新

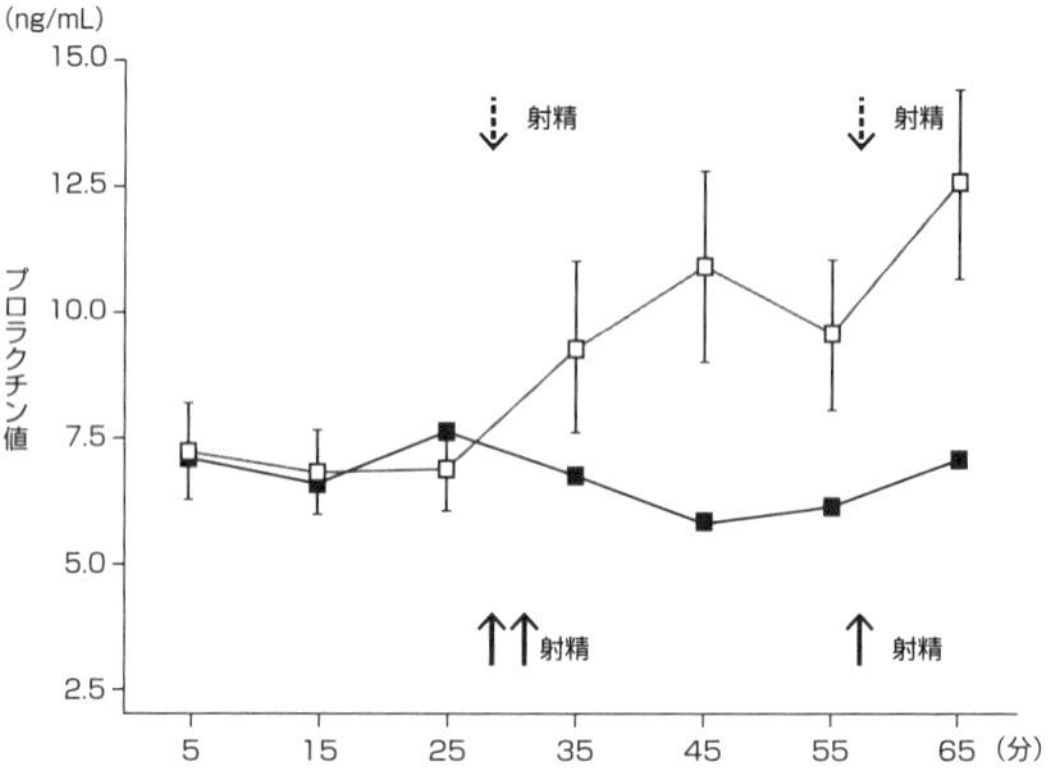


**図3-18**
**射精後性的不応期のある男性（上）とない男性（下）のプロラクチン値**
（出典：文献 12）

婚不妊症」と呼ばれます。

女性の性交後プロラクチン値の増加は男性より数倍高くなりますが、プロラクチンによる性的不応期はありませんので、女性における性交後プロラクチン増加の生理的意義は不明です。

性的快楽により脳内からβ-エンドルフィンという麻薬物質が放出されると、プロラクチン分泌を刺激します。同時に脳内神経からは、ドパミンという快感物質も放出されますが、これは逆にプロラクチンを抑制します。さらに、下垂体後葉からはオキシトシンが放出され、性的興奮を高めます。女性において性交後プロラクチン値が高いという現象は、エンドルフィンの作用がドパミンの作用を上回っているためと思われますが、今後、生理的意義の解明が待たれます。

## プロラクチンと人類の妊娠調節法

　プロラクチンは脳の下垂体前葉から分泌されるホルモンであり、生理的には授乳や搾乳により、乳房の乳腺胞(＊13)の乳汁が減少することで分泌されます。下垂体腫瘍になると高プロラクチン血症を来すことがありますが、女性なら月経不順や排卵停止、男性なら性欲減退や勃起不全が起こります。その原因は、プロラクチンが視床下部や下垂体からのホルモン（ＧｎＲＨやＦＳＨ、ＬＨ）を抑制するからです。また、抗精神薬の中には、プロラクチン分泌を抑制するドパミンを抑制するものがあり、高プロラクチン血症を引き起こし、上記の下垂体腫瘍と同様の生殖障害を引き起こすことがあります。

　類人猿のゴリラ、チンパンジーだけでなく、アフリカ大陸のカラハリ砂漠のクン族およびオーストラリアのアボリジニ族（狩猟採集民族）における分娩間隔は、四〜五年とされています。旧石器時代から母親は、出産後約三年間は寝ている間も含め数時間間隔で授乳していました。授乳回数が多いと乳汁合成のためのプロラクチンが蓄積されますので、自然と下垂体ホルモン（ＦＳＨやＬＨ）が抑制され、数年間は無排卵となり、生理は止まります。図３－19にあるように、母ラットが授乳すると、乳腺胞の乳汁を押し出すためにまずオキシトシンが分泌されますが、乳腺胞内の乳汁が減少すると、ただちにプロラクチン分泌が開始されます。人のプロラクチンは授乳後三時間程度で基礎値に戻りますので、昔の人は一日中二〜三時間間隔で毎日授乳していた

＊13　**乳腺胞**：乳汁は乳腺胞の乳腺上皮細胞で作られるが、乳腺胞が満たされると乳汁の産生と還元が平衡状態になる。乳頭の吸引や搾乳刺激は下垂体からのオキシトシンを分泌させ、乳腺胞の筋上皮細胞を収縮させて射乳する。

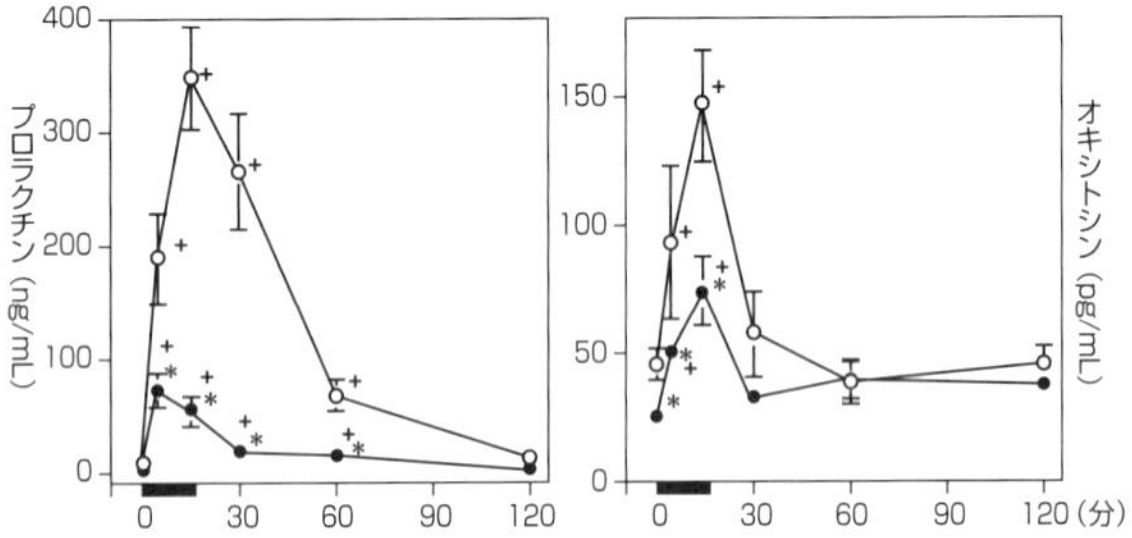


**図3- 19　ラットの授乳後のオキシトシンとプロラクチンの推移**
黒太線部は授乳。
（出典：文献 13）

ものと考えられます。一時、この原理を使った避妊方法が研究されましたが、粉ミルクの便利さを経験した現代人が長期間にわたり三時間間隔で授乳することは難しく、その研究は打ち切られました。

妊娠期において、エストロジェンは乳管系を、プロジェステロンは乳腺系を発達させますが、これらのホルモンはプロラクチン受容体を抑制するので、妊娠期には泌乳することができません。出産後にエストロジェンとプロジェステロンが急減することにより、プロラクチン受容体が回復して泌乳が開始されます。牛の発情期にもエストロジェンとプロラクチンは増加しますが、プロラクチン受容体減少により、一過性に乳量は低下します。

# 4　その他のホルモン

## 動物医療に使われる性腺刺激ホルモン

性腺刺激ホルモンには、下垂体由来と胎盤由来とがあります。下垂体からはFSHとLHが分泌され、卵巣や精巣の性腺を刺激します。これらのホルモンは、アミノ酸が一〇〇個ほどつながったα鎖とβ鎖から構成されています。FSHとLHのα鎖の構造は同じですが、β鎖の構造はそれぞれ大きく異なります。

人医療において卵胞発育を促進する時に使われるのは、ヒト閉経期性腺刺激ホルモン（hMG）です。女性は閉経すると卵巣ホルモン分泌が低下するので、卵巣を刺激するために下垂体FSH・LHが大量に分泌され、尿中にも排泄されます。hMGは、閉経期女性の尿からFSHとLHを精製して作られたものです（FSHがLHより多い）。近年、人のFSH製剤として、組み換えDNAによるリコンビナントFSH（遺伝子組み換え合成）が利用できるようになりましたが、合成なので値段が高いのが難点です。hMGは牛の過剰排卵処置で用いるFSH製剤として利用できますが、価格が高いために、豚の下垂体を精製したFSH製剤が専ら使われています。

排卵や黄体刺激の目的で使われるのは、ヒト絨毛性性腺刺激ホルモン（hCG）です。女性が妊娠すると、プロジェステロン分泌を促進するために胎盤絨毛から分泌されるのがhCGです。hCG製剤は妊婦尿を集めて精製して作られます。hCGは下垂体LHと類似した構造を持っていることから、人医療のみならず動物医療においてもLH作用製剤として利用されます。

馬の妊娠初期の子宮内膜杯（*14）からは、ウマ絨毛性性腺刺激ホルモン（eCG）が分泌され、排卵や黄体形成を促進して複数の副黄体（*15）を作り、プロジェテロン分泌を増強します。子宮内膜杯は胎子由来であり、妊娠一～五カ月間のみ働いて脱落しますので、妊娠五カ月以降は血中から消失します。eCGのアミノ酸構造は馬の下垂体LHと全く同じですので、LH作用を有することは理解できます。ところがeCGを馬以外の動物に投与すると、強力なFSH作用を発揮しますので、なぜそのような差異があるのか不思議な現象と思われてきました。この現象は、アミノ酸配列の違いではなく、馬体内のホルモン産生部位により糖鎖修飾（*16）が異なることによって起こることを東京大学の塩田邦郎氏らが解明しました。要するに、馬下垂体で産生されるとLH作用しか発揮しませんが、馬胎盤で作られるとFSH作用を発現します。したがって、馬の早期妊娠期において胎盤で作られるeCGはFSH作用で複数の卵胞を発育させ、下垂体由来のLHにより卵胞が排卵することにより複数の副黄体が形成される

*14 **子宮内膜杯**：馬胎子胎膜由来組織が母体組織に侵入し形成される。妊娠初期～中期にウマ絨毛性性腺刺激ホルモン（eCG）を産生する。妊娠五カ月以降には子宮から脱落する。

*15 **副黄体**：馬の妊娠初期にeCGにより複数の卵胞が発育し、その後排卵して形成される黄体。馬妊娠期のプロジェステロンの産生源は妊娠黄体、副黄体、胎盤と引き継がれる。

*16 **糖鎖修飾**：蛋白質や脂質に糖が付加されること。蛋白ホルモンは糖付加含量が多いほどホルモン半減期が長いとされてきたが、ホルモン産生部位による（アミノ酸構造は同じでも）糖付加の違いで作用まで異なることが分かった。

ことになります。

## プロスタグランジンは精液から発見された

一九三四年に、ウルフ・スファンテ・フォン・オイラーによって人の精液に血管を収縮させる物質が含まれることが発見され、これがプロスタグランジン発見の端緒となりました。当初、この物質は前立腺由来と考えられたためにプロスタグランジン（PG）と命名されましたが（前立腺は英語で prostate gland）、実際は精嚢腺で作られていることが後に判明しました。PGは全身に分布していて多くの種類があり、不飽和脂肪酸のアラキドン酸から生合成されます。それらの発見や構造決定に貢献したスネ・ベリストローム、ベンクト・サミュエルソン、ジョン・ベーンの三氏にノーベル生理学・医学賞が授与されました（一九八二年）。

現在、PGには主なものだけでもPGA、PGB、PGC、PGD2、PGE1、PGE2、PGF2α、PGG、PGH2、PGI2、PGJなどがあり、家畜繁殖分野ではPGF2α製剤が汎用されています。全てのPGの新しい合成法を開発したアメリカのイライアス・コーリーも、ノーベル化学賞を受賞しています（一九九〇年）。

また、PGE2も生殖機能に関係していますが、四種類の受容体があり、それぞれ作用が異なります。子宮収縮に働く受容体は「EP1」と「EP3」、逆に子宮弛緩に働くのが「ＥＰ２」、子宮頸管熟化に作用するのが「ＥＰ４」です。一方、ＰＧＦ２αは「ＦＰ」と呼ばれる受容体と結びつくことで、子宮収縮を引き起こすことが分かっています。

　動物薬としてＰＧＦ２α製剤には天然型（ジノプロスト）、合成（クロプロステノール）、異性体（d-クロプロステノール(*17)）が国内で市販されています。これらの製剤は、卵巣疾患や繁殖障害の治療など(*18)に広く応用されています。家畜共済統計表（農林水産省）では、乳牛の卵巣疾患の中で黄体遺残(*19)が最も多いことになっていますが、黄体を退行させると回復が早いと思われる疾患は全て黄体遺残として治療されているためです。

　牛、羊などにおいては、黄体から分泌されるオキシトシンにより子宮内膜からＰＧＦ２αが分泌され、黄体退行作用を引き起こします。また、黄体からのオキシトシン分泌はＰＧＦ２α投与により促進されるため、ＰＧＦ２αを投与すると、投与したＰＧＦ２αと内因性のＰＧＦ２αの相加相乗作用で黄体退行が進みます。

　ＰＧＦ２αの副作用は馬で最も強く発現し、強い発汗作用を伴います。豚はＰＧＦ２α受容体の発現時期が黄体期の短期間に限定されており、ＰＧＦ２α製剤への感受性が低いことから、ＰＧＦ２α製剤投与の五日前にエストロジェンデポ製剤（エストラジオールプロピオン酸エステル）により感受性を高めてから使用すると、黄体退行効果が高くなります。犬では、子宮蓄膿症治療(*20)や堕胎の目的でＰＧＦ２α製剤が使用されますが、副作用が強く心疾患や呼吸器疾患には禁忌であり、低用量（五〇〜

---

*17 **異性体**：分子が同じであっても、構造的に異なる物同士を異性体と呼ぶ。異性体同士の作用力は大きく異なるものが多い。

*18 **卵巣疾患や繁殖障害の治療など**：黄体退行および子宮収縮作用を利用して、黄体遺残、子宮蓄膿症、重度子宮内膜炎、ミイラ胎子（子宮内で死亡した胎子が無菌的に水分が失われ硬化した状態）、長期在胎、鈍性発情、発情同期化や過排卵誘起などの治療に用いられる。

*19 **黄体遺残**：妊娠していないのに長期間黄体が持続している疾患であり、発情周期は失われる。牛に多いが、馬や豚でも見られる。

*20 **子宮蓄膿症**：子宮内に膿汁が長期間

一〇〇マイクログラム）による治療が安全です。外国ではプロジェステロン受容体拮抗薬が市販されており、犬の子宮蓄膿症治療や堕胎の目的には、副作用の少ない拮抗薬がより安全に使用できると思われます。

人医療においてＰＧＥ２製剤は座薬として利用されることが多く、子宮体部の収縮と頸管弛緩を目的に陣痛誘発剤として用いられます。一方、ＰＧＦ２α製剤は陣痛促進に用いられ、点滴投与されることが多く、子宮頸管が弛緩した後に子宮収縮作用を強める目的で少ない量から開始し、徐々に増量されます。

またＰＧは、炎症時に産生される物質として知られており、人や動物の医療でよく利用されるＰＧ産生抑制剤として非ステロイド性抗炎症薬（＊21）があります。非ステロイド性抗炎症薬は抗炎症作用、鎮痛作用、解熱作用を有しますので、抗炎症作用の副腎皮質ホルモン（ステロイド）の使用による副作用が危惧される場合や、解熱・鎮痛作用を目的として汎用されます。しかし、本来生体内には多種類のＰＧが産生されており、非ステロイド性抗炎症薬は必要なＰＧまでも阻害するために、胃腸障害や腎障害の副作用を生じる場合があります。

## オキシトシンの作用は多様である

オキシトシンは脳の視床下部の神経細胞で合成され、神経線維の中を通って下垂体

にわたり貯留しているため、発情周期は見られない。犬において著明な臨床症状を示すが、牛においては無症状。

＊21　非ステロイド性抗炎症薬：ＮＳＡＩＤｓ（エヌセイズ）と呼ばれる。non-steroidal anti-inflammatory drug の略。

後葉にいったん貯留され、必要に応じて放出されます。下垂体後葉からはオキシトシンと類似したバゾプレッシン（抗利尿ホルモン）も放出され、両者の構造は九個のアミノ酸の中で二つのアミノ酸が異なるだけです。オキシトシンは平滑筋を収縮させますが、特にオキシトシン受容体の多い子宮や乳腺胞の収縮作用が昔からよく知られています。アメリカの生化学者であるヴィンセント・デュ・ヴィニョーは、オキシトシンとバゾプレッシンの構造決定と合成を行った功績により、ノーベル化学賞を受賞しました（一九五五年）。

牛や豚の発情期には、子宮の強い収縮を直腸検査で触診できますが、これはエストロジェンによるオキシトシン受容体の増加による働きです。オキシトシンはメス動物における作用のみが強調されてきたホルモンですが、オスにおいても交尾や射精の時に放出されます[14]。

牛や羊の黄体からオキシトシンが分泌されることはよく知られていますが、人を含めいくつかの動物のオスにおける精巣、精巣上体、前立腺からオキシトシン分泌とその受容体が検出されており、オキシトシンが局所的に大きな役割を果たしていることが知られるようになりました。

近年、オキシトシンは愛情ホルモンや抱擁ホルモンとしての役割が知られるようになりました。出産後の産子による吸乳刺激は、たくさんのオキシトシンを放出させ、乳腺胞からの射乳を促進します。それ以外にも、人やペットの愛撫やスキンシップ時、特に性交による性器刺激はオキシトシンをたくさん放出させます。

ラットの巣作り行動や子供の連れ帰り行動（＊22）にも、オキシトシンが関与しています。また、母羊は自分の子供でないものを絶対に受け入れませんが、出生後短時間だけ自分の子供を認識する機序があり、これにもオキシトシンが関与しています。アメリカに生息するプレーリーハタネズミは、哺乳類としてはまれな一夫一妻の夫婦形成で知られていますが、オキシトシンやバゾプレッシンが番いの形成に関与しているとされています。

オキシトシン経鼻製剤（点鼻薬）は、ヨーロッパにおいて泌乳促進剤として市販されていますが、この薬剤は知らない人への信頼感を高める可能性があります。三歳から自閉症と診断され、会話がほとんどできず、人との交流が難しかった二〇歳の男性にオキシトシンの点鼻薬を適応したところ、驚くべき改善効果が見られたそうです。このケースでは、オキシトシン受容体が低いことが確認されました。

## オキシトシンと〝母という病〟

京都医療少年院で親子関係を長年見つめてきた精神科医である岡田尊司氏の著書に『母という病』（ポプラ社）があります[15]。著者は、うつ、依存症、摂食障害、自傷、ひきこもり、虐待、離婚、完璧主義、無気力、不安、過度な献身などの背景として、子供時代に母親との愛着が乏しい、母親から大事にされたという感覚がないために、行

＊22　**子供の連れ帰り行動**：母親が巣穴から離れたり、危険なところにいる産子をくわえて巣穴に連れ帰る行動。多くの動物で見られ、猫、犬、パンダなどでもよく見られる。

き詰まった時に帰るべき原点がなく、積極的に自信を持って行動できない人が多くいることを述べています。子供の時に虐待を受けると母親になってまた虐待を繰り返すのは、小さい時の愛情不足に由来しており、母という病の根深さを指摘しています。

一方、母という病を辛うじて克服して芸術に昇華させた例もあります。

ビートルズのジョン・レノン‥

母親ジュリアは浮気性の船員の夫が家にいないことから、ジュリアも二人の男性と不倫しました。見かねた子供のいない伯母が、幼少のジョンを引き取って育てました。しかし、小学生になったジョンが惹かれたのは、生母のジュリアでした。ジュリアはジョンにギターを与え、ジョンの音楽を開花させるきっかけを作りました。

芸術家の岡本太郎‥

母は作家・岡本かの子、父は漫画家・岡本一平です。お嬢さん育ちで自己中心的な母親は、一平が家に帰らないことをいいことに男性を家に引き入れていました。そのため太郎は母と父が残した兄弟の面倒を自己犠牲的に果たしました。岡本太郎といえば、大阪万博の太陽の塔や、後年テレビ番組で発した「芸術は爆発だ」で有名です。太郎はたくさんの女性を恋愛対象としましたが、独身を貫いた理由は、自身が母親から受けたようなことを子供に経験させたくなかったからかもしれません。

母親の母性を司り、子供への愛着、子育てに没頭できるのはオキシトシンの作用とされていますが、時間を持て余したり、芸術家のような特殊な世界に身を置くと、子育てという世俗的なことに価値観を持てないケースも出てきます。子供と母親とのスキンシップは、オキシトシンを相互に放出する生物学的な交流です。このオキシトシンの交流経験が乏しいと、大人になってから、社会生活や夫婦生活を積極的に自信を持って行えなくなるという点で、『母という病』は感慨深い本です。

アメリカの心理学者であるハリー・ハーロウは、アカゲザルを使った代理母の実験を行いました。生まれたばかりのサルの子供を母親から引き離し、二種類の代理母に対する反応が観察されました。一つはワイヤーでフレームを作っただけの代理母、もう一つはワイヤーフレームに軟らかい布を被せた代理母です。哺乳瓶を交互に付けて実験されましたが、子ザルが一番しがみついたのは、哺乳瓶の有無にかかわらず柔らかい布の代理母でした。ハーロウは布に包まれた代理母は多少の安らぎを与えたと結論付けていますが、おそらくオキシトシン分泌の違いがあったかもしれません。しかし、この代理母で育ったメスザルを妊娠させて出産させたところ、子供の面倒は見ませんでした。結論として、小さい時に母親とのスキンシップが乏しいと、自分が母親になった時に子供と上手に接することができないというのが考えられます。その後、同様の条件下で育っても飼育環境が改善されたり、経験を積むと、正常なサルと同様に子育てを行えるということが分かりました。

これまでは、母親とのスキンシップが乏しいと、正常な交尾行動が行えなかったり、育児放棄の問題を引き起こしやすくなり、その原因として学習障害が考えられてきましたが、現在ではストレスによるオキシトシン分泌の問題と考えられるようになりました。

## 見つめ合うことはオキシトシン注射と同じ

犬との信頼関係がある飼い主は、犬から注視される時間が長くなりますが、そうでない場合では犬は飼い主からすぐに目を背けます。この犬の注視時間が長いほど、飼い主の尿中オキシトシン値が高いことが報告されました（図3-20）。さらに、飼い主のオキシトシン値が上がるのであれば、犬の値も上昇するのではとの考えで、両者のオキシトシン値が測定されました。結果は予測通り、注視時間が長ければ、飼い主も犬もオキシトシン値が同様に上昇することが証明されました(図3-21)。したがって、犬と飼い主が注視し合うという

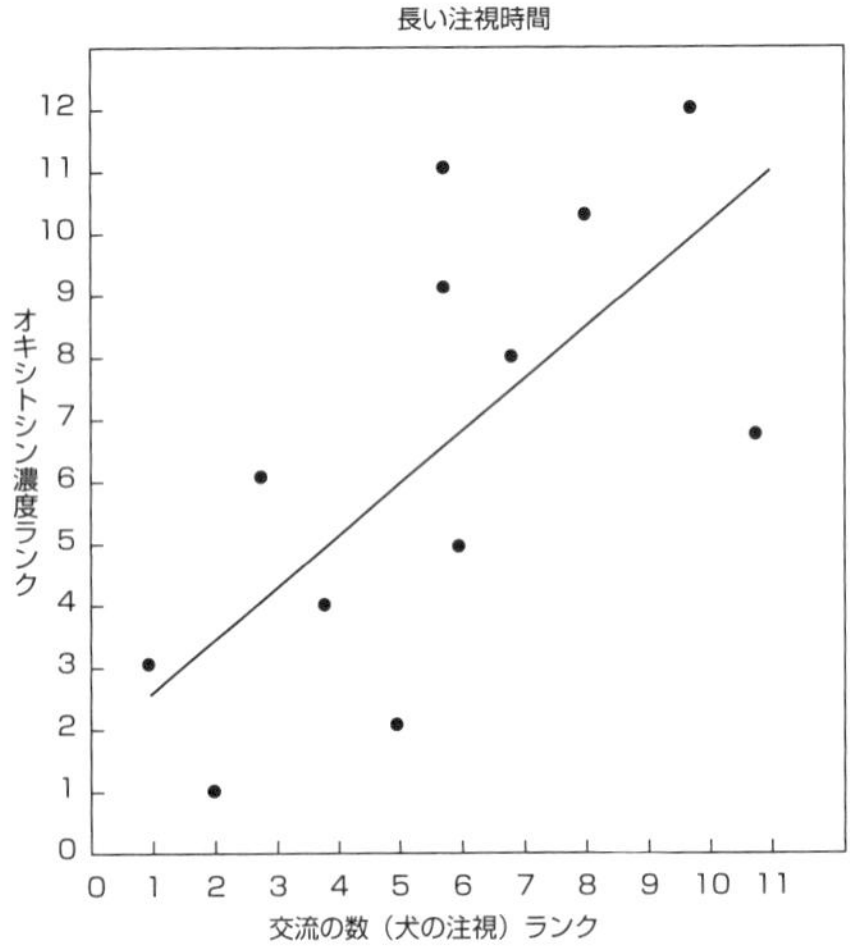


**図3-20**
**犬との注視時間と飼い主の尿中オキシトシン値の関係**
（出典：文献 16）

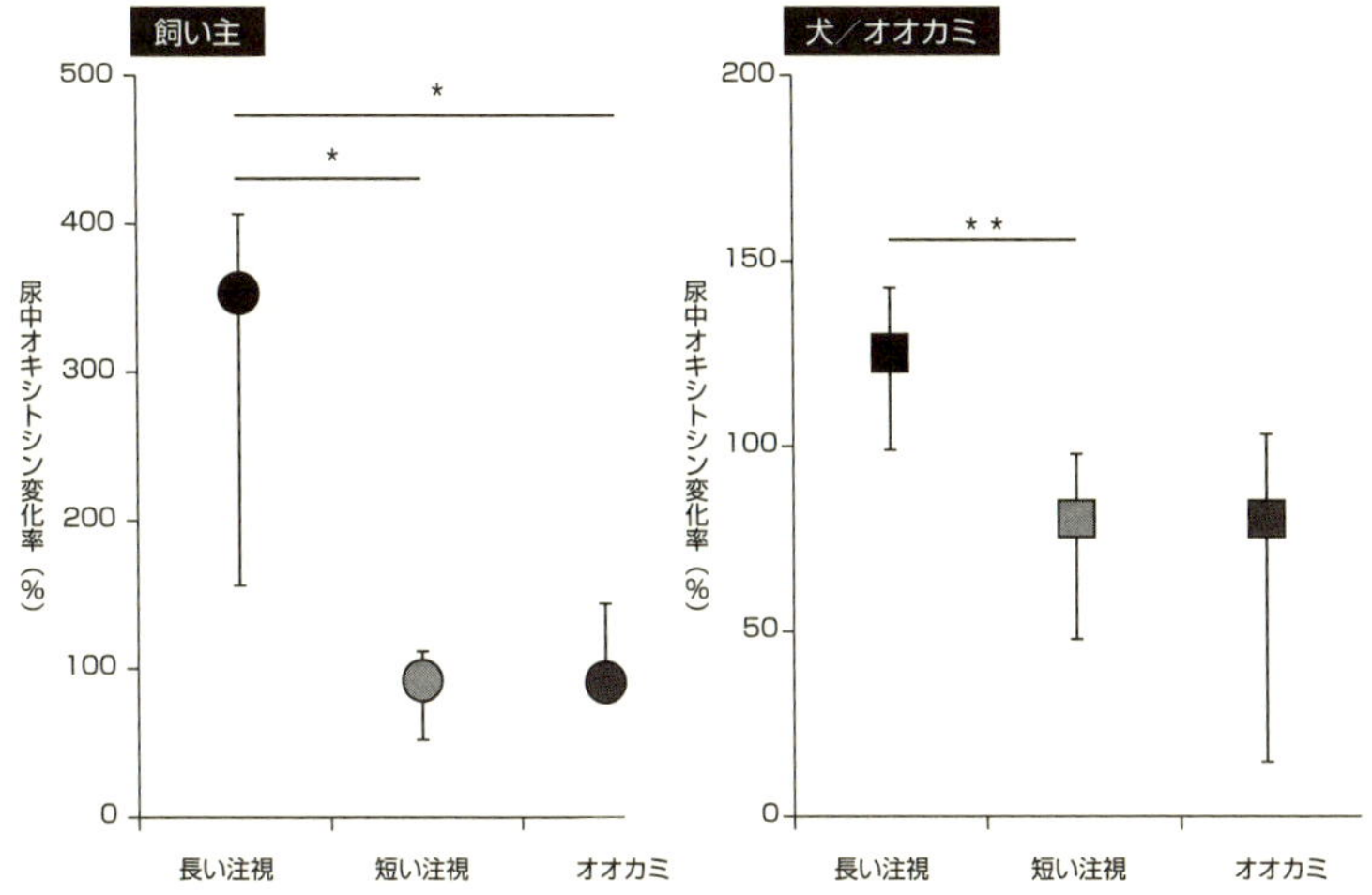


**図3-21　注視時間の長短と飼い主と犬の尿中オキシトシン値**
（出典：文献17）

ことは、お互いにオキシトシンを注射しているのと同じことになります。

イギリスのBBCにおける実験では、犬と猫一〇頭ずつの唾液を採取し、飼い主と遊ぶ前と後でのオキシトシン値が測定されました。その結果、飼い主のオキシトシン値は、犬との間で平均五二・七%、猫との間で一二%も上昇したそうです。したがって、犬の飼い主は猫の飼い主よりも四～五倍も愛情を感じると報告されていますが、当然個人差も大きいと思われます。

〝目は口ほどに物を言う〟という言い方がありますが、一般社会でも面接やカウンセリングにおいて、お互いの目を見て話す大切さが強調されます。ましてや、好きな男女の間なら、見つめ合うだけでオキシトシンが高まることは必定でしょう。さらに男女の信頼関係が深まれば、手と手との触れ合い、愛撫やキスに進行しますが、当然見つめ合いよりも触れ合いの方がオキシトシン値を増加させると思われます。このように、コミュニケーションは言葉だけでなく、見つめ合いや触れ合いがより信頼感を強めますし、人と人との関係だけでなく人と動物との関係性を高めることは間違いありません。

ボノボのメスがオスを年中受け入れたきっかけも、旧石器時代の女性が男性を年中受け入れるようになったきっかけも、もしかしたら最も古いホルモンとされるオキシトシンの働きかもしれません。オキシトシンは、信頼のない関係や痛みや恐怖を感じる時には分泌されません。女性がいつでも男性を受け入れるようになった動機は、まず相手との信頼が得られ、快感と癒しが得られる最高のコミュニケーションという意味があったと思われます。女性の常時受け入れの結果として、一族の平穏無事と結束が高まり、性交頻度の高さが人口増加をもたらした可能性を指摘したいと思います。

人類は旧石器時代から狩猟採集の長い期間において、能力差が顕在化しない母系社会でしたが、メソポタミアを発祥とする農業や畜産が始まった九〇〇〇年前以降になると、男性の体力や能力に加え、部族間や国家間での戦争により、男性優位の父系社会に移行してきたものと考えられます。

第四章

# 雌雄の繁殖生理

# 1　繁殖季節

## 繁殖季節は日照時間と関係する

　動物は子孫を育てやすい時期に出産するのが基本です。新生子は外気温への適応力が不十分であり、成獣より体重あたりの表面積が広いためにエネルギーの損失が多くなります。そのような意味で、寒暖差の大きい地域においては春～夏が子育てには好都合であり、植物が繁茂する時期でもありますので、草食動物にとっては子育てに適しています。

　したがって、動物の妊娠期間を遡った時期が繁殖季節として適当です。妊娠期間が五カ月の羊、山羊、シカなどは日照時間が短くなる秋に繁殖しますので、短日繁殖動物と呼ばれます。これらの動物では、日照時間が短くなると松果体（＊1）からメラトニン（＊2）というホルモンの放出が多くなり、メスは発情周期を発現し、オスは造精機能を高めます。

---

＊1　**松果体**：脳にある小さな内分泌器。

＊2　**メラトニン**：松果体から分泌されるホルモンであり、入眠後に多く分泌され、覚醒時は低下する。動物は日照時間の長短によりメラトニン分泌量が変動し、生殖機能が調節されるものが多い。

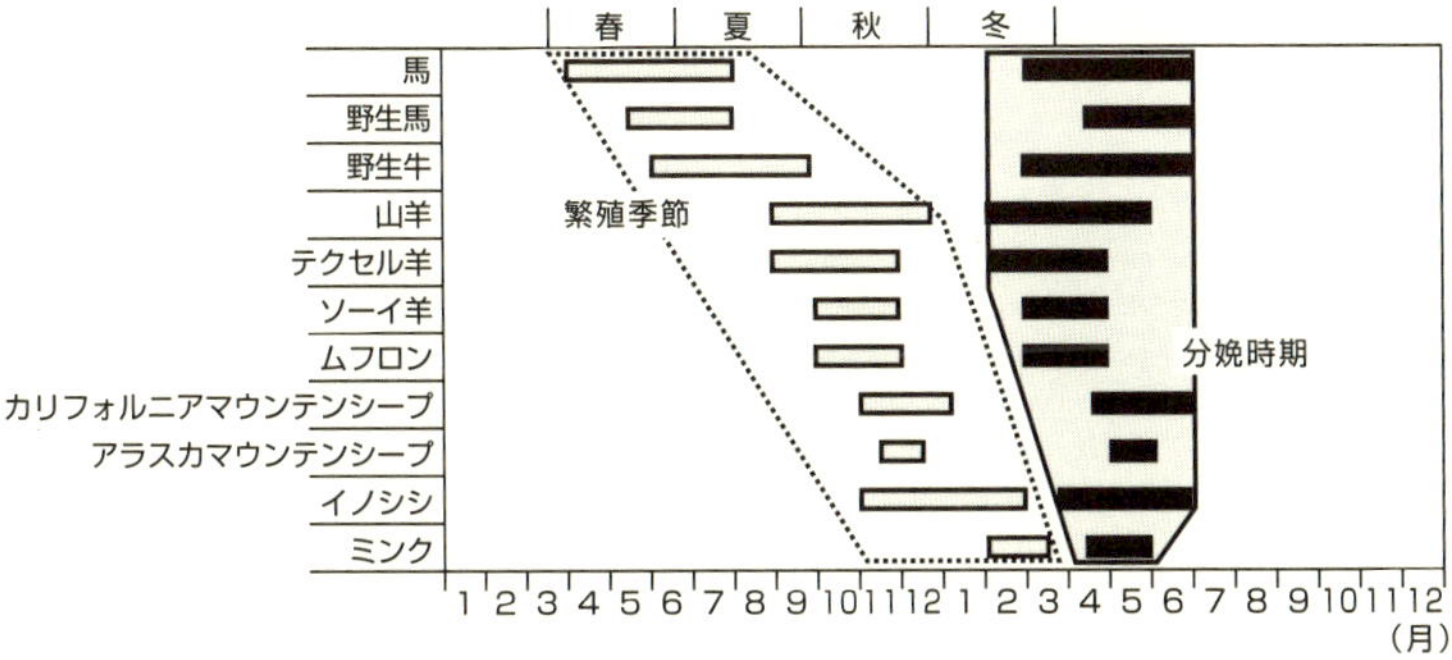


**図4-1　季節繁殖動物の繁殖季節と分娩時期**
(出典：文献1)

一方、妊娠期間が一一カ月もある馬は、春～夏が繁殖季節であることから長日繁殖動物と呼ばれ、出産時期も春～夏になります（本来の馬の繁殖季節は四～九月だが、実際はそれより早い春季繁殖移行期〔＊3〕の二～四月に交配されることがある。その理由は後述）。ツキノワグマなどのクマの出産時期は冬眠中の一月頃ですが、繁殖期は五～八月の夏になります。クマの胚は交配後しばらく成長せず、母親が栄養を十分に蓄えてから着床する着床遅延（＊4）を行います。

ジャイアントパンダの繁殖期は三～六月とされていますが、出産は八～一一月になります。新生子の出生時体重は一五〇グラム程度ときわめて小さく、妊娠期間に符合していませんが、クマ同様、着床遅延によるものです。秋に出産する理由は、この時期が竹ざさより栄養価の高いタケノコが出る季節だからです。

---

＊3　**春季繁殖移行期**：馬では日長開始期の四月頃から発情を開始するが、それより早い二～四月の期間をいう。

＊4　**着床遅延**：通常、受精した胚は数日後には子宮内に下降し、その後に着床するが、動物の中には栄養状態や泌乳期などの状況に応じて胚の発育を停止するものがある。着床遅延する動物としてクマ類、アナグマ、ミンク、カンガルー、アザラシなどが知られている。

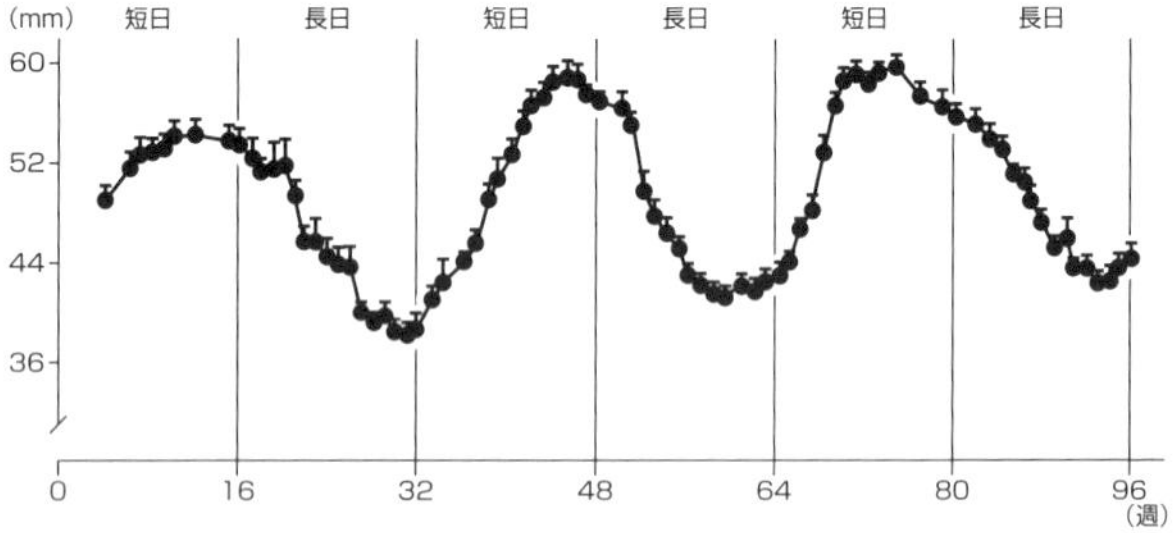


**図4-2　オスの羊における精巣直径の変化**
16週ごとに短日と長日条件を繰り返す。
(出典：文献2)

妊娠期間が二カ月の猫も長日繁殖動物であり、日本では一〜九月が繁殖季節になりますが、人と生活をともにする猫や赤道直下の猫では、一年中発情周期を繰り返します。

多くの鳥類は長日繁殖動物であり、孵化するまでの期間が短いので、繁殖季節と育雛期は同じ季節になります。日照時間の長い春〜夏はメラトニンが低下する時期ですが、長日繁殖動物ではこの時期に視床下部のＧｎＲＨが増加し、繁殖能力が高まります。

メスが繁殖季節を有する動物は、基本的にはオスも同期的に造精機能の変動を示すことが多いようです。羊（短日繁殖動物）において、日照条件を人為的に変えて精巣直径を測定した研究では、短日条件において精巣直径が長くなりますが、長日条件では精巣直径が減少することが報告されています。[2]

### 馬のライトコントロール

日本ダービーに出場する馬は、春先〜六月までに交配され生まれ育った三歳馬のみが出場資格を持ちます。三月生まれと六月生まれとでは、成長期間が三カ月以上異なることから、体格差が生じます。そこで現在では、発情回帰時期を早めるために、一二月頃から夜間に照明を付けて長日条件（明：一四・五時間、暗：九・五時間）にすることにより、発情を二月頃に集中させるライトコントロールが行われています。

## 巧妙な繁殖季節メカニズム

繁殖季節が妊娠期間を遡った時期に設定されるということは理解できますが、動物は日の長さをどのように感じるのか興味のあるところです。この研究は、長日繁殖動物である鳥でまず解明されました。長日条件下ではメラトニンは低下しますが、この低下刺激が鳥の脳の視床下部に伝えられ、甲状腺ホルモンを低活性型であるチロキシン（四個のヨウ素）から活性型のトリヨードサイロニン（三個のヨウ素）へ代謝させる酵素（二型脱ヨウ素酵素）を増加させます[3]。短日条件下では、ＧｎＲＨは脳のグリア細胞に包まれ放出されませんが、長日条件下では、活性型のトリヨードサイロニンがグリア細胞により阻止されていたＧｎＲＨをシャッターのように開放し、繁殖季節を迎えます。

一方、短日繁殖動物の山羊や羊では、短日条件においてメラトニンが上昇しますが、この増加刺激が二型脱ヨウ素酵素を増加させ、活性型のトリヨードサイロニンが増加します。これによりＧｎＲＨが放出され、繁殖季節を迎えます。また、先ほども述べたように、繁殖季節はメスだけでなく、オスにも影響を与えます。

実験用マウスは一〇〇年以上前に確立されましたが、年間を通して繁殖します。その理由は、実験用マウスがメラトニンを合成する酵素を遺伝的に欠損しているためです。メラトニン合成能のない実験マウスは、野生マウスより精巣重量が大きく、性成熟も早くなっています。一方、野生のマウスや一部の実験マウスはメラトニン合成能を有しており、季節繁殖を行います。

## 人の生殖に及ぼすメラトニンの影響

牛や豚は、多くの野生動物や馬、羊などと異なり、繁殖季節を失って年間を通して発情周期を回帰します。一方、人も年間を通して生殖可能ですが、地球上の一六六地域の三〇〇〇年間の出生記録から、いつが生殖時期として適切かを調べたところ、緯度の高い地域では季節性が大きく、出生率のピークは春だったそうです。[4] したがって、人の生殖も基本的には野生動物と同様に、自然の影響を昔は受けていたことになります。

　明期と暗期が同じになる春分（三月）の出生が最も多いということは、人の妊娠期間（九カ月）を遡った時期（六月）に、メラトニンが低下して生殖力が高まるということを意味します。北極圏住民の出生月調査では、電燈のなかった時（一九七二～一九七九年）には、三月を中心とする時期に出生数が多かったのですが、電燈が普及してからは（一九八〇～一九八七年）、そのような傾向は失われ、年間を通して誕生するようになったそうです。[5] これは、年間を通して日長になり、メラトニンが抑制された結果と思われます。

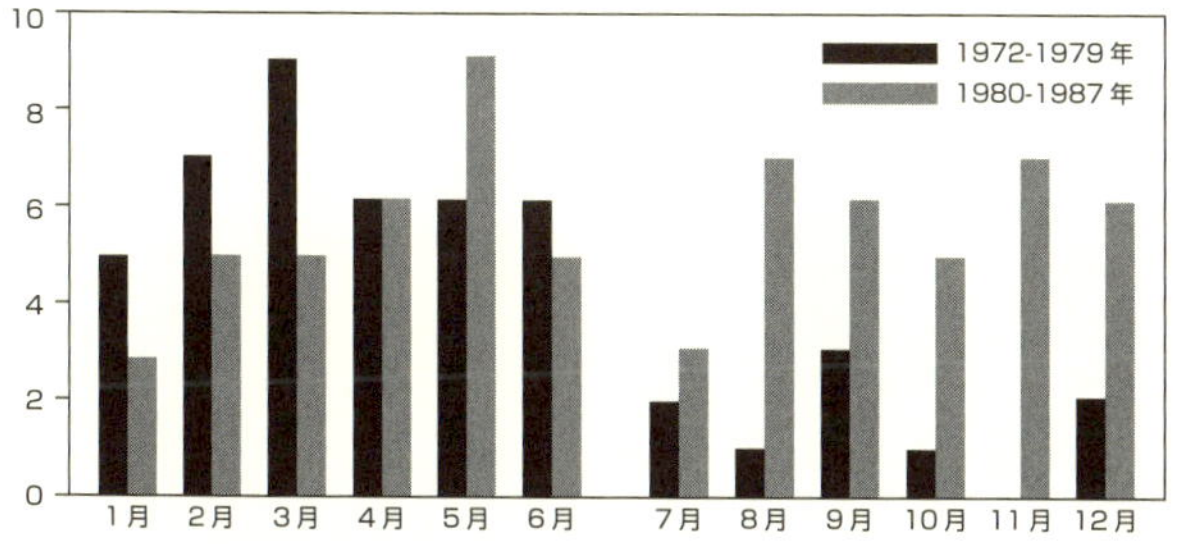


**図4-3　北極圏住民の誕生月の推移**
（出典：文献5）

　人における生殖の季節性と季節性情動障害に関連性があるという考え方があります。季節性情動障害は特定の季節にうつの症状を呈し、夏に発症することもありますが、多くは冬に発症します。冬が長い地域の人ほどかかりやすく、男性より女性の発症率が高いとされます。月経周期の長い女性や冬季うつ病の女性に太陽光照射を行うと、月経周期が短くなり、うつも軽減したという報告があります。

　排卵に不可欠なＬＨサージは、メラトニンと関連

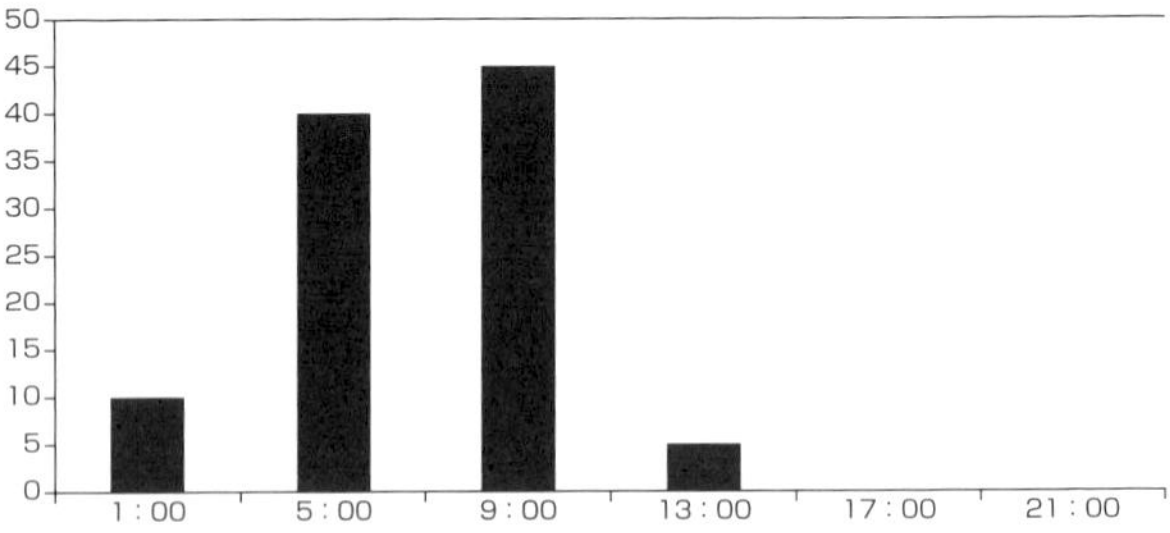

**図4-4　女性のLHサージ開始時刻の分布（%）**
(出典：文献6)

することが知られています。睡眠期間中にはメラトニンは高い濃度を示しますが、覚醒と同時に激減し、その結果、排卵時期においては下垂体への抑制が解除されLHサージが開始されます。[6] この現象は人だけでなく、他の哺乳動物でも同様の結果が得られているそうです。このことから、排卵時期を推定する人用LH簡易測定キットを使用する場合は、夜ではなく午前中が適切であると言えます。

## 2　メスの性周期

### 性周期の長さは卵胞期で決まる?

　性周期がなぜ存在するのかというと、究極的には妊娠する機会を多くするためと考えられます。哺乳動物のメスは、それぞれ特定の性周期を持っています。性周期は動物では発情を指標としますので発情周期、人では月経を指標としますので月経周期と呼ばれます。

　牛、馬、豚、山羊の発情周期は約二一日（七日×三）ですが（羊はなぜか約一七日と短い）、人の月経周期は約二八日（七日×四）になります。動物の性周期は、卵巣機能により卵胞期と黄体期に区分されますが、人では子宮内膜機能により増殖期と分泌期に区分されます。

　この性周期の長さは、主に卵胞期の長さにより影響を受けます。卵胞期の長さは羊で一～二日、牛で二～三日、豚と馬で五～六日、人では一〇～一四日であり、残りの期間が黄体期に相当します。人の卵胞期は一八～三〇歳で一五～一八日前後、四〇～四五歳で七～一三日前後ですが、閉経期の四六～五六歳では五～一一日前後と短縮し（月経周期のある人のみ）、最後は排卵せずに閉経しますので月経周期は消失します。

馬は春～夏に繁殖季節を持つ動物ですが、繁殖季節の春の初期には発情周期が長く、夏になるにつれて短縮します。また、栄養状態が悪いと長引く傾向があります。従前の獣医繁殖学の教科書には、馬の発情周期は約二三日と記載されていましたが、最新の教科書では約二一日に変更されています。この変更の理由は、従来の教科書では戦前の馬の繁殖データを使っており、栄養状態の悪い馬のデータを多く含んでいたためと思われます。馬の分娩後の発情回帰は約一週間で見られ、受胎率はやや落ちるものの受胎も可能であり、子宮修復の早さに驚かされます。

牛の分娩後の初回卵胞ウェーブは八日頃に発育を開始しますが、卵胞機能は不十分であり、多くは鈍性発情（＊5）を示します。排卵後に形成される黄体の発育も悪く、早期に退行します。これは卵胞ウェーブのエストロジェンによりオキシトシン感受性が高まり、ＰＧＦ２αが早期に分泌され黄体退行するためです。その後、正常な黄体が形成されるようになると発情徴候が明瞭に出現するようになりますが、栄養状態の回復が遅れると、鈍性発情をその後も繰り返します。乳牛の場合は、泌乳量に対して餌の摂取が不十分な分娩後五～六週間に鈍性発情を示しますが、肉牛では授乳期に鈍性発情を示し、子牛への哺乳期間に大きく影響されます。

豚は分娩後の哺乳期間中には発情回帰せず、離乳してから約五日後に回帰します。

---

＊5　**鈍性発情**：内部生殖器の性周期は正常に回帰しており、成熟卵胞が存在しているのに明瞭な発情徴候を示さない発情で、生理的鈍性発情と治療を要する鈍性発情に区分される。

猫も離乳後約一週間で発情回帰します。
　ラット、マウスの発情周期は発情前期、発情期（卵胞期二日）、発情後期、休止期（黄体期二日）の四日しかありません。したがって、繁殖効率が高いことが予測されるわけですが、野ネズミは春と秋に繁殖季節があり、各繁殖期に三〜四回子供を産むとされています。ネズミ類の交尾は発情前期が来た日の夜に行われ、メスの膣に付いた膣栓で確認されます。本来の長い黄体期が見られない理由は、交尾刺激がないと自然排卵はしますが、短期間形成された黄体に代謝酵素が出現し、機能性のないプロジェステロン（デヒドロプロジェステロン）に代謝され、黄体が形成されないためです。一方、交尾刺激があるとプロラクチンサージが二回出現し、代謝酵素が抑制されるため、受胎しなくても黄体は二週間持続します（偽妊娠期間）。もちろん、実際の交尾が行われ受胎すると、交配後二〇日で出産します。

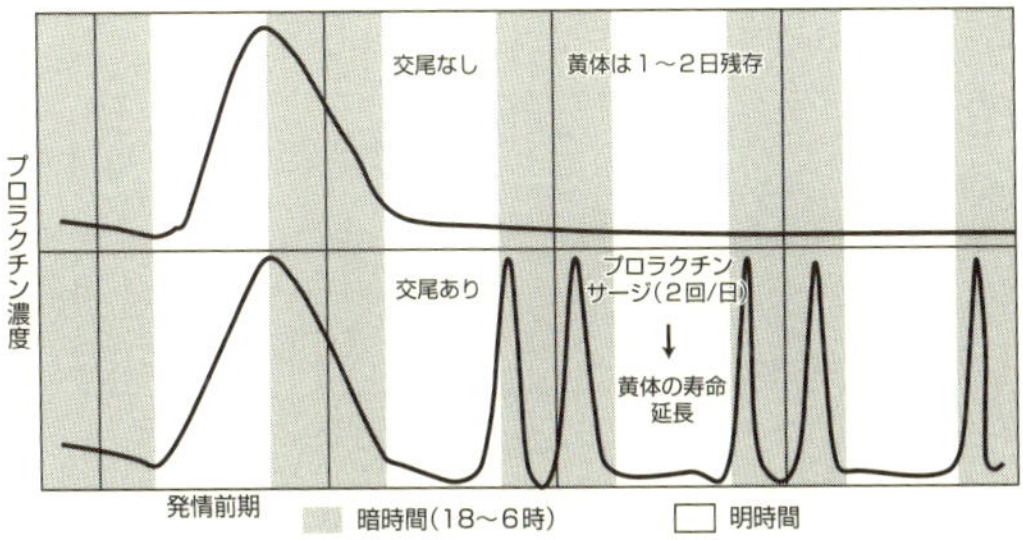


**図4-5　ラットにおける交尾と非交尾のプロラクチン濃度**
（出典：文献7）

　ウサギにおいては、成熟したメスは常に成熟卵胞の卵胞ウェーブが存在し、交尾刺激により排卵しますので、通常の発情周期が存在しません。ウサギの繁殖効率はきわめて高いことから、古来ウサギは多産、豊穣、性のシンボルとして知られています。ウサギは妊娠中にもオスを許容しますので、精子は胎子の横を通って卵管で受精した後、分娩するまで胚盤胞の状態で維持され、分娩後に着床するそうです。恐るべしウサギの繁殖力という感がします。また他の動物では頻回の授乳中は発情回帰しませんが、ウサギは授乳中にも発情回帰することから毎月一回出産させることも可能です（妊娠期間約三〇日）。しかし、これは繁殖虐待に該当します。

　猫も交尾排卵動物であり、繁殖季節であれば交尾していない時は、二一日周期（七四％）または、不規則発情（一四％）、持続発情（一二％）を示します。発情期の長さは交尾すると六日くらいですが、交尾しないと八日くらいになります。交尾回数によりLHサージ濃度が異なり、交尾回数が多いほどLHサージ濃度の上昇が見られます。なお、最適な時期であれば一回の交尾でも妊娠することはありますが、通常は四回以上交尾を行います。

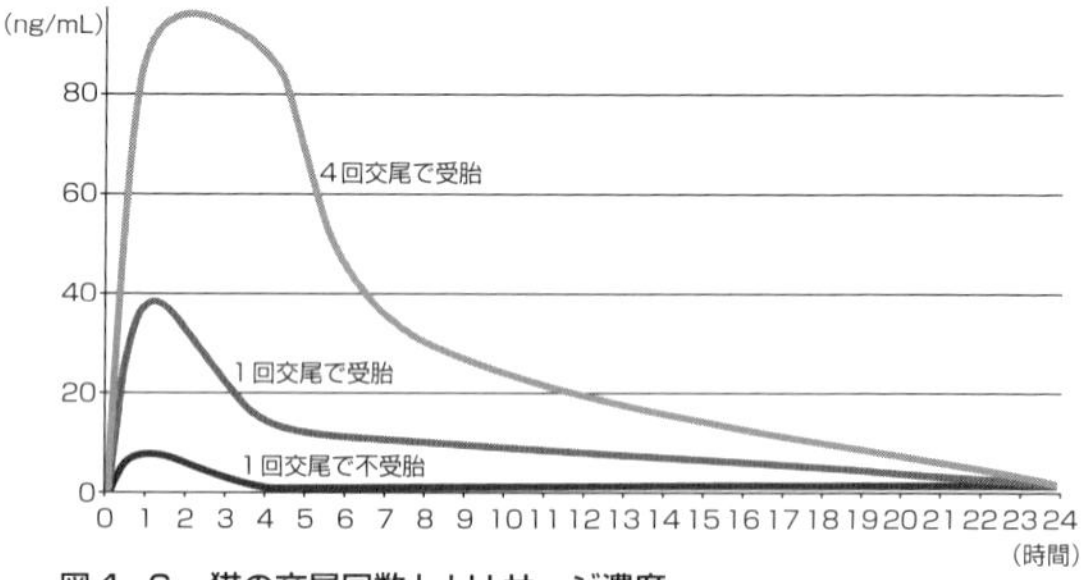


**図4-6　猫の交尾回数とLHサージ濃度**
（出典：文献8）

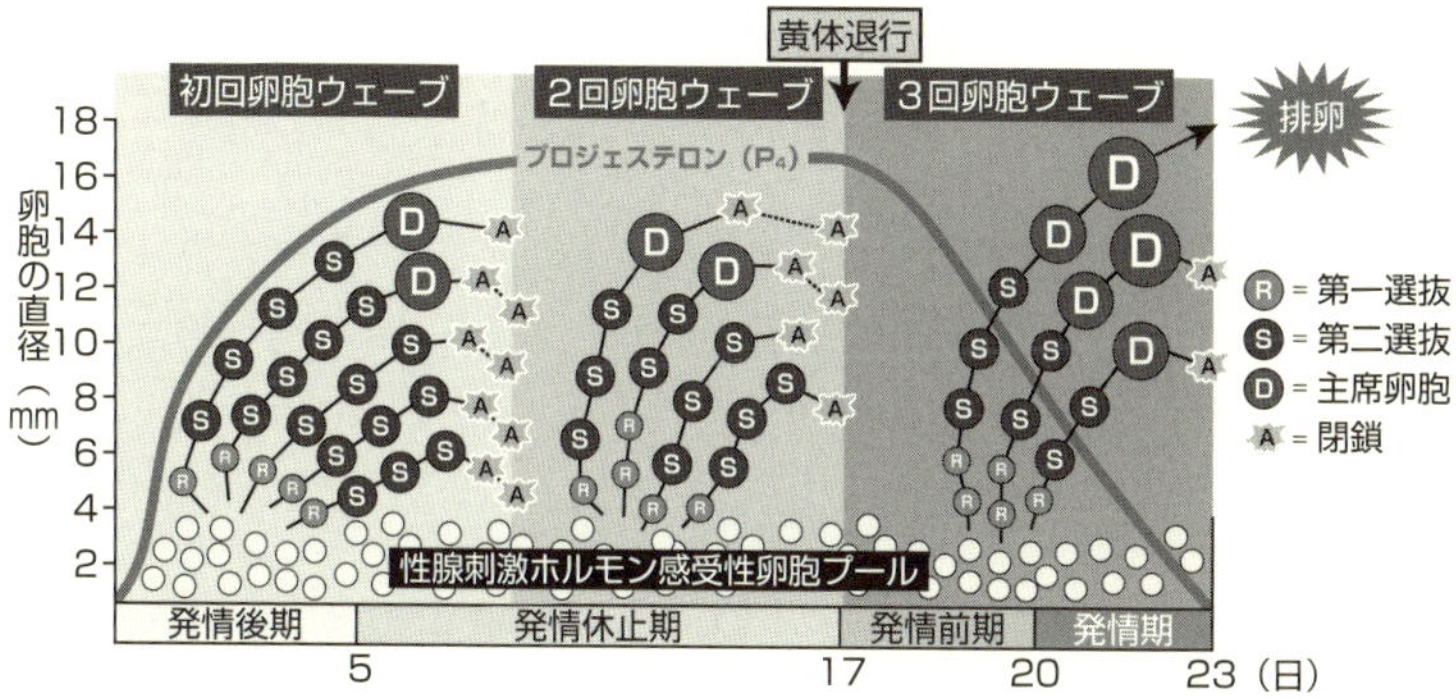


**図4-7　牛発情周期における3回卵胞ウェーブの選抜**
（出典：文献9）

## 性周期には卵胞ウェーブがある

牛、馬、羊、人の性周期には、卵胞ウェーブが二〜三回繰り返されていることが分かっています。性周期は羊で約一七日ですが、人では約二八日ですので、卵胞ウェーブの長さにはかなり開きがあります。この卵胞ウェーブの意義については、推測の域を出ませんが、毎日供給される卵胞の発育を揃え、排卵期にない卵胞は卵胞閉鎖させ、排卵期に合致したら排卵させ、卵胞供給数や排卵数を調節している可能性があります。

　この卵胞ウェーブの開始は、FSHサージ（一過性の放出）が引き金となります。各卵胞ウェーブは前胞状期卵胞の状態に達した二次卵胞がFSHサージにより胞状卵胞（卵胞腔のある三次卵胞）になり、第一選抜されます。さらに最大卵胞から分泌されたインヒビンはＦＳＨ濃度を低下させ、他の卵胞発育を抑制することによりさらに選別されます（第二選抜）。最大卵胞はＬＨ受容体を増加させ、高頻度のＬＨパルスにより発育を促進し、排卵に至る主席卵胞が最終選抜されます。

結局、黄体期には主席卵胞以下の全ての卵胞が閉鎖する運命にあります。プロジェステロンが低下した時の主席卵胞のみが多量のエストロジェンを分泌して成熟卵胞となり、ＬＨサージにより排卵されます。

性周期に排卵される主席卵胞数には大きな開きがあります。牛、馬、人では通常一個ですが、羊、山羊では初産は一個、二産以降には二～三個、犬や豚では一〇個またはそれ以上排卵します。主席卵胞数は動物ごとのＦＳＨ濃度に依存しており、ＦＳＨ製剤を投与すると主席卵胞数を増加させること（過剰排卵誘起）が可能です。過剰排卵処置は、本来卵胞閉鎖する運命であった多数の卵胞をレスキュー（救助）することになります。

## 卵胞ウェーブの不思議

牛の二回卵胞ウェーブの卵胞発育開始は排卵日〇日と一〇日で、黄体退行開始は一六日であり、発情周期は二〇日になります。一方、三回卵胞ウェーブでは卵胞発育開始は排卵日〇日、九日、一六日で、黄体退行開始は一九日であり、発情周期は二三日になります。牛の発情周期が平均二一日であるのは、二回卵胞ウェーブと三回卵胞ウェーブとの平均値になるためです。

一方、牛の一回卵胞ウェーブは、春機発動時（＊6）や分娩後初回または二回目の発情周期でよく観察されます。また、四回卵胞ウェーブ（七〜一六％）もあり、黄体退行遅延や排卵障害などに見られます。このように卵胞ウェーブの回数は栄養、エネルギーバランス、季節、遺伝に影響を受けることが知られています。

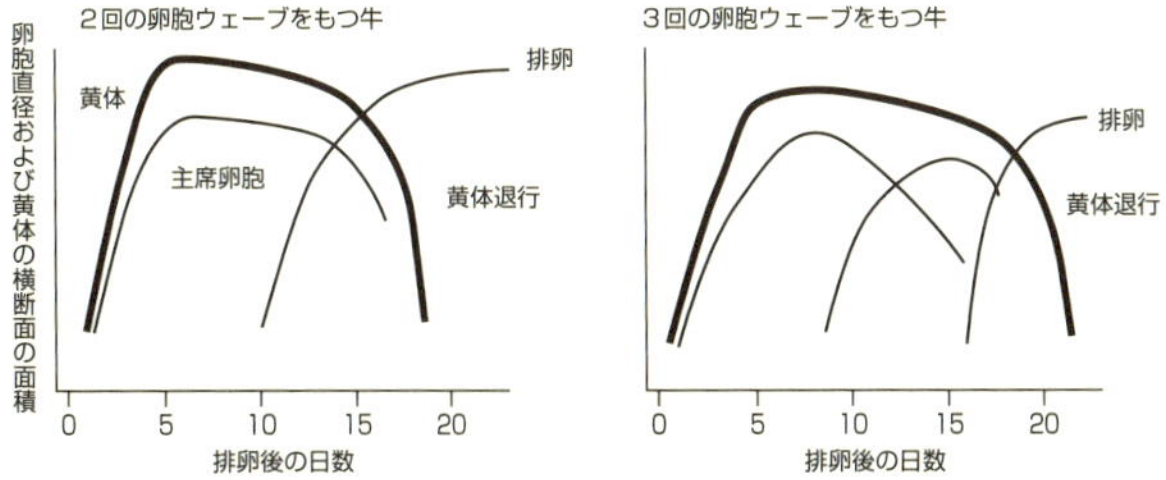


図4-8　牛の2回卵胞ウェーブと3回卵胞ウェーブの比較
（出典：文献10）

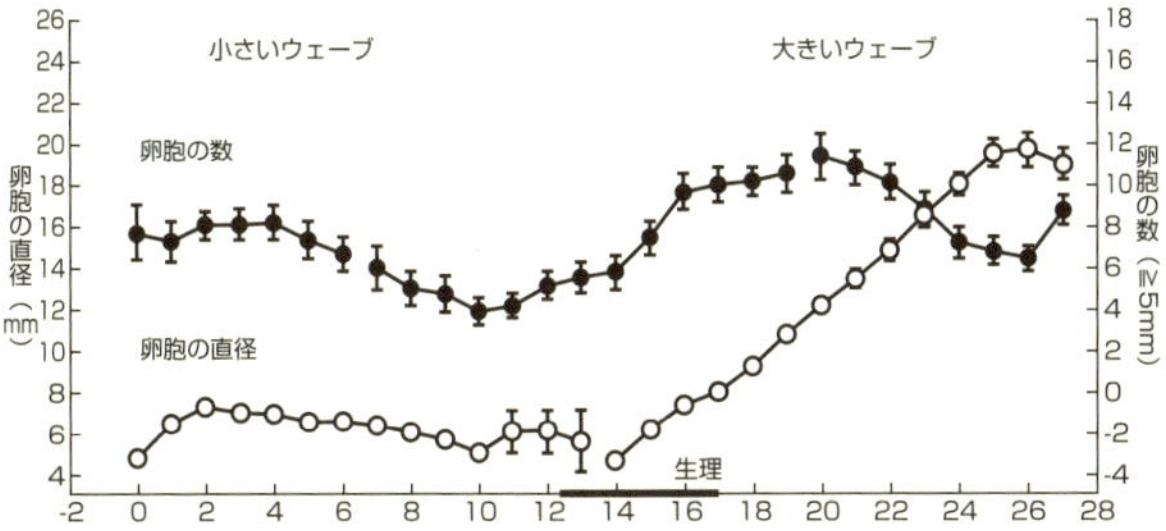


図4-9　人の月経周期における2回卵胞ウェーブ
（出典：文献11）

　人については、五〇人を観察した

＊6　**春機発動**：生殖機能が開始され、オスでは射精、メスでは排卵が開始する時期である。一般に性成熟と同じ意味で使われる。

結果、三四人が二回卵胞ウェーブで、一六人が三回卵胞ウェーブを示したそうです。しかも、二回卵胞ウェーブの一回目が小さく二回目が大きいパターンが八五％あり、三回卵胞ウェーブでは一、二回目が小さく、三回目が大きいパターンが六三％を占めたそうです。二回目や三回目のウェーブが大きいという傾向は、牛などと異なります。

## 発情期と交配適期との関係

メス動物の発情周期において、卵胞が成熟するにつれてエストロジェンの働きにより発情徴候を示します。エストロジェンの影響は全身に及びますので、内部生殖器の子宮や膣、外部生殖器の膣前庭や外陰部だけでなく、行動や食欲などにも影響するのが一般的です。

発情の基本的な定義はオスの交尾許容ですが、発情期に限らず、発情に伴う徴候は、許容を伴わない発情前期や発情後期にも見られます。発情持続時間は牛一二～一八時間、馬五～七日間、羊三〇～三六時間、山羊三〇～四〇時間、豚二～三日間、犬約九日間、猫約八日間（交尾すると五日間）と動物種により大きな差異があります。

しかしながら、各動物の発情期は受胎率が最も高い交配適期とはならないため、家畜の人工授精や自然交配に際しては、発情期をさらに絞り込んだ交配適期診断が要求されます。動物において、交配後の受胎率は排卵する前が高いものの、早すぎても遅すぎても受胎率は低下します。

　例えば、牛の交配適期は、スタンディング（メス牛の乗駕許容(＊7)）が見られてから半日前後に交配する方法が一般的であり、ＡＭ・ＰＭ法と呼ばれています。すなわち、発情発見時期を午前（ＡＭ）と午後（ＰＭ）に区分し、発情発見後半日以内に交配する方法です。最近では、乳牛の泌乳量増加に伴い負のエネルギーバランスに陥る乳牛が増加しているために、発情持続時間が短縮しており、発情発見後六時間を目安に交配されています。実際にはスタンディングを観察できない飼育環境も多く、農家は朝夕夜三回の外部発情徴候の観察により発情を発見し、人工授精師に交配適期診断を依頼して、授精しています。

　馬の場合は、当て馬に対するメス馬の反応を見ながら、直腸検査や膣検査により交配適期診断を行います。最近では、超音波診断装置を用いて卵胞発育や子宮内膜の浮腫状態を参考にすることも多くなりました。馬の排卵は発情終了前二日であることから、交配時期が適切であったかどうかは最終的に当て馬で発情終了を確認します。

　豚の交配適期は発情開始後二〇～三五時間とされており、朝夕二回の外部発情徴候や不動反応（背中を押しても動かない）により発情開始時期を診断します。一般には、不動反応が見られてから半日後に一回目、その半日後に二回目の交配を行います。

　犬の交配の多くは、発情前期の発情出血開始日から一一日または一三日目に自然交配されます。そのような通常交配法で不受胎の場合や凍結精液による人工授精の場合は、発情開始頃に発現するＬＨサージにより誘起されるプロジェステロンの増加開始

＊7　スタンディング：発情期にあるメス動物は他の個体に乗駕されても逃げずに立っている（交尾許容状態）ことから、多くの動物の発情期指標として利用される。メス牛はスタンディングと乗駕を示すが、乗駕はスタンディングに比べて発情期としての信頼度がやや低い。

日をLHサージ〇日として、LHサージ後四～七日に一～二回交配します。

発情徴候の発現にエストロジェンが不可欠であることは間違いありませんが、オスの許容に直接作用しているのかどうか、また全ての動物に当てはまるのかどうかは定かではありません。例えば、卵巣を摘出した犬にエストロジェンを投与すると発情徴候を発現しますが、エストロジェンの低下時にプロジェステロンを投与すると、発情徴候はさらに強くなることが証明されています。[12]

## 動物の発情徴候は発情期の専売特許ではない？

牛の黄体期には発育黄体、開花黄体、退化黄体のみが存在すると考えられていた時代があり、その頃は黄体期に卵胞があっても意味のないものと無視されてきました。しかし、超音波診断装置の出現により、黄体期や妊娠初期にも卵胞の発育、成熟、閉鎖退行が存在し、発情周期には卵胞ウェーブが複数回発現することが確認されました。

牛の発情徴候は、発情期のみに発現するわけではありません。発情前期や発情後期にもやや弱いですが発情徴候は見られ、黄体期や妊娠初期の最大卵胞ウェーブ時にも発情徴候は見られます。妊娠初期の発情徴候は〝裏発情〟と呼ばれることがあります。卵胞嚢腫(*8)の発情持続型や思牡狂型(*9)においても発情徴候は見られます。したがって、農家が牛の発情徴候を発見して人工授精を依頼した場合、獣医師や人工授精師は

*8 **卵胞嚢腫**：成熟卵胞が排卵せず長期間持続するために繁殖障害となる。

*9 **思牡狂型**：発情徴候による牛の卵胞嚢腫の分類として、エストロジェン分泌が高く、強い発情徴候を示すタイプ。

〝真〟の発情期を的確に診断して、人工授精を実施する必要があります。間違っても妊娠牛に人工授精して流産を引き起こさないように、もし疑いがあれば、子宮体よりも手前の部位で精液を注入（子宮頸管深部注入（＊10））する必要があります。

現在の乳牛は高泌乳に改良されているために、発情徴候が微弱化しており、黄体期の最大卵胞ウェーブ時との差異が小さくなっています。さらには飼育頭数の増加や、牛が自由に動ける畜舎（フリーストール）で飼われるようになったことで、農家の発情発見率は低下しています。

**図4-10　交配適期診断は総合的に行う**

アメリカでは人工授精師に、発情と診断した牛のみの人工授精を指示し、授精した牛のプロジェステロン値を測定した報告があります。発情期のプロジェステロン値は低い値（＊11）となり、黄体期の卵胞ウェーブではそれよりも高い値を示します。その報告では結論として、人工授精した牛の一九％から高いプロジェステロン値が検出され、

---

＊10　**子宮頸管深部注入**：牛の人工授精の注入部位には子宮角深部、子宮体部、子宮頸管深部の三つがある。

＊11　**プロジェステロン値（低い値）**：血中プロジェステロン値が一以下（単位：ng/mL）の場合には黄体機能がない状態と診断される。発情期、卵巣静止、卵巣萎縮などで見られる。

絶対に妊娠しない時期に人工授精されていたことが判明しました。

このようなことは世界中で起こっており、真の発情と卵胞ウェーブとの鑑別を行うためには、直腸検査だけでなく、総合的な所見に基づいて診断する必要があります。一方、牛の発情発見業務を省略する方法として、万歩計を利用したシステムを使う農家もありますが、かなりの設備投資を要します。また、発情発見業務を省略して、ホルモン剤を用いて排卵を制御し定時人工授精を行う方法も試みられていますが、技術的な改良の余地がまだ残されています。

## 排卵しないと繁殖は始まらない

乳牛では、分娩後急激に泌乳量が増加するために栄養摂取が追いつかず、負のエネルギーバランスに陥り、卵巣静止（*12）、卵巣萎縮（*13）などを起こし、分娩後一定期間発情が停止してしまいます。

また、女性の運動選手も、過激な運動負荷がかかると生理が止まることがあります。成人女性が月経周期を維持するためには、脂肪が体の二二%必要とされ、ＢＭＩ（身長体重比）で一〇～一五%減少すると、排卵や生理が止まるとされています。女性の血中エストロジェンの三分の一は体脂肪で作られるエストロジェンであり、体脂肪が不足すると、卵巣由来のエストロジェンのみでは排卵に必要なＬＨサージを引き起こ

*12 **卵巣静止**：性腺刺激ホルモンの低下により、多数の小さい卵胞しかなく、黄体も存在しない卵巣であり、周期的な性周期は見られない。

*13 **卵巣萎縮**：性腺刺激ホルモンの分泌が卵巣静止よりさらに長期間低く、小さい卵胞さえも存在しないため、卵巣は卵巣静止よりさらに小さくなる。

すのは不十分であり、無排卵や無月経になる可能性があります。

　通常、数時間間隔で一日中哺乳を行う豚、牛（肉牛）、猫、人では、哺乳中は高プロラクチン血症によりＧｎＲＨ放出が抑制されるため、卵胞発育が停止します。その後、哺乳が終わり栄養状態が改善され、高プロラクチン血症が解消されると、卵胞が発育・成熟しエストロジェンが分泌され、正のフィードバック作用によりＬＨサージが誘起され、排卵が起こるようになります。

　ＬＨサージから排卵までの時間は、マウス、ラット、ウサギで一二時間後、羊で二六時間後、牛、猫で二八時間後、人、豚で三八～四〇時間後、犬で二～三日後、馬ではＬＨサージ開始二～三日後に起こります（馬ではＬＨサージが七日間持続する）。なお、交尾排卵動物（猫、ウサギなど）では、膣神経からの刺激（交尾刺激）でＬＨサージが起こります。

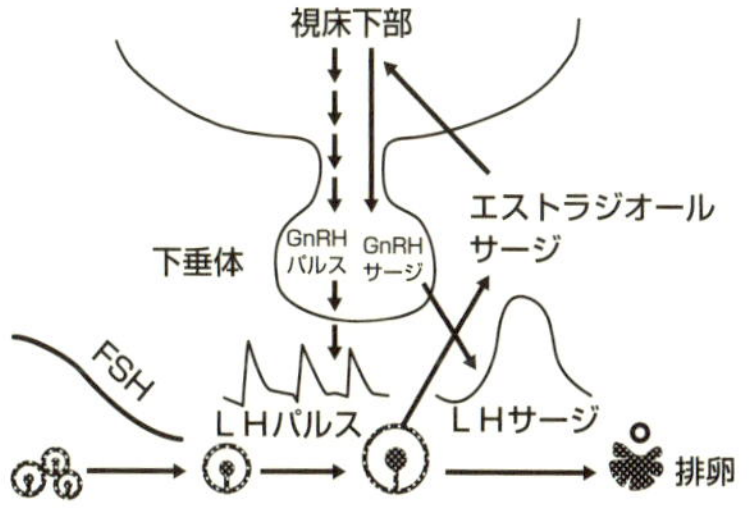


**図4-11　動物の排卵メカニズム**
FSH 依存性から LH 依存性になった主席卵胞が排卵する。

　ＬＨサージ後にエストロジェンが低下しプロジェステロンが増加することで、卵胞壁のコラゲナーゼ活性（卵胞壁のコラーゲンを分解する蛋白分解酵素）が増加します。プロスタグランジン（ＰＧ）は卵胞への血流を増加させたり（ＰＧＥ２）、プラスミノーゲンアクチベーター（プラスミノーゲン活性因子）を増加させるとともに（ＰＧＥ２とＰＧＦ２α）、

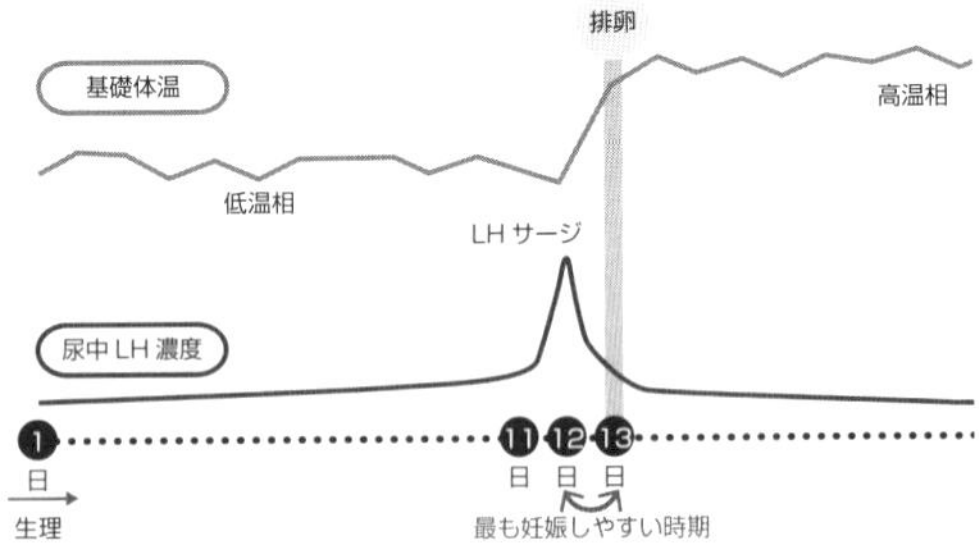


図4-12　女性のLHサージ

卵胞壁を収縮させます（PGF2α）。排卵前に、卵丘細胞に包まれた卵母細胞（卵子）は卵胞壁から遊離します。卵胞表面の卵胞壁は薄くなり卵胞斑を形成し、この部位から卵子は排卵します。排卵する卵胞サイズは未経産牛で約一五ミリ（ただし、二回卵胞ウェーブ約一七ミリ、三回卵胞ウェーブ約一四ミリ）、経産牛で約一七ミリという報告があります。

人では、プロジェステロンが産生されると基礎体温が上昇する現象を利用して月経周期の中間日に起こる排卵日を推定しますが、測定方法が煩雑なためなかなかたいへんな努力を要します。現在では、LH簡易測定キットが薬局で購入可能となり、平均月経周期の中間日より三〜四日前から毎日一回検査することで、LHサージを確認できます。人の排卵はLHサージ開始後約三八時間です。受胎率の高い持期は排卵の数日前ですので、原理的にはLHサージ検出日で十分に間に合います。

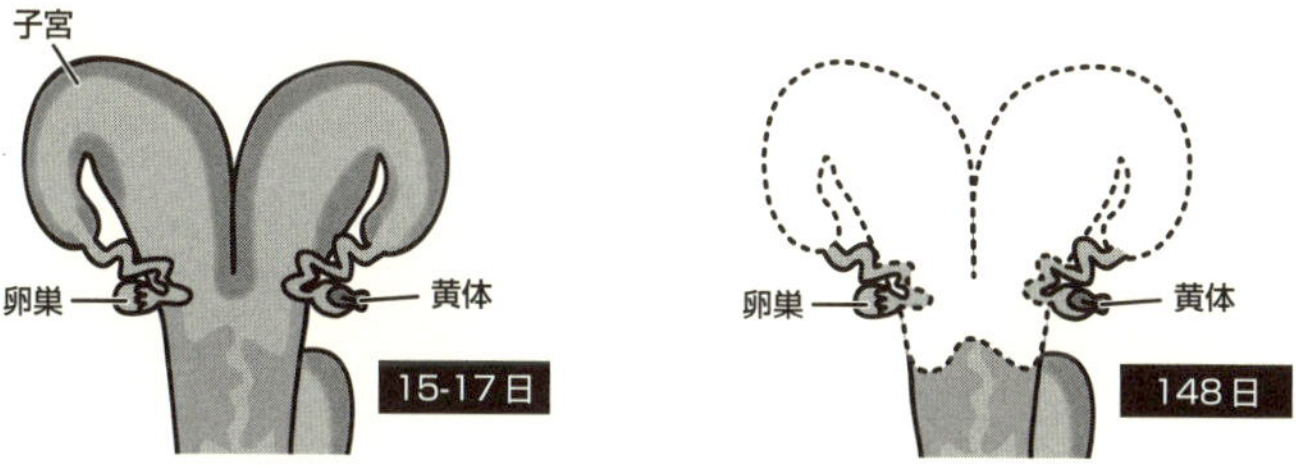


**図4-13　羊の正常発情周期（左）と両側子宮切除（右）による発情周期延長**
（出典：文献9）

## 子宮内膜ＰＧＦ２αは黄体寿命を制御する

羊の両側子宮を切除すると、黄体寿命が一四八日と妊娠期間と同じくらい延長するという知見は、子宮から黄体退行因子が産生されていることを示唆しました。その後、牛、豚、モルモットなどの黄体中期の子宮内膜からＰＧＦ２α（プロスタグランジンＦ２α）が産生されることが判明しました。ＰＧＦ２αの産生機序として、以下の五段階が考えられます。

①卵胞ウェーブからのエストロジェンにより、②下垂体からオキシトシンが放出され、③オキシトシンにより子宮から少量のＰＧＦ２αが産生され、④ＰＧＦ２αは黄体からオキシトシンを産生し、⑤黄体オキシトシンは子宮内膜から大量のＰＧＦ２αを産生するという仮説です。妊娠時には、胚栄養膜（＊14）から分泌されるＩＦＮ‐τ（インターフェロン‐タウ）がＰＧＦ２α産生を抑制し、黄体が長期間維持されます。

＊14　**胚栄養膜**：初期胚である胚盤胞は胚内部にあり、将来胎子になる内細胞塊と胚の外側に位置し、将来胎盤になる栄養膜からなる。

霊長類においては、子宮を切除しても黄体寿命は変わりませんので、これとは別の機序が存在すると思われます。すなわち、①下垂体オキシトシンが卵巣でPGF2αを産生を刺激して、②黄体を退行させ、プロジェステロンとエストロジェンを低下させ、③二つのホルモンの低下により子宮内膜からPGF2αが産生され、④PGF2αは子宮の動脈を収縮させ子宮内膜の壊死を引き起こし、月経をもたらすという仮説です。妊娠期においては、胚栄養膜からhCGが分泌され黄体機能を補助します。

牛・羊などの反芻動物や豚では、子宮内膜で産生されたPGF2αは、全身血管へは行かずに子宮静脈から卵巣動脈へ移動して（対向流機構による）黄体を退行させますが、馬やウサギでは子宮静脈から全身血管に流れ黄体へ到達します。

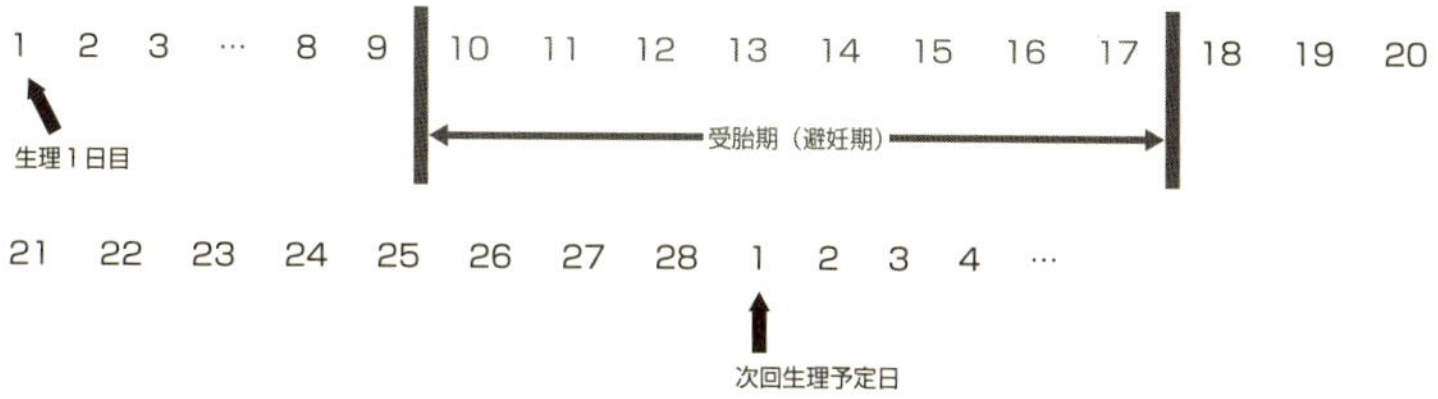


**図4-14　オギノ式受胎理論**

## コラム　オギノ式は避妊法ではない

　西洋において妊娠は、精液と月経血の混合から生じるという概念から（古代ギリシャの哲学者アリストテレスの主張）、避妊指南書では月経の中間期を安全日と教えていた時期があります（一九三〇年以前）。そもそもキリスト教では、避妊を基本的に否定しており、上記の教えは妊娠しやすくするために教えたのではと疑いたくなりますが、妊娠現象はそれくらい人知を超えた存在であったと考えるべきかもしれません。ローマカトリック教会が許容する避妊法は、原則として〝オギノ式〟のみとされています。

　オギノ式は、日本の天才産婦人科医の荻野久作氏が人の受胎理論として発表したものです（一九二四年）。しかしながら、実際は避妊法として利用されることが多いのが現状です。人の排卵は周期日数に関係なく、次回生理予定日の第一日から逆算して、一四±二日であるというもので（黄体期の長さがほぼ一定であることを利用）、さらに精子の生存日数の三日間を足して計算したものです。図４-14では、次回生理予定日から一二～一九日前（受胎期［避妊期］と示されている期間）が避妊期間となります。

　オギノ式は受胎率を高めるために開発された原理であり、たとえ受胎しなくても大きな問題は生じません。しかしながら、避妊法として利用すると、かなりな確率で失敗する可能性がありますので、女性本人にとっても重大な影響と負担を背負うことがあることを認識すべきです。

第二次世界大戦直後の西ドイツでの強姦と妊娠に関するレポートがあります。[13] 二〇〇〇例の強姦により五四三例の妊娠が確認され、月経周期のどの時期に強姦されたかという聞き取り調査の結果は以下の通りです。月経周期一〇〜一七日（危険日）：四二・八％、一〜九日（安全日）：三三・八％、一八〜三〇日（安全日）：二三・八％。

結論的には、オギノ式の安全日に妊娠した人が過半数を超えており、中には月経中の人が八・一％も含まれていたそうです。したがって、生きるか死ぬかの生存の危機にある状況では、人も交尾排卵動物的現象を引き起こすのか、ただ単なる記憶間違いと片付けるのか、いずれにしても大きな示唆を含む報告です。少なくとも教訓とすべきこととして、オギノ式は避妊法ではないことを再認識する必要があります。

## コラム　人は排卵日を変えられるのか？

排卵がＬＨサージで起こることは、全ての哺乳動物に共通です。自然排卵動物においてＬＨサージを起こさせる刺激は、エストロジェンの増加ですが、交尾排卵動物では交尾刺激です。当然、人は自然排卵動物ですので、平常状態において性交頻度が排卵時期に影響するとは思えません。

人の性交頻度は、排卵日をゼロとすると排卵前六日間に高いという報告があります。[14] しかしながら、子供を作りたいという希望のある夫婦ならいざ知らず、月経周期に合わせて夫婦生活を営むのは容易ではないでしょう。実際の夫婦生活は週末に多くなるのが実情で、一週間の性交頻度を調査した結果でも、週末の金～日曜日の頻度が高く、ウィークデーの月～木曜日は少ないことが判明しています。

この調査において排卵日が調べられたのですが、驚くべきことに、排卵率が日～火曜日において平均値の一四％より高いことが分かりました。[14] しかも、金～日曜日に性交頻度の低い場合と高い場合とで排卵率を比較すると、低い場合は平均値四三％より低く、高い場合は低い場合より一〇％以上排卵率の高いことが判明しました。性交率と排卵率が高い相関を持つわけではありませんが、明らかに性交頻度と連動した傾向を示した点で評価されます。したがって、人において性交頻度が高いと、排卵時期を早める可能性は十分にあり、人も交尾排卵動物的な要素を有することが証明されたものと考えられます。

一方、人の精液にはＦＳＨや

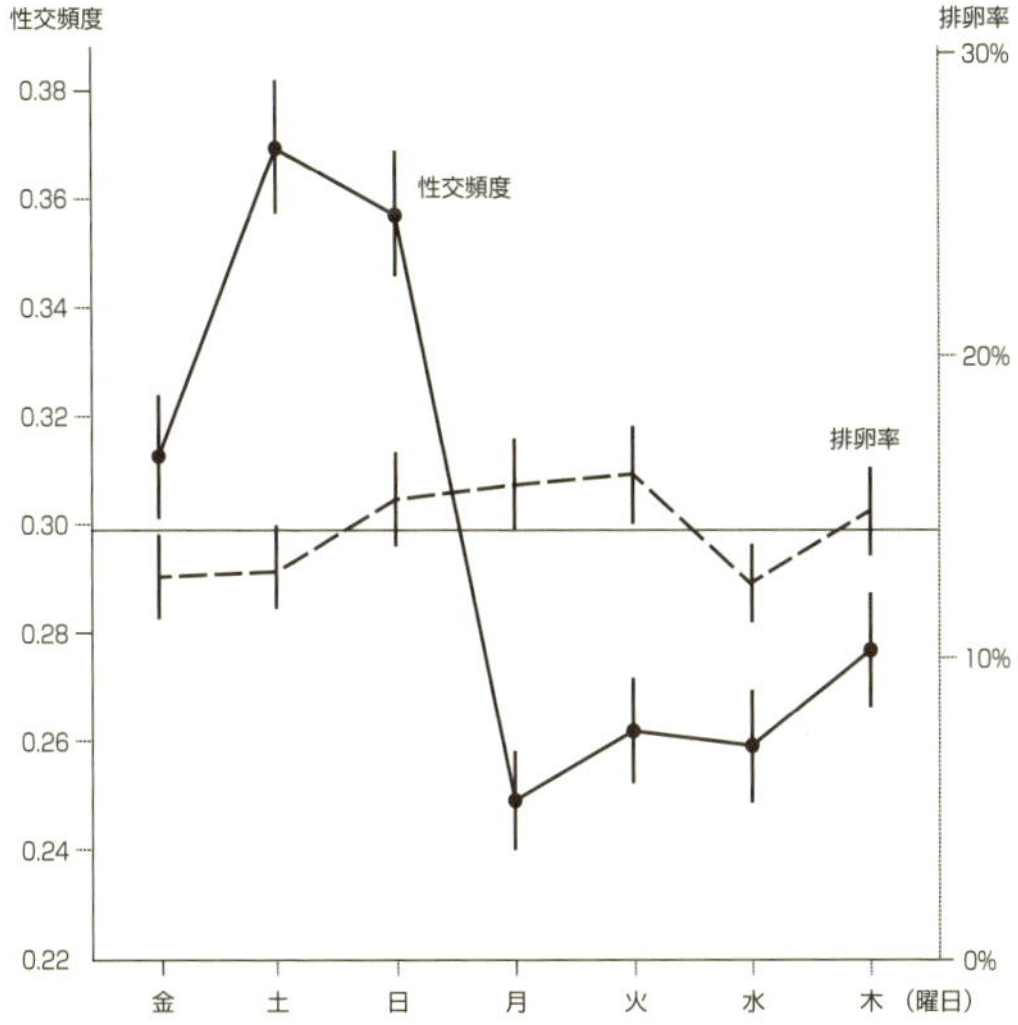


**図4-15　曜日ごとの性交頻度と排卵率**
（出典：文献 14）

ＬＨ、エストロジェンが含まれるとの報告があり、仮にコンドームを付けない場合には、精液に含まれるＬＨやエストロジェンが排卵を促進した可能性も考えられますので、上記の研究にコンドームの有無別の情報がほしいところです。ちなみに、人に近いとされるチンパンジーの精液には、なぜかＦＳＨやＬＨは含まれないそうです。

## 3　性的アピール

### 性フェロモンは性成熟を早める

性成熟に達する因子は、年齢より栄養や体重が大きく影響しています。乳牛は成体体重の三〇～四〇％、肉牛は四四～五五％、羊は四〇～五〇％とされています。人の初潮は、一五〇年前には約一七歳でしたが、現在では約一二歳に早まっています。しかしながら、初潮時の体重は同じとされています。それ以外の要因として、異性の存在や気温、季節などの影響もあります。

メス豚を数頭一緒に飼う場合では、三二週齢で性成熟しますが、一〇頭以上一緒に飼うと、二八週齢で性成熟に達します。これはメス同士の性フェロモンが関係する〝メス効果〟です。メス豚のフェンス越しにオス豚を飼うと、メス豚は二四週齢で性成熟しますが、これはオスの性フェロモンによる〝オス効果〟と呼ばれています。

未経産肉牛に通常カロリーの餌を与えた場合の性成熟日齢は四四九日でしたが、加

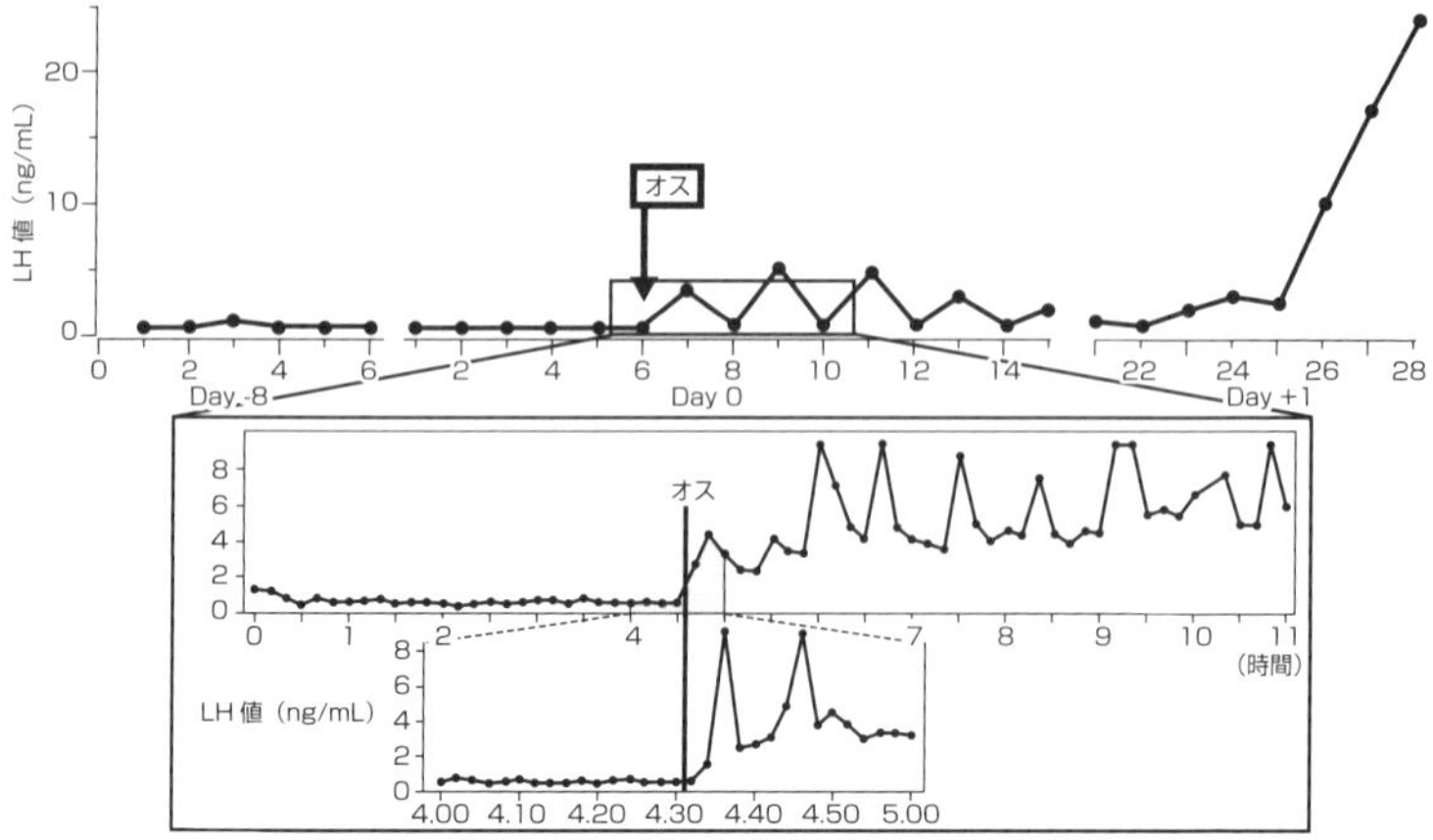


**図4-16　非繁殖期メス羊の"オス効果"によるLH値の変化**
オスを同居させるとすぐにLHパルスが開始される。
（出典：文献15）

給した餌を与えた場合には四二八日で性成熟に達しました。さらにオス数頭を同居させたところ、通常カロリーの餌では四二二日、加給した餌では三七五日に性成熟日齢が早まりました。この結果では餌給与量も性成熟に影響しており、加給餌と異性の相乗効果がきわめて大きいことが分かります。

非繁殖季節のメス羊とオス羊を同居させると、何と一日後にはLHサージが回帰し、その後排卵します。メス羊におけるLHパルスは、オス導入後数分で出現しており、これは日照時間の影響によるメラトニン効果を凌ぐ〝オス効果〟です。フェロモン作用、恐るべしの感があります。

## 性フェロモンとフレーメン

フェロモンは一般に、一つの種において個体間の信号として使われています。フェロモンの役割について、研究が最も進んでいる動物としてマウスがいます。妊娠マウスが交尾相手のフェロモンに曝露されても何ら影響がないのに、交尾相手でないマウスのフェロモンに曝露されると妊娠を中止してしまうという〝ブルース効果〟がありますの（一九五九年）。これは交尾相手のフェロモンがメスに記憶されており、異なるフェロモンに曝露された妊娠マウスはドパミン（脳内伝達物質）を放出し、プロラクチンの抑制により、プロジェステロンが低下するために妊娠を中止することが判明しています。一方、オスマウスの涙に含まれるＥＳＰ1というフェロモンには、メスの許容行動を促進する働きのあることが、東京大学の東原和成氏らにより発見されました。[16]
その後、このオスマウスのＥＳＰ1こそが、交尾相手でないオスに曝すと流産を引き起こす原因物質であることが明らかになりました。また、若いメスマウスがオスマウスを寄せ付けないメカニズムも解明されています。若いメスマウスの涙には、成熟したオスの性行動を抑制するフェロモン（ＥＳＰ22という蛋白質）が含まれており、オスの性行動を抑制しますが、成熟したメスの涙にはそのフェロモンは含まれていないそうです。[17]

鋤鼻器《じょびき》は、フェロモンを感知するために特化した器官で、鼻腔の近くに存在します。牛や馬の鋤鼻器は一種類の受容体でしか副嗅球とつながっていませんが、マウスの鋤

図4-17　馬のフレーメン

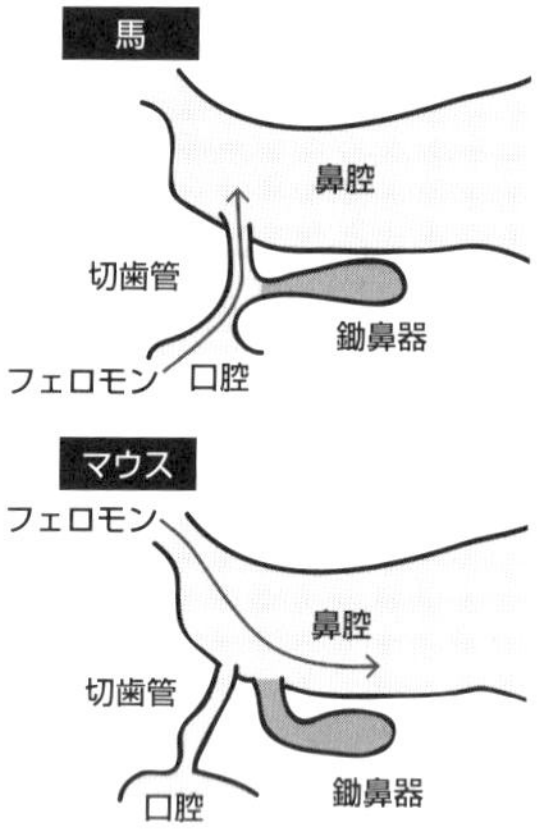


図4-18　馬とマウスの鋤鼻器
（出典：文献17）

鼻器には二種類の受容体があり、どちらも副嗅球とつながっています。マウスで鋤鼻器が発達した理由は、地面に近いところで情報を多く得る必要があるためと考えられます。人においては副嗅球さえも存在しないので、フェロモンは嗅覚系が副嗅球の代わりを果たして伝達されると思われます。馬は上唇を巻き上げるフレーメンという独特の表情を示しますが、鋤鼻器が口腔と鼻腔の中間にあるために、空気を鼻腔側に送るときの仕草であり、牛や羊にも見られます。一方、マウスの鋤鼻器は鼻腔につながっているために、フレーメンは必要ありません（図4-18）。

フレーメンを行うのは圧倒的にオスが多いですが、フェロモンはオスがメスの許容期（発情）を知るのに最も有効なシグナルになっていることが推測されます。

# メス馬の性フェロモンは消毒薬と同じか？

牛では発情発見後六～一二時間を目安に人工授精しますし、豚では発情開始一日後とその一二時間後に二回交配します。犬においてはLHサージ後（ほぼ発情開始時期）四～七日に交配します。このように通常の動物は、発情開始を指標として交配されます。ところが馬は発情開始を指標とすることができません。馬の排卵時期は一般に発情終了前一・五日と表現されますので、発情が終わってみて初めて適切な交配であったことが確認されます。したがって、馬の交配においては、当て馬を使って許容反応を見ながら交配します。現在では超音波診断装置を使って卵胞サイズを確認したり、子宮の超音波画像が車軸状を示した時に交配します。

血中のp‐クレゾールが排卵の一日前に一過性に急増するという最近の報告があります。p‐クレゾールは馬のフェロモンと考えられており、オス馬に交配適期を知らせる役割があると考えられます。そもそもp‐クレゾールは消

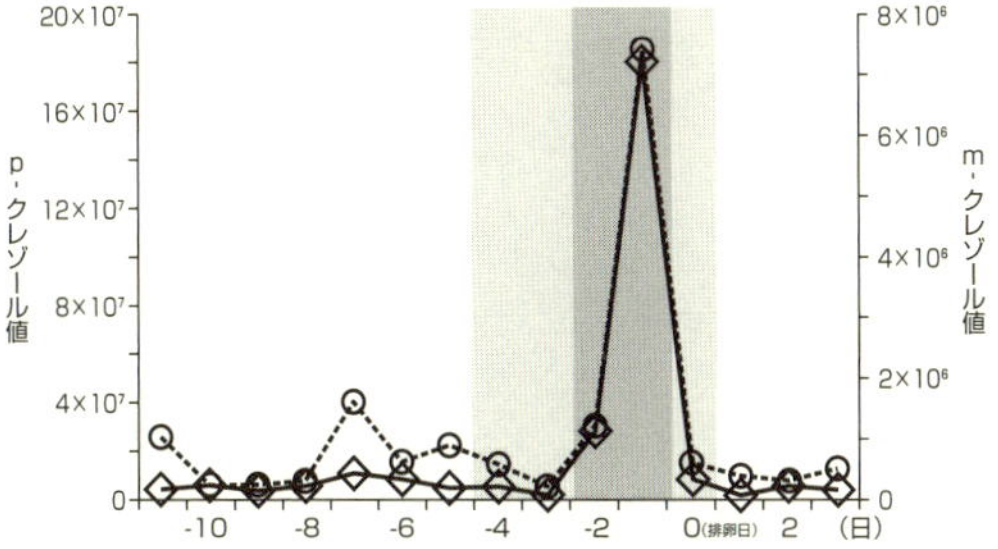


**図4-19　馬の排卵前後の尿中p-, m-クレゾール値**
（出典：文献18）

毒薬と同じ成分であり、殺菌作用も持つと考えられます。いずれにしても、馬の生体内においてp‐クレゾールがどこで作られるのか興味あるところです。p‐クレゾールは腸内細菌により作られるという考えや、良質な粗飼料を多給する時期に増加するというデータもありますが、報告にあるような急激な増加は消化管由来では説明できません。

馬のフェロモンを戦争に上手く使った例があります。戦国武将であった播磨国淡河城主の淡河定範《おうごさだのり》がその人です。戦国時代の戦場を駆ける馬は全てオスでした。そこで、羽柴秀長軍が五〇〇騎と歩兵数千人で淡河城を攻めてきた時に、メス馬六〇頭を放したそうです。羽柴軍の武将達が乗った馬は、メスのフェロモンに刺激を受けて、馬上の武将を振り落として勝手に駆け回ったために、羽柴軍は大混乱に陥ったそうです。結果的には、淡河軍はわずか三〇〇人で数千人の敵を見事に撃退したということになります。

## 人の腋毛と陰毛はなぜ必要か

人の鋤鼻器の保有には個人差があり、発達の悪いことが知られています。少なくとも副嗅球は人には存在しません。終神経（*15）を経る可能性はありますが、鋤鼻器の残存程度は個人差があるため、フェロモン作用にも差が出る可能性はあります。現在、

---

*15 **終神経**：人を含め哺乳類に存在する自律神経であり、鋤鼻器とも連絡する。

人のフェロモンは嗅覚系（図４‐20の左の経路）を経由する可能性が高いとされています。

人の思春期以降に生える毛は、腋毛と陰毛です。性毛の生える部位にはアポクリン腺が多く発達しており、ここから分泌される汗は蛋白質、脂質、糖質などを含むために粘性を帯びています。その他のアポクリン腺としては、耳道腺、乳輪腺、肛門周囲腺、瞼にある睫毛腺、鼻にある鼻翼汗腺などがあります。アポクリン腺の脂質は同じ毛根にある皮脂腺から分泌され、アポクリン腺で作られる性フェロモンを汗と一緒に放出しますので、毛は性フェロモンを長く保持、拡散するのに好都合なのかもしれません。

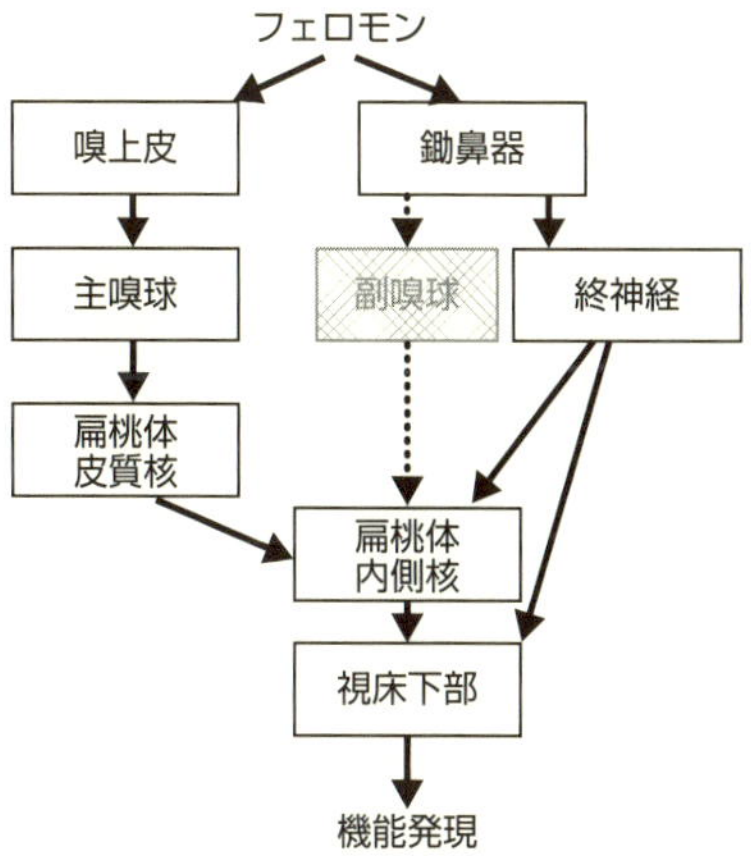


**図4-20　人におけるフェロモン感受性**
（出典：文献 19）

一方、人の皮脂腺数（一センチ平方あたり）は頭部で最も多く（頭一四四～一九二、額五二～七九、頬五〇～七〇）、背中の中央部（三四～四四）はやや多めですが、腹部（五～二〇）や手のひら（ゼロ）では少なくなっています。頭部の髪の生え際や頭頂部は男性型脱毛症（M型）の部位でもあり、アンドロジェン受容体数の多い部位に一致します。

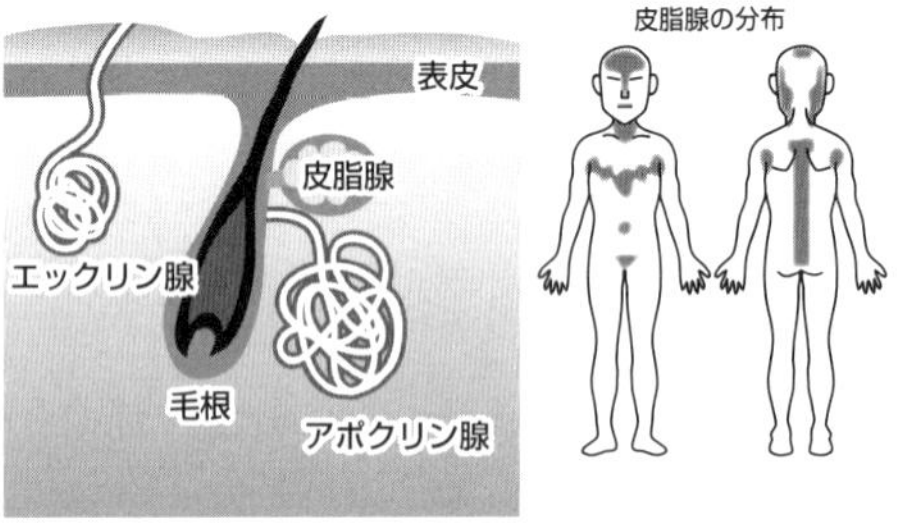


図4-21　毛根とアポクリン腺、エックリン腺、皮脂腺

人は進化の過程で体毛が細く少なくなったために、衣服を着るようになり、体温調節のためのエックリン腺が発達したとされています。人はエックリン腺が発達したためなのか、毛根が退化したためなのか分かりませんが、アポクリン腺は体の広い範囲で失われました。一方、犬や豚などはアポクリン腺が主体であり、エックリン腺はあまり存在しないため、逆に体温調節が不得意な動物になります。

看護師寮や女子寮などの寄宿舎に若い女性が入居すると、それまでバラバラであった月経周期が徐々に一致する現象は〝ドミトリー効果〟として従来からよく知られていました。このメカニズムを解明するために、月経周期時期の異なる腋下フェロモンを採取して、他の女性に嗅いでもらい、月経周期への影響が調べられました。結論的には、排卵前の卵胞期フェロモンは月経周期を二日遅らせ、排卵期フェロモンは月経周期を二日早めることが証明されました[19]。

ＨＬＡ（ヒト白血球抗原）と匂いとの関係を調べるため、男女それぞれ五〇人の学生に二日間同じＴシャツを着てもらい、それを双方に嗅がせて点数をつけてもらいました。その結果、男女ともに、自分と異なるタイプのＨＬＡを持つ相手の匂いほどセクシーだと感じ、反対に近いほどクサイと感じる傾向があったそうです。[20] HLAが異なるほど、免疫学的に雑種強勢（*16）の子孫を得る可能性が高くなることから、好みに影響するということが予想されます。フェロモンを感じる鋤鼻器を失ったとされる人類ですが、腋毛や陰毛の役割を含め、意外とフェロモンが貢献している可能性は十分にあります。

*16 **雑種強勢**：遺伝的に特性の類似した個体同士の交配より、特性の異なる個体同士の交配の方が優れた特性の子孫を残す場合に使われる。

コラム

## 安心フェロモンの効用

泌乳している動物は、その子供を安静させるための安心フェロモンを分泌することが分かっています。このようなフェロモンは哺乳動物に共通とされています。

馬の安心フェロモンは、乳房に近接したワックスエリアと呼ばれる皮膚から発見されました。馬はきわめて臆病な動物であり、特に子馬は母馬への依存度が高く、母親から一五メートル以上離れるようになるのに三カ月以上かかります。したがって、母子分離、輸送、削蹄、調教などの時に、不安と恐怖を取り除く目的で馬の安心フェロモンを用いることは有効です。

猫は体の色々な部位からフェロモンを分泌しており、それを擦りつけてテリトリーを主張します。最も強いテリトリー主張は尿マーキングで行いますが、特に新しい環境であったり、他の猫や動物が入ってくると精神的に落ち着かず、盛んに尿や爪とぎによるマーキングを行います。国内でもフェリウェイという猫フェロモン商品が市販されており、これを用いることによって、ストレスや不安による爪とぎや尿スプレーを抑制する効果が期待されています。

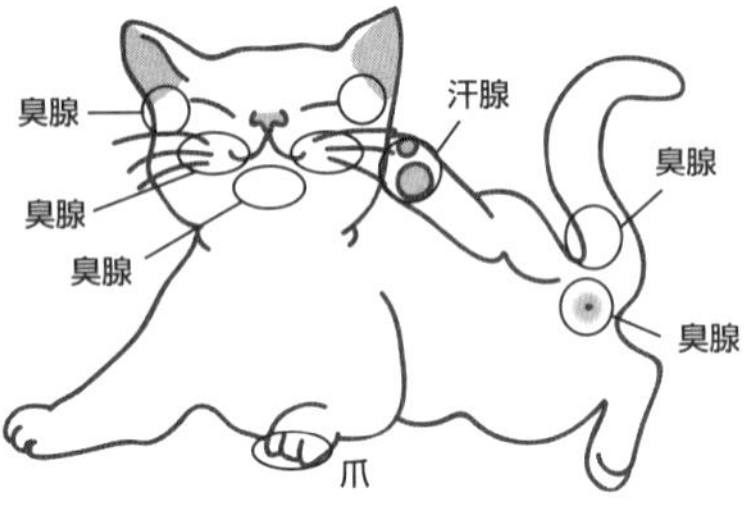


図4-22　猫の安心フェロモン分泌部位

犬においても、安心フェロモンが乳房間の溝の皮脂腺から分泌されています。新しい環境に置かれたり、大きな雷の音がする時、母子分離、動物病院への通院など、不安やストレスに曝された時に安心フェロモンが使用されます。犬が動物病院に入院する際、日常使っている敷物を持参すると落ち着くのは、安

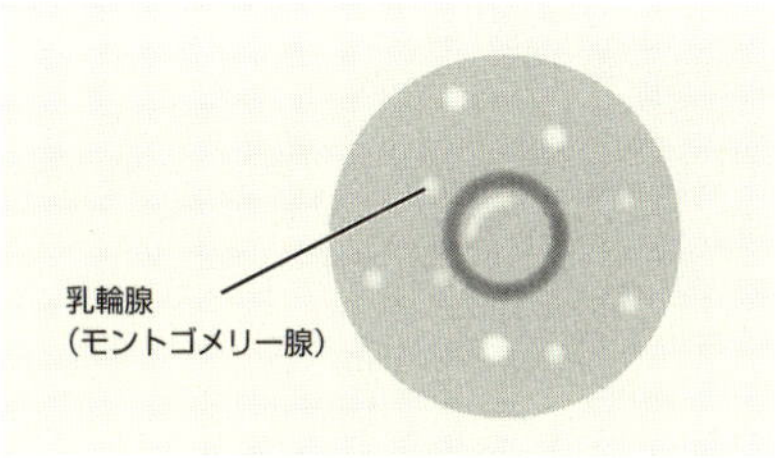


図4-23　人の乳輪周囲の乳輪腺

心フェロモンのおかげかもしれません。

人の乳頭周辺の褐色の部位を乳輪と呼びますが、その部位に乳輪腺またはモントゴメリー腺と呼ばれる腺が一五〜二〇個あります。特に妊娠時に肥大し、周辺から隆起して、色素沈着が著明となり暗褐色を呈します。この乳輪腺は皮脂腺、汗腺または副乳腺の原基と考えられています。人では安心フェロモンは証明されていません。しかし、赤ん坊が安心できるフェロモンを乳輪腺から出している可能性は高いと考えられており、目のあまり見えない乳児が乳房を探す際にそのフェロモンを頼りにしていることが推察されます。

# 4　交尾と射精

## 野生動物の交尾回数はそれほど多くない

　家畜はもちろんのこと、ほとんどの野生動物には繁殖季節がありますので、動物の交尾の機会は驚くほど少ないと言えます。図4‐24は一年間に出現する発情回数の頻度と一致するエストロジェンの推移を示しています。季節繁殖動物は年間の一定の時期に発情周期を発現しますが、実際にオスを許容する発情期はさらに限られます。したがって、一頭の野生動物のメスが一回妊娠するまでに交尾する回数は二〇回程度と推定されています。

　性欲衝動が強いことを動物的と表現することがありますが、動物は限られた時期に真面目に子孫繁栄に励んでいるだけであり、いつでも交尾しているわけではありません。発情期の最も受胎しやすい時期に何回、何頭のメスと交尾するのかは、子孫を残すオス側としては切実な問題です。

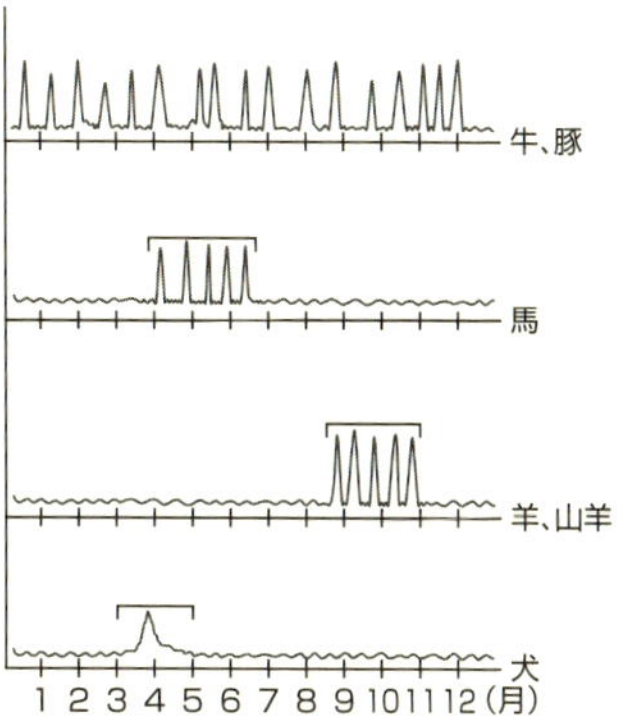


**図4-24**
**各動物の年間の血中エストロジェン濃度（縦軸）の推移**
（出典：文献9）

交尾の前段階には雌雄の出会いが不可欠です。たくさんの雌雄が群れで生活する動物（草食動物、チンパンジーなど）、一頭のオスと複数のメスが一緒に生活する動物（ライオン、ゴリラ、オランウータンなどはハーレムを形成する）、普段は雌雄別々に生活していて繁殖の時だけに出会う動物（ゾウ、トラなど）などその生態は様々ですので、その出会い方や交尾相手の選び方も様々です。

群れで生活する野生の草食動物は、複数の雌雄がランダムに交尾する乱婚方式であり、哺乳類の八五％がこの方式とされています。ニホンザル社会ではボスが独占的に交尾すると考えられてきましたが、京都大学霊長類研究所の調査では、子ザル四二頭の親をＤＮＡ鑑定したところ、一位（アルファ）、二位、三位の各オスの子ザルの数はほぼ同数であったと報告されています。最近の研究では、食料の限られた地域や人工的な飼育環境にある場合はボスザルが存在するようですが、食料に恵まれた環境ではボスザルを必要としないとされています。したがって、ニホンザルも多夫多妻の乱婚が証明されたものと思われます。

乱婚タイプの典型であるチンパンジーの研究では、メスは同じ群れにいる他のメスと時期をずらして発情するという報告があり、発情期の重複を避けることで強いオスの子孫を多く残す戦略が存在する可能性はあります。一方、一年に一～二回しか発情期のないメス犬を多頭飼育すると、特定の時期に発情が重なることをよく経験します（犬に繁殖季節はない）。この現象は犬の先祖であるオオカミにおいて優位なオスが、一時期に効率よく繁殖するのに好都合であったためかもしれません。

孤独に生活するトラのオスはテリトリーを持っており、他のオスを入れさせないようにオス同士で闘い、勝ったオスが負けたオスと重複するテリトリーのメスと交尾します。トラのオスは授乳中の子供を見つけると〝子殺し〟をする習性がありますが、これは母親を強制的に離乳させ、すぐに発情回帰させるための行動です。たいへん理不尽な行動と思われますが、強いオスの子孫を残すための行動です。トラの母親はオスから子供を守るために、必死で〝トラの子〟を守ろうとします。

ライオンのオスは複数のメス、子供からなるプライドという群れを支配しますが、他のオスとの闘いに勝つと、乗っ取ったプライドの全ての子供を殺します。シカやバッファローのオスもオス同士で闘い、強いオスが多くのメスと交尾します。オス同士の戦いが激しく目立つので、多くの動物の戦略と思われがちですが、実際は少数派になります。

一方、捕食される動物が繁殖季節を持つことは、生存戦略上重要な意味があります。一番の意味は、温暖で餌が多くなる時期に出産することで、子供の生存率を上げることです。もう一つの意味は、一定の時期に集中して繁殖、出産することで、肉食動物

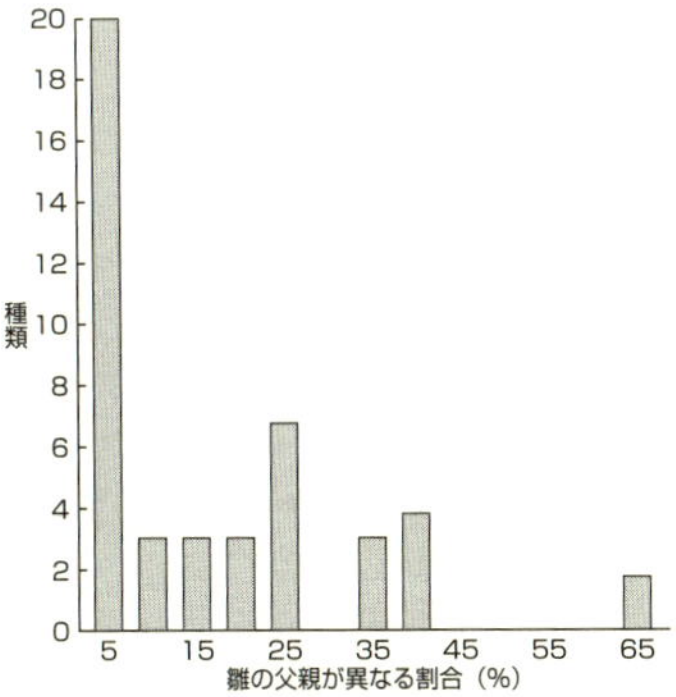


**図4-25**
**一夫一妻の鳥において番い以外のオスが父親であった割合と種類**
（出典：文献21）

の餌食になる子供の数を最小限にすることです。捕食する側のライオンや大きさ的に優位にあるゾウは特定の繁殖季節を持ちませんが、ホッキョクグマ（シロクマ）などは餌の多くなる時期に出産時期を迎えるように三〜六月に繁殖季節を持ちます。

大部分の鳥は一夫一妻とされています。哺乳類が子育てを雌雄で協力し合うことは多くはありませんが、鳥は孵化過程だけでなく、雛の育成にも雌雄協力することが多く、そこが哺乳類と鳥類の大きな違いです。しかし、巣の中の雛の父親に番い以外のオスがどの程度含まれているかをDNA検査で調べたところ、意外にも番い以外のオスの遺伝子が発見された種類が多くありました[21]。しかも、メスが他のオスに強要されたわけではなく、メスが巣から積極的に離れていき、他のオスと交尾することが判明しました。孵化や子育て作業は番いで行う必要がありますが、その精子は別に番いに限定する必要がないからかもしれません。ここにも哺乳類と同様に、適応性と多様性を高めようとする自然の意志が働いているように思われます。

## 交尾の前段階

動物の性的アピールは、目、鼻、耳、接触などを通して雌雄相互に行われます。メスはオスに許容期のシグナルを発信し、逆にオスはメスの許容反応を積極的に探ります。

多くのメス動物は、発情期になるとオスを探索する行動が活発になります。牛は発情期に歩行数や首の動きが増加するため、電波発信装置付の万歩計を肢や首に装着して時間ごとに活動量を計測することで、発情発見に利用しています。

牛やシカのメスは発情期になると咆哮する回数が増加しますし、オス猫のコーリング(*17)はメス猫の許容を促進し、オス猫はメス猫のコーリング反応から許容時期を探ります(聴覚、視覚)。メスのサルは尻の性皮(*18)を充血・腫脹させて視覚で発情期をオスに知らせますし、発情期のメス山羊は尾を頻繁に振ります(視覚)。

馬、牛、羊など多くのオス動物が、メスフェロモンを収集するためにメスの外陰部を嗅いだり、排尿痕跡に対してフレーメンを示します(嗅覚とフェロモン)。発情期のメスのゾウは、何キロも遠くにいるオスを低周波の超音波を使って呼び寄せますが、オスはメスのフェロモンを検知する尿テスト(*19)により、交尾時期を判断します。メス馬はオス馬が接近しただけで、嘶《いなな》いたり、尾を拳上して少量ずつの排尿を繰り返し、外陰唇を開閉する行動(ライトニング)を示します。また、飼い主もオス馬(当て馬)に対するこのようなメスの反応を利用して交配適期診断の手助けにします。

---

*17 **コーリング**:動物が声を出して他の個体に情報を伝達すること。特に発情時や位置情報を伝える時に使われる。コーリング反応とは、コーリングに対する反応のことである。

*18 **性皮**:高等霊長類の真猿類の多くは、発情期に臀部の皮膚が赤く腫脹するので性皮と呼ばれる。発情期にあることを視覚的に知らせる。

*19 **尿テスト**:尿に含まれるフェロモン濃度から、発情メスが真の許容時期にあるかどうかをチェックすること。

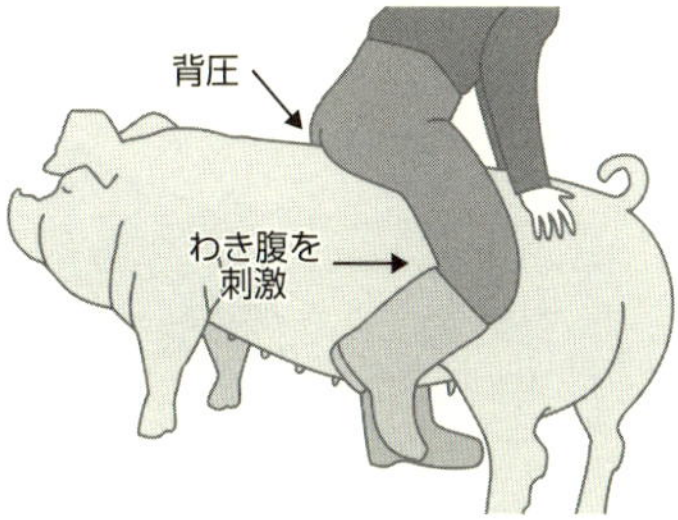


図4-26　メス豚の不動反応

オス牛はメスのお尻に鼻を擦りつけたり、背中に顎を乗せてメスの反応を探ることがあります。発情期にある多くのメスは性器を嗅がれたり、マウントされる前に尾を拳上しますが、この反応はメスの許容シグナルを意味します。オス豚は歯を剥き出し、口から泡を出してオスフェロモンを放出してメス豚の反応を見ます。このオス豚の性フェロモン（男性ホルモンのアンドロステノン）は外国で製品化されており、メス豚の発情診断に使用されています（商品名：Ｂｏａｒｍａｔｅ［ボアメイト］）。オス山羊も頭や首の皮脂腺から大量の性フェロモンを放出しますが（人間には猛烈な異臭にしか感じられない）、メスの発情を促進したり、メスの発情反応を知るためと思われます。

また、オス豚はメスのわき腹を鼻で押してメスの反応を見ますし、オス馬はメスの背や首を噛む行動でメスの許容期を探ります。さらに、メス豚では背中に負重をかけると不動反応（動かず逃げない）を示しますので、発情期を診断する指標としてよく使われます。

### 同性愛的指標

発情牛はメス同士による乗り合いを示しますが、スタンディング（乗駕許容）が発情の明確な徴候であり、マウンティング（乗駕行動）は発情期だけでなく妊娠期にも見られます。発情期にあるメス牛は牛群から離れて、発情牛同士が集まりますが、メ

**図4-27　メス牛の同性愛的行動？**

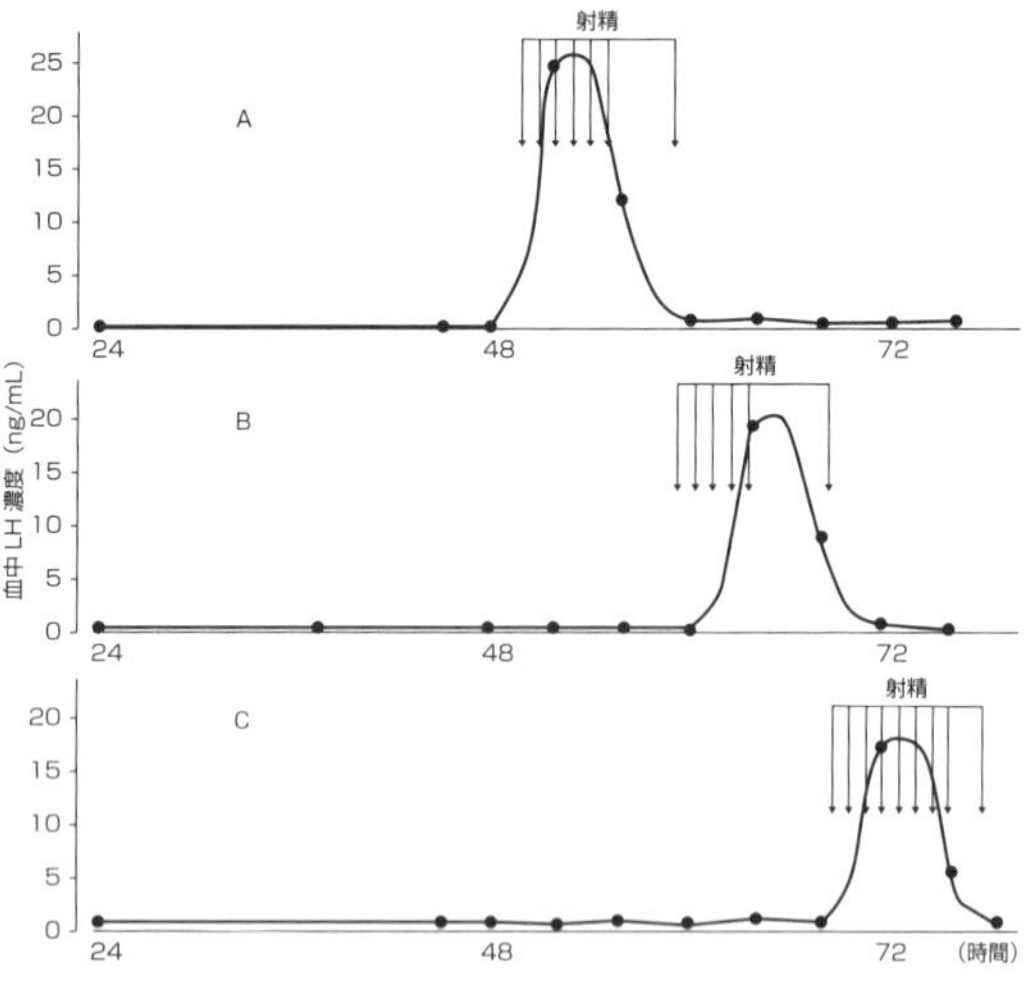


**図4-28　オス牛の交尾行動と発情牛の血中 LH 濃度との関係**
オス牛は的確に LH サージ前後に交尾していることが分かる。
（出典：文献 22）

ス牛同士の乗り合いを行うためと思われます。このようなメス同士の同性愛的行動が、牛にとってどのような意味を有するのか分かりませんが、野生の牛では、オスに発情期をアピールする意味があるのかもしれません。オス牛の交尾行動とメス牛の血中LH濃度との関係を調べた結果では、メス牛の血中LH濃度がピークになる時に交尾が集中しています。オス牛がLHサージの出現した個体を選んでいることが分かります。

## 交尾の多様性

動物の交尾様式は後背位が主流ですが、メスが起立した状態でオスがマウントする方式と、メスが座った状態でオスがマウントする方式とがあります。前者は馬、豚、牛、羊、山羊、ゾウ、キリン、サルなど多くの動物で見られ、後者は猫、ライオン、ラクダ、ラット、マウスなどに見られます。正常位はボノボと人にのみ見られます。

交尾時間は、反芻動物の牛、羊、山羊は〝牛の一突き〟と言われるように、約一〜二秒と短く、ネコ科動物の猫、ライオンなども二〜三秒と短いものの、メス猫は一発情期に約一〇回、メスライオンは約一〇〇回の交尾を繰り返します。猫の交尾において精液は最初の数回しか含まれず、後の交尾は排卵させるための刺激になります。交尾回数が多いほど、排卵に必要なLHサージのレベルが高くなり、受胎しやすくなります。

馬と豚の交尾時間は五～七分、犬は二〇～三〇分です。交尾排卵動物のイタチ科のイタチ、ミンク、テンなどの交尾時間は一時間以上になりますが、陰茎骨の先端が鉤（フック）状になっており、これが長時間の交尾を可能にしています。ネコ科やイタチ科の動物は、メスの首筋を噛んで保定しますし、馬もメスの首筋を噛みながら交尾

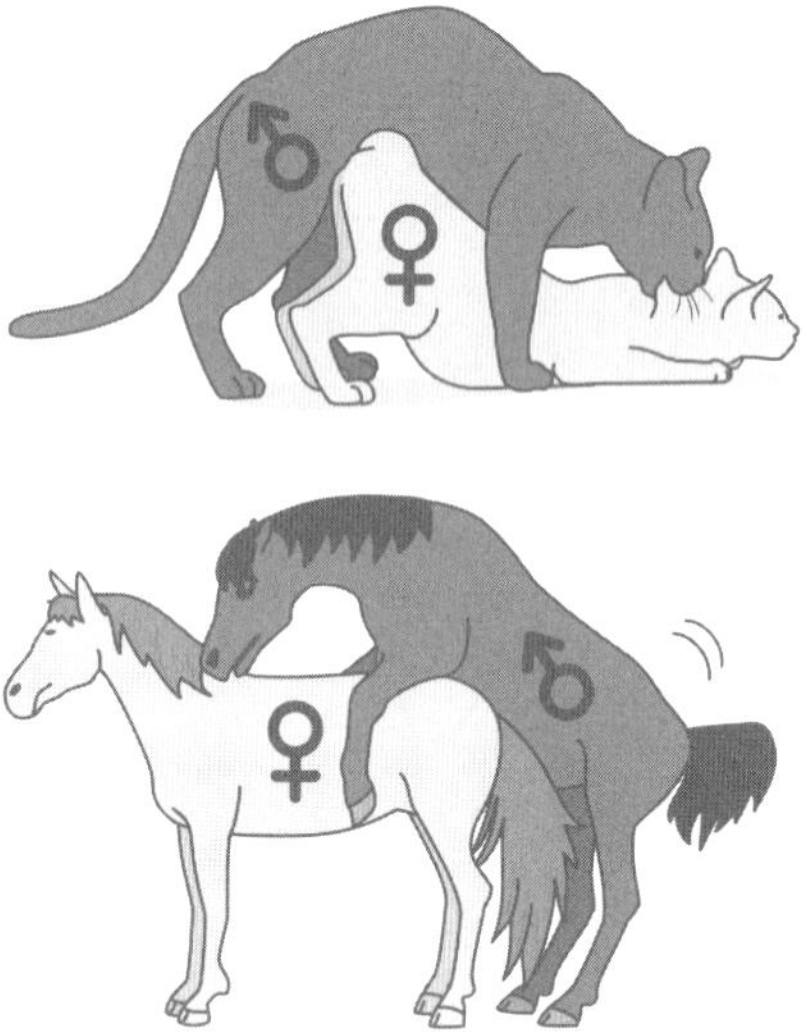


図4-29　猫の交尾・馬の交尾

図4-30　ラットのロードシス

することがあります。

多くの動物はスラスト（腰ふり）をしてペニスを膣内に挿入しますが、ゾウはスラストができないので、ペニス自身が上下左右に動いて膣内に挿入されます。猫やラットのメスが交尾の時に後躯を持ち上げる姿勢はロードシスと呼ばれ、エストロジェンによる脊髄反射反応です。

水棲哺乳類のイルカやクジラは、水面と縦または並行して泳ぎながら、腹同士を合わせて交尾します。軟骨魚類のオスザメは二本の擬似ペニス（クラスパー）を持っていますが、クラスパーは固い骨様ですので、交尾後に総排泄腔は傷ついてしまいます。さらに、ネコ科動物の交尾時に見られるようにメスに噛みつき体を固定しますので、メスザメは何回か交尾すると全身傷だらけになります。交尾における痛みが逆に性的刺激になるのかもしれません。なお、オスガエルはメスに乗駕してメスを保定しますが、メスが放卵したら速やかに放精するために乗駕しているのであり、交尾するためではありません。

## 勃起と射精

外部から聴覚や視覚、フェロモンなどメスの性的刺激が加わると、大脳皮質辺縁系から視床下部↓脊髄↓仙髄（下位勃起中枢）↓骨盤神経（副交感神経）に伝わりオス

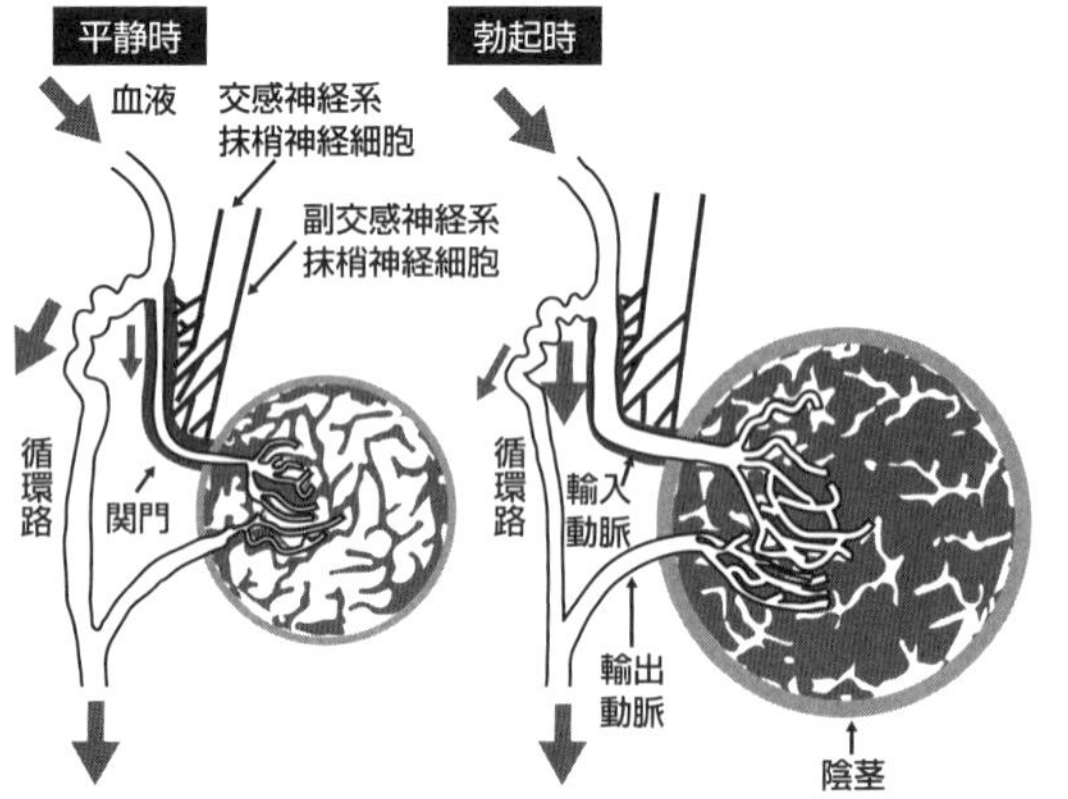


**図4-31　勃起は血液循環路の切り替えによる**
（出典：文献23）

は勃起しますが、これは中枢性勃起です。中枢性の性的刺激は、鋤鼻器への性フェロモンが大きな役割を果たし、副交感神経を速やかに優位にする効果があります。一方、刺激が直接性器へ加わり、仙髄中枢へ伝達され勃起するのが反射性勃起です。通常は中枢性勃起と反射性勃起の両方が、相加相乗的にほぼ同時に働きます。両刺激によって、骨盤神経の末端より神経伝達物質の一酸化窒素（ＮＯ）が放出され、酵素（グアニル酸シクラーゼ）を活性化し、サイクリックＧＭＰ（ｃＧＭＰ）という情報伝達物質が作られます。

ｃＧＭＰは海綿体平滑筋を弛緩させ、陰茎の血管を広げますので、血液が大量に海綿体に流れ込み、勃起に至ります。しかしながら、性的興奮が収まると、ｃＧＭＰは酵素（ホスホジエステラーゼ5：ＰＤＥ5）により分解されますので、勃起状態は次第に解消されます。勃起不全（ＥＤ）は心的ストレス（交感神経優位）や加齢に伴うテストステロン減少により、ｃＧＭＰ産生量が低下しているのに、PDE5の作用は変化せず、PDE5がcGMPの作用を上回っている状態と言えます。

テストステロンは骨盤神経末端からのNO放出を刺激するとともに、脳内神経伝達物質であるセロトニンを抑制し、ドパミンを刺激することで勃起を促進しますので、テストステロンは勃起能に大きな影響を及ぼす因子になります。

性交時の刺激は、陰茎から大脳→視床下部→脊髄→腰髄上部（射精中枢：交感神経）に伝わり、ここから反射的に刺激が精路に伝わり射精に至ります。勃起するまでは副交感神経が優位ですが、射精時には交感神経に切り替わります。通常、性交および精液採取においては勃起が前提条件となりますが、電気射精(＊20)や前立腺マッサージ射精(＊21)では勃起を伴わないことがあります。

射精の第一段階として、射精中枢が興奮して、精巣上体尾部の精子が精管の蠕動により精管膨大部に運ばれ、一気に前立腺液と精嚢液が混合されます。精液量や精子数を増加させるためには、勃起の前後にオキシトシンやバゾプレッシンが十分に働き、精子を精巣上体尾部から精管膨大部に移動させておく必要があります（そのため動物の精液採取では〝焦らし〟を行う）。

射精時には尿道括約筋は閉鎖され、膀胱内への逆流を阻止します。人ではまれに射精感はあるのに精液がペニスから放出されないことがありますが、尿道括約筋の閉鎖障害があると膀胱内に射精され、不妊症の原因になります。このような場合は、完全に排尿、洗浄した後に精液を膀胱から回収して、人工授精を行う必要があります。

---

＊20 **電気射精**：直腸から電極を挿入して、低い電圧刺激を繰り返すことで人工的に精液を採取する方法。

＊21 **前立腺マッサージ射精**：前立腺に近い精管膨大部と精嚢腺を交互に刺激することで精液を採取する方法。

射精の第二段階は、尿道括約筋の弛緩によって始まり、精液は尿道に入り、次いで会陰筋および尿道括約筋の律動的収縮で、外尿道口より射出されます。

## 動物の精液採取法

犬の自然交配では、オスが飼われている場所にメスを移動して、交配させるのが鉄則です。多くの動物でも同様ですが、オスのテリトリーでない場所では、オスが緊張を強いられるのは当然であり、交尾欲に最も強く影響されます。しかし、動物病院で犬の精液検査を行う場合には、自分のテリトリーでない場所で精液を採取することになります。このような場合、人気の少ない場所で一時間くらい自由に行動させて、緊張感を軽減する必要があります。精液採取や交配前のオスは副交感神経が優位にあることが重要であり、緊張した交感神経優位の状態では勃起力が減退します。

副交感神経の優位な状態とは食事時が典型的であり、食事の際に唾液が増加する状態です。

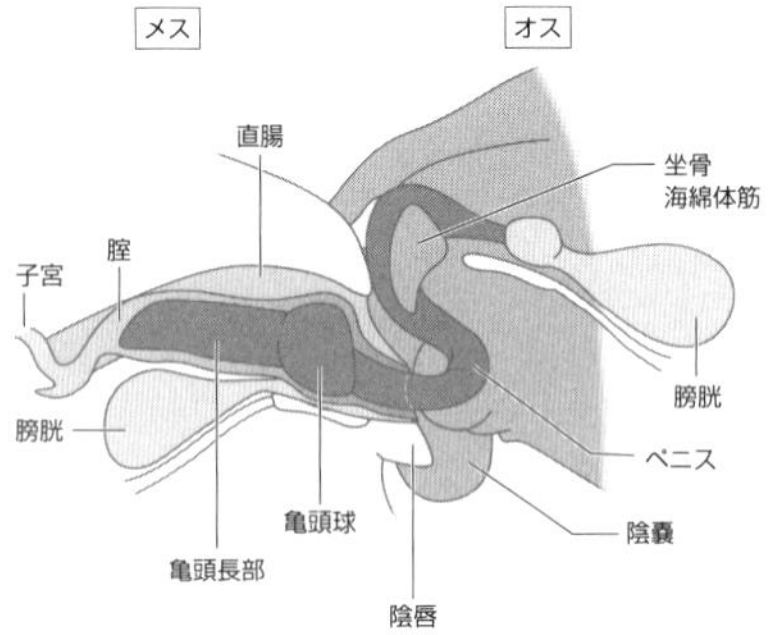


**図4-32　犬の交尾状態**
亀頭球が膣に固定される。

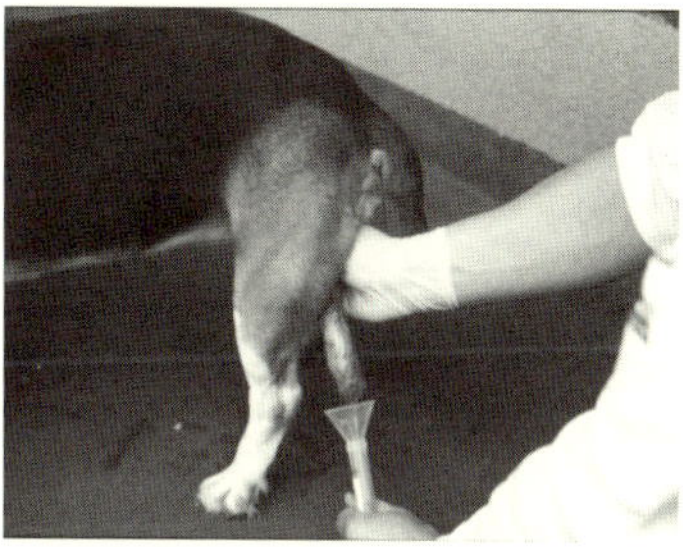

図4-33　犬の精液採取の様子
股間からペニスを保持している。

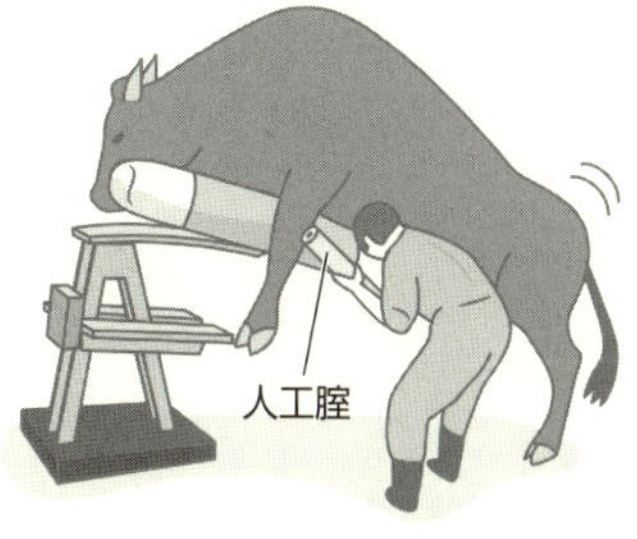


図4-34　オス牛から人工膣を使って精液採取

メス犬の膣排泄物を脱脂綿に採取してオス犬に嗅がせて刺激すると、大型犬は唾液を大量に出しますが、小型犬では外に漏れるほどの唾液は出しません（消化力の違いが考えられる）。オス犬の緊張感を取る方法として、発情メス犬の膣排泄物ほど効果的なものはなく、オス犬が落ち着いてきたら、膣排泄物を使ってオス犬を刺激します。

膣排泄物に興味を示したら、しばらくおいてペニスの基部（亀頭球）を強く把握しながら前後にマッサージします（用手法）。この手による圧力の強さは重要であり、弱すぎると勃起に至りません。適切な圧迫とマッサージによりオス犬は腰を前後に振るので、速やかに包皮をペニス基部の後ろにずらして親指と人差し指で軽く持ち替えて、精液を採取します。多くの犬はペニスを保持している手を跨ぎたがりますので、跨がせて股間からペニスを保持します。

射精時には直腸や前立腺周囲に分布する交感神経が優位になり、射精に一致して肛門の律動的な収縮が観察されます。犬の自然交配でも一～二分でオス犬はメスから降りて、雌雄がお尻を合わせた状態（交尾結合：コイタルロック）で二〇～三〇分程度継続します。

牛の精液採取は、日本国内では擬牝台にオスを乗駕させて行います。訓練されたオスは、擬牝台に乗駕させただけで性的に興奮しますが、いったん擬牝台から降ろして周りを歩かせます。再度、擬牝台に乗駕させますが、再度降ろして周囲を歩かせます。通常三回目でペニスを人工腟に誘導して精液を採取します。この〝焦らし効果〟は精液量と精子数を約五割増加させます。通常、牛では週二日、それぞれ二回精液採取して凍結精液を作製しますが、一回の精液採取で約二〇〇回分の人工授精が可能です。

海外でのオス牛からの精液採取法は、精巣機能検査用なのか人工授精用の採取目的なのかにより異なります。先進国では種雄牛からの精液採取に、電気射精法が一般的に使われます。電気射精法では、直腸に電気射精装置の電極プローブを挿入して断続的に電気刺激を加え、徐々に電圧を上げていき、通常一〇～一五ボルトで濃厚な精液が採取されます。発展途上国では、多数の種雄牛が自然交配のために飼養されており、精巣・陰嚢検査で生殖機能を十分に診断できない時に、農家の庭先において前立腺マッサージ法による精液採取および精液検査が実施されます。前立腺マッサージ法は、直腸に手を入れて前立腺の頭側にある精管膨大部や精嚢腺を片側ずつ優しく刺激する方法です。この方法は技術的に熟練を要すること、電気射精法ほど成功率は高くないことや包皮内汚染物質が入りやすいことが難点ですが、装置を必要としないことは大きな利点です。電気射精法はサルや猫でも行われますが、尿が入るなど条件設定が難しいことがあります。

豚の精液採取では、オスを擬牝台に乗駕させ、ペニスの先端部位を全ての指で握りしめて強く圧迫します（手圧法）。十分な圧迫が加わるとペニスが伸長してきて、射精を開始します。採取の折は精液に含まれる膠様物を除くために、精液採取容器にガーゼを被せ、精液のみを濾過します。豚の精液量は平均二五〇ミリリットルもあり、家畜では最も多い量になります。精液量と精子数を計測して精液希釈液（抗生物質入り）と混ぜて、五〇ミリリットル程度ずつに分注します。日本国内には優良な種豚を多数飼養している会社があり、農家からの注文を受けて冷蔵宅急便を使い、一日で農家に精液を送ることが普及しています。

精液採取において、精液に混入する細菌を減らすために、牛や豚では必ず包皮内洗浄が実施されていますが、ブリーダー主導の犬の精液採取では省かれることが多いようです。なお、人の人工授精においても、精液を採取する前にペニスや手の洗浄を丁寧に行うことが求められます。精液に細菌が入るのを極力削減する理由は、精液に含まれる細菌に対して白血球が活性化することや、細菌の構成成分であるリポポリサッカライド（LPS、エンドトキシン（*22））が精子に直接ダメージを与えるためです。

*22 エンドトキシン：グラム陰性菌（細菌染色液に染まらない菌）の細胞壁を構成するリポ多糖類（リポポリサッカライド：LPS）であり、内毒素とも呼ばれる。

## 適切な年齢での交配とは

犬の交配について配慮すべき事項として、まず初回発情における交配は避けるべきです。初回発情時期は成長途中であり、早い時期に妊娠すると、骨盤形成が十分でない時期のお産となり、難産率が高くなるためです。分娩後の繁殖についても、次に回帰した発情は飛ばすべきです。そもそもオオカミは一年に一回しか妊娠しない動物ですので、犬が年に約二回発情するからといって連続繁殖させることは体に無理を強いることになります。

犬は何歳くらいまで繁殖できますか？という質問をよくみますが、基本的には六歳くらいまでが適切であり、その後の妊娠では子犬の出生時体重が低下し、無事に育つ頭数も減少します。一方、一年に一〇回以上発情を繰り返す猫は、性成熟後半年間おいてから繁殖を始めますが、猫では連続繁殖も無理なく可能です。逆に繁殖しない期間を空けると、かえって不規則発情になることがあります。しかしながら、猫も五〜六回妊娠させたら、繁殖からリタイアさせるべきです。

産業動物の牛は、一四〜一五カ月齢頃に交配されますが、それでも初産の難産率は二産以降と比べると、三倍ほど高くなっています。経済動物の場合、受胎しないと生産性が失われますので淘汰せざるを得ません。特に近代酪農では、高泌乳が初産から追及されるようになり、現在、乳牛では乳房炎や繁殖障害のために平均三〜四産で淘汰されます。一方、肉牛では七〜一〇産は珍しくありません。メス豚は、八カ月齢で交配され、六カ月間隔でお産を繰り返し、六産くらいで淘汰されます。

競走馬において、G1勝利馬の母親年齢が調査されています。母親年齢が五〜一二歳で出産した馬の勝利率が最も高く、一五歳以降では激減するそうです。老化に伴い卵子が老化することはよく知られていますが、子宮も老化することを認識すべき現象かと思われます。子宮の老化は血液供給量の低下が最も大きい要因と思われ、子宮への血液供給量が低下することにより、一一カ月間の胎子成長に大きな影響を及ぼす可能性があります。

## 勃起不全の原因?

オスマウスの精巣を摘出すると、勃起能力は数日で消失します。去勢マウスにアンドロジェンを投与すると、反射性勃起能力は二日で回復するそうです。去勢マウスにジヒドロテストステロン(DHT)を投与しても反射性勃起能力は回復しますので、勃起に男性ホルモンが強く関与していることが分かります。したがって、前立腺癌の治療で行われるアンドロジェン除去療法(ADT)において、強力GnRHアゴニスト(類似体)などのアンドロジェン抑制剤が用いられるため、勃起不全(ED)や性欲低下がみられます。

一方、脳内神経伝達物質であるドパミンの増加も勃起・射精を誘発し、反対にセロトニンの増加は勃起・射精を抑制します。EDの治療として脳内のドパミンの量を増やす目的で開発されたのが塩酸アポモルフィンですが、現在は販売が中止されています。

うつ病の治療薬として抗うつ剤を使用するとセロトニンが増加しますので、ドパミンやノルアドレナリンの抑制により勃起能や性欲は抑制されます。逆に、早漏の治療には射精を抑制するセロトニンを増加させますが、セロトニンの再吸収を抑制してセロトニン濃度を高める抗うつ病薬（商品名：プロザック）などが使われることがあります。

糖尿病は血糖値が高い状態が持続する病態です。過剰な糖は脂質の代謝を促進し、コレステロールの合成により低密度リポ蛋白質（LDL）を増加させますが、悪玉コレステロールと通称されるLDLは酸化されやすく、一酸化窒素（NO）の産生に重要な血管内皮細胞膜を損傷させます。NO合成能力の低下は、血管収縮、血流低下、血小板の血管壁付着を招いて血栓形成を促します。これが糖尿病の合併症として脳梗塞や心筋梗塞が起きやすくなるメカニズムです。糖尿病患者のED（八〇%という報告もある）も、NO合成能力の低下に由来します。

降圧利尿薬の一部（*23）では、薬の副作用でEDになる可能性があります。抗精神薬であるドグマチール（商品名）は、スルピリド製剤というドパミン拮抗剤です。本来は統合失調症やうつ病においてドパミンを抑制するために使われますが、それ以外にも胃潰瘍や十二指腸潰瘍の胃薬として、場合によっては食欲増進剤としても使用され

---

*23　**降圧利尿薬の一部**：サイアザイド系利尿薬（ヒドロクロロチアジド）、カルシウム拮抗薬（ニフェジピン）、中枢作用性交感神経抑制薬（メチルドパ）、選択的α2受容体作動薬（クロニジン）、βブロッカー（アテノロール、プロプラノロール）など。

ます。ドグマチールを服用するとドパミン抑制によりプロラクチン増加が起こりますので、高プロラクチン血症による男性ホルモンや女性ホルモンの低下が原因のＥＤや無月経などの副作用を発症する可能性があります。

甲状腺機能低下症（橋本病）と甲状腺機能亢進症（バセドウ病）は、いずれもＥＤと関係があります。甲状腺機能低下症においては、甲状腺を刺激するホルモン（甲状腺刺激ホルモン放出ホルモン：ＴＲＨ）が増加して、甲状腺ホルモンとプロラクチンを増加させます。プロラクチンはＬＨを抑制してテストステロンを低下させますので、ＥＤとの関係は理解できます。一方、甲状腺機能亢進症では、甲状腺ホルモンがテストステロンからジヒドロテストステロン（ＤＨＴ）への代謝を過剰に促進してＥＤになると推測されていますが、詳細は不明です。

## バイアグラを学ぶ

シルデナフィル（商品名：バイアグラ）は当初、狭心症治療薬として開発されましたが、その効果は低かったそうです。しかし、副作用として陰茎勃起が観察されたことから、そこに着目して開発されたのがシルデナフィルであり、現在では勃起不全（ＥＤ）の治療薬として広く使用されるようになりました。

先述したように、勃起する際はまず、骨盤神経の末端より神経伝達物質の一酸化窒素（NO）が放出され、酵素（グアニル酸シクラーゼ）を活性化し、情報伝達物質（サイクリックGMP：cGMP）を作らせます。cGMPは海綿体平滑筋を弛緩させ、陰茎の血管を広げることにより、血液が大量に陰茎海綿体に流れ込み、勃起を起こします。シルデナフィルはcGMPの分解酵素であるホスホジエステラーゼ（特に七種類ある中のPDE5）を抑制する働きがあり、cGMP濃度を長く保持することにより、結果として勃起能を維持します。

PDE5阻害剤はいくつか発売されており、それぞれの半減期はシルデナフィル（バイアグラ）が三〜四時間、バルデナフィル（商品名：レトビア）が三・二〜五・三時間、タダラフィル（商品名：シアリス）が一四〜一五時間であり、後者ほど半減期が長い傾向にあります。

一方、狭心症治療薬であるニトログリセリンは、その製造工場で働く狭心症患者が自宅では発作が起こるのに、工場では発作が起きないことに気づいたのがきっかけで発見されたそうです。ニトログリセリンなどの硝酸薬（nitrates）の血管弛緩作用は以下の通りです。

硝酸薬が細胞内で分解されNOを放出し、血管平滑筋の酵素（グアニル酸シクラーゼ）を活性化し、cGMPを生成します。cGMPは細胞内カルシウムを低下させて血管平滑筋を弛緩し血管を拡張させ、血栓による梗塞を防ぎます。ニトログリセリンは全身の血管を拡張しますが、心臓の太い冠動脈に特に効果的です。したがって、シルデナフィルとニトログリセリンを同時併用すると、NOが必要以上に増加するため、血管拡張による低血圧を起こし、場合によっては死に至ることがありますので、併用使用は禁忌となっています。

ミノキシジル（商品名：リアップ）は開発当初、高血圧の経口剤として使用されましたが、副作用として多毛症が報告されたのをきっかけに、育毛剤として開発・市販されました。ミノキシジルはｃＧＭＰの分解を抑制して毛細血管の血流量を増やすことにより増毛すると考えられており、シルデナフィルと類似した作用が予測されます。

オーストラリアの男性愛猫家が育毛剤のリアップを頭に塗って寝ていたところ、猫が育毛剤をなめたために心不全（低血圧）を起こし、生死の境をさまよったそうです。注意書きが増える事例かもしれません。

## コラム　クーリッジ効果とは

アメリカ第三〇代大統領カルビン・クーリッジに関する逸話があります。大統領夫婦が別々に国営農場の見学に行きました。先に到着した大統領夫人に雄鶏担当者が「この雄鶏は一日に何回も交尾します」と説明したところ、夫人は「大統領にもこのことを必ず伝えてください」と依頼したそうです。遅れて到着した大統領に担当者がそのことを伝えたところ、大統領は担当者に「雄鶏の相手はいつも同じ雌鶏ですか」と質問したそうです。担当者は「毎回異なる雌鶏をあてがわれます」と答えたそうで、すぐさま大統領は担当者に「その事実を私の家内にもぜひ伝えてください」と指示したとされています。

このことから、オスが異なるメスとの交尾なら交尾回数が増加することを〝クーリッジ効果〟と呼んでいます。図4・35はオス牛に三つの異なる状況を設定して、その交尾回数をシミュレーションした結果を示しています。上段は、同じメスとの交尾回数は時間が経過するにつれ徐々に減少することを示しており、中段は場所を変えることで同じメスとの交尾回数が増加することを示していいます。下段は、交尾させるメス牛を毎回交換すると交尾回数があまり減少しないことを示しており、まさにクーリッジ効果と思われます。

旧石器時代の人類は年間を通して多夫多妻の乱婚であった可能性がありますが、男性のペニスの進化や人口増加にクーリッジ効果が関連していた可能性は否定できません。

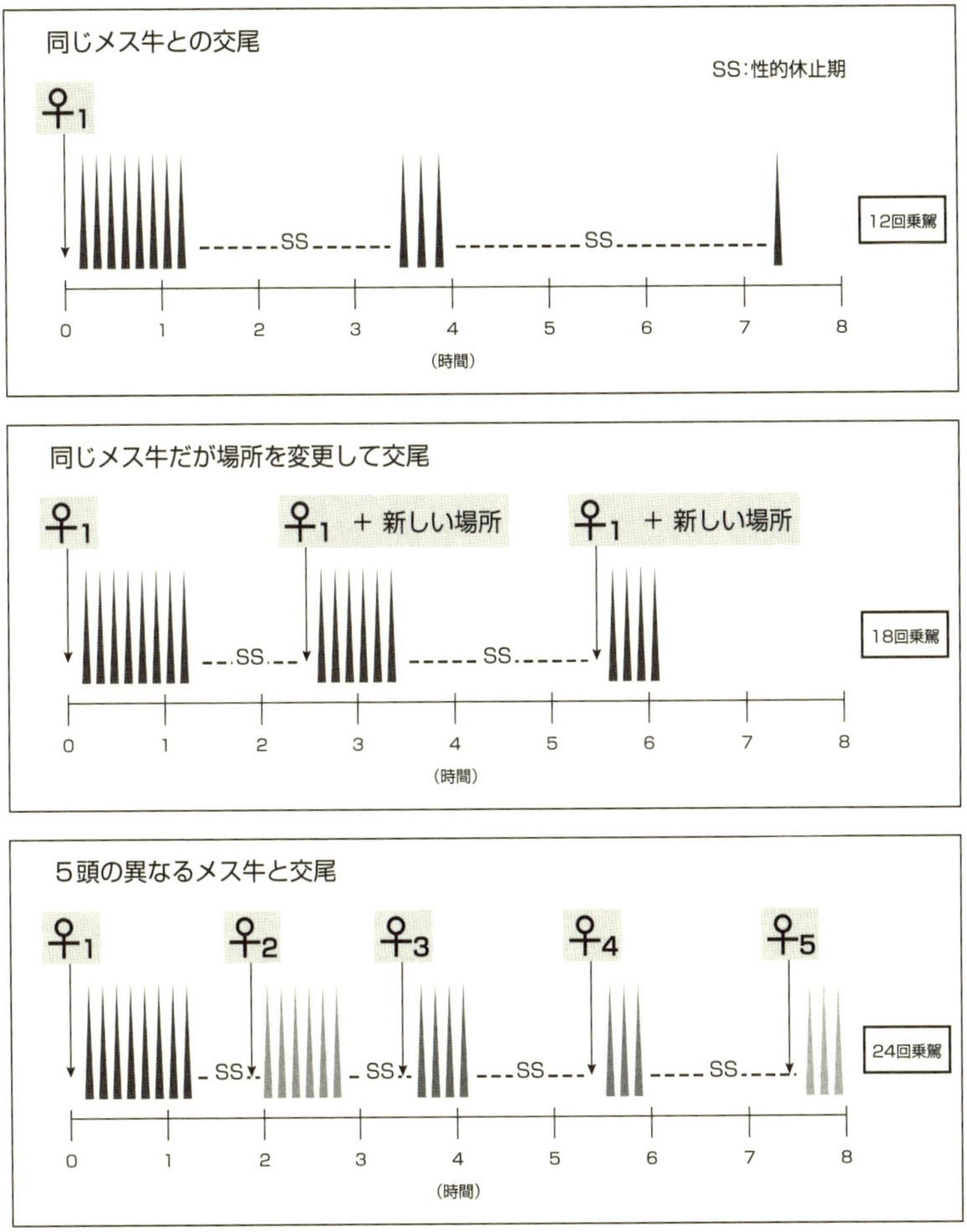


**図4-35　オス牛の交尾回数に与える因子（仮想）**
(出典：文献 9)

## コラム　セロトニンは生殖と情動にも関係する

メスのラットの中脳の縫線核（セロトニン神経は縫線核（*24）に集中している）を破壊すると排卵が抑制されますが、セロトニン作動薬を投与すると排卵は回復します。また、縫線核を壊すとわずかなエストロジェンでもロードシス（オスを許容する姿勢）を起こすようになることから、縫線核がロードシスを抑制していることになります。実際にメスのマウスにセロトニン合成阻害剤であるパラクロロフェニルアラニンを投与すると、ロードシスが亢進するそうです。

セロトニンは必須アミノ酸のトリプトファンから合成されますが、トリプトファンを含まない餌でオスマウスを飼うと、性行動が活発になるそうです。さらに、セロトニンの合成阻害剤のパラクロロフェニルアラニンを腹腔内に投与したり、セロトニン神経を破壊するジヒドロキシトリプタンを脳内に投与しても、同様に性行動は亢進します。[24] したがって、雌雄ともにセロトニンの低下は、性衝動を直接促進するというよりは、抑制系が解除された結果の反応と見られます。

ソビエト連邦崩壊前のロシアにおいて、野生の銀ギツネの家畜化が実施されました。おとなしいオスとおとなしいメスが選抜され、二〇代継代繁殖された結果、銀ギツネの視床下部のセロトニン神経とセロトニン濃度が野生より高いことが判明しました。野生動物の家畜化とは、おとなしい動物の選択育種であることが分かります。

野生マウスの中で人をあまり怖がらないマウスを選んで交配し、各世代から人に懐きやすい三二匹が選ばれ、一二代継代繁殖されました。そのマウスは、人が近づいたり触れても逃げないという性格を持っているそうです。このおとなしいマウスの遺伝子と野生マウスの遺伝子とで両者の異なる部位を調べたところ、ATR1とATR2という遺伝子が懐きやすさに関連しており、その遺伝子はマウスと犬の相同領域にあることが判明しました。この遺伝子の領域には脳内セロトニン量を調節する遺伝子も含まれており、やはりセロトニンがおとなしさと関連していることが証明されたものと考えられます。

一方、実験用ラットのセロトニン神経を破壊すると、ムリサイド（強い攻撃行動）が発現し、野生の攻撃性が復活します。したがって、野生動物は生存競争に打ち勝つために、セロトニンを低くして、臆病かつ攻撃的であることで生き残っていることになります。

闘犬に使われるアメリカン・ピット・ブル・テリア（ピットブル）や土佐犬は、おそらく野生動物のオオカミと同様にセロトニンの低いことが予測され、これらの犬種はセロトニンの低い個体を継代・維持していることになります。

人の大脳皮質は情動を発する大脳辺縁系を抑制することにより、人間らしさを保っています。大脳皮質と大脳辺縁系の交流にはセロトニンが重要な役割を果たしており、セロトニンがある程度減少すると、一過性に感情的・衝動的になりやすいと言われています。男性の犯罪率が女性より高いことは、健常な人の場合でも男性のセロトニンは平均して女性の五二％しかないことに関係があるのかもしれません。

（注釈）

＊24　縫線核：縫線核は中脳から脳幹の内側部に分布する神経集団であり、セロトニンを分泌する細胞とほぼ重なる。

# 5　妊娠と分娩

## 受精前の精子に起こる重要な現象

　精巣上体尾部の精子は卵子と受精する能力がありますが、いったん射精されると受精能を失います。その理由は、精液に含まれる受精能破壊因子が卵子と結合するために、受精に必要な卵結合蛋白質を覆い隠すためと考えられます。自然交配においては、精子がメスの生殖器道内を上行する間に、頸管粘液や子宮・卵管液により精子の受精能破壊因子は除去され、受精部位（卵管膨大部）に達する前に精子は〝受精能獲得〟します。

　受精能獲得した精子は、卵子の表面を覆っている卵丘細胞同士をつなぐヒアルロン酸を分解するために、精子先体から酵素（ヒアルロニターゼ）を放出して細胞を分散させます。受精能獲得精子には形態的な変化はありませんが、受精の際に起こる先体外膜と精子原形質膜とが融合して先体酵素を放出する〝先体反応〟では形態的な変化

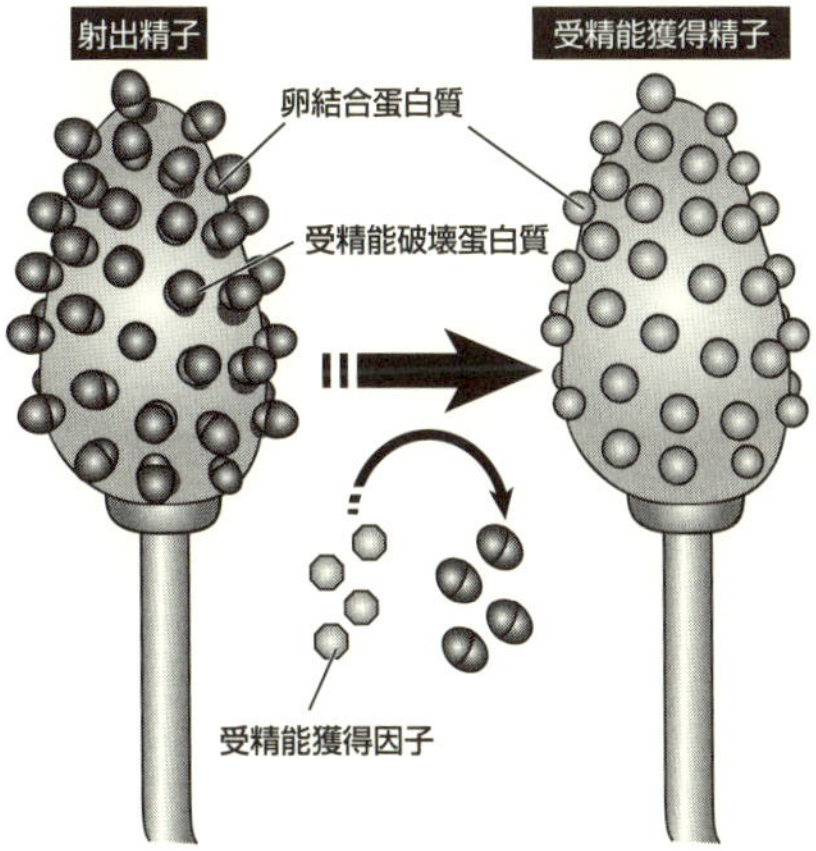


図4-36　受精能獲得精子の原理（仮説）

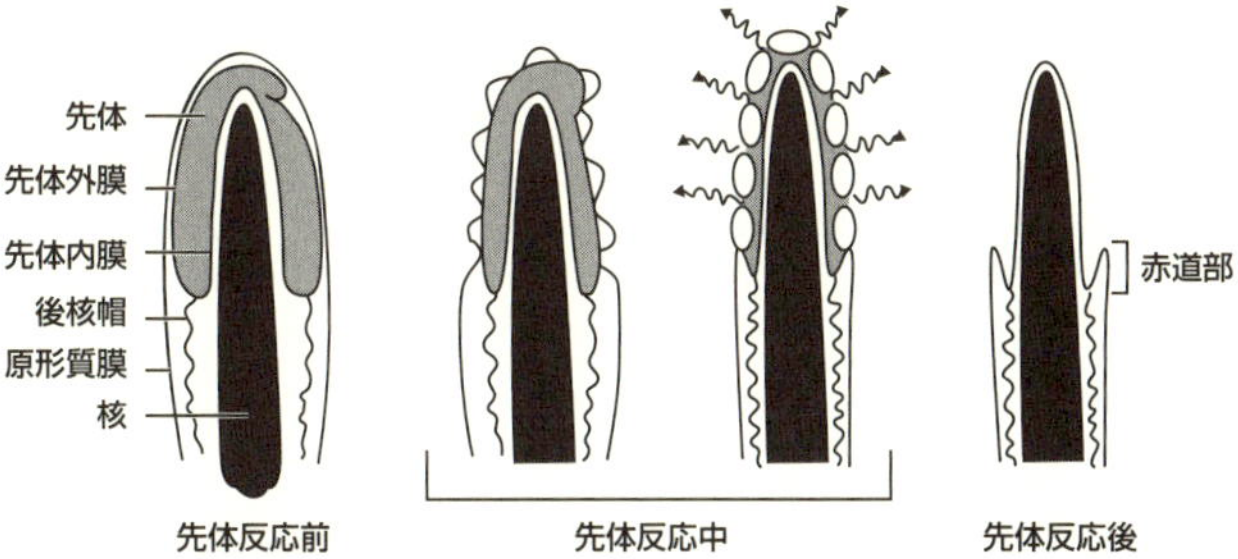


図4-37　先体反応過程の前後

を伴います。

卵丘細胞層を通過後、卵子の透明帯表面のＺＰ３受容体と精子とが結合します。この結合には種特異性があり、他種の精子は結合できません。透明帯を穿孔する際には、精子先体からアクロシン（加水分解酵素の一種）が放出され、透明帯を溶解する化学的先体反応が起こります。透明帯の通過には七～三〇分を要しますが、精子の超活性化運動による物理的な力も必要とされています。

人為的な体外受精においては、受精能破壊因子を含む精漿を数回洗浄した後に、精子に付着した受精能破壊因子を除去する処置を行います。そのために反芻動物の精子ではヘパリン処理が行われます。しかし、人精子は精子洗浄後、ヘパリン処理なしに培養液で培養するだけで受精能を獲得できます。

それでは、精漿中の受精能破壊因子はどのような意味を持つのでしょうか。実は受精能獲得した精子の生存期間は短いことが知られています。したがって、受精能獲得破壊因子は優良な精子を選択するために時間をかけて受精場所にたどり着ける時間を確保したり、排卵時期と交配時期とのずれを補う意義が考えられます。

凍結精液人工授精の受胎率は採取直後精液の人工授精の受胎率より低くなりますが、その要因の一つとして凍結精液精子の受精能獲得の増加があります。凍結精液を人工授精した場合に最初から受精能獲得していると、受精部位までたどり着けない可能性が高まります。

## 胎子はエイリアンか?

受精した胚は二細胞、四細胞、八細胞と割球の体積を半減させながら細胞分裂を繰り返し、胚の中心に液体を含んだ胚盤胞に成長します。胚盤胞は受精後一週間もすると膨張して透明帯から脱出します（ハッチング、孵化）。受精後の胚は栄養供給をどこから受けるのか不明でしたが、オートファジー（自食作用）による蛋白質分解により着床までのエネルギーを得ていることが判明しました[25]。オートファジーは、ノーベル生理学・医学賞を受賞した大隅良典氏が解明した現象として最近特に有名になりました（二〇一六年）。

脱出した胚は、母体の子宮内膜が着床を受け入れるように動物種ごとの異なるシグナルを送り、能動的に胎盤を形成します。胚組織の子宮内膜への侵入度や形態は、動物種により大きく異なります。

胚の子宮内膜への侵入度が低い動物においては、子宮腺からの組織栄養（子宮乳）と胎盤からの血液栄養とが合わさって栄養を供給します。胚の子宮内膜への侵入度が高い動物においては、専ら血液栄養が胎子栄養となります。胎盤の機能は胎子の発育に必要な栄養と酸素の供給はもちろんのこと、老廃物や炭酸ガスの排出など全般にわたります。

胎子は母体に完全に寄生依存する意味では〝エイリアン（異星人）〟と呼ばれます。犬は受精してから六三日くらい、牛は二八〇日くらいで出産しますが、母親の子宮容

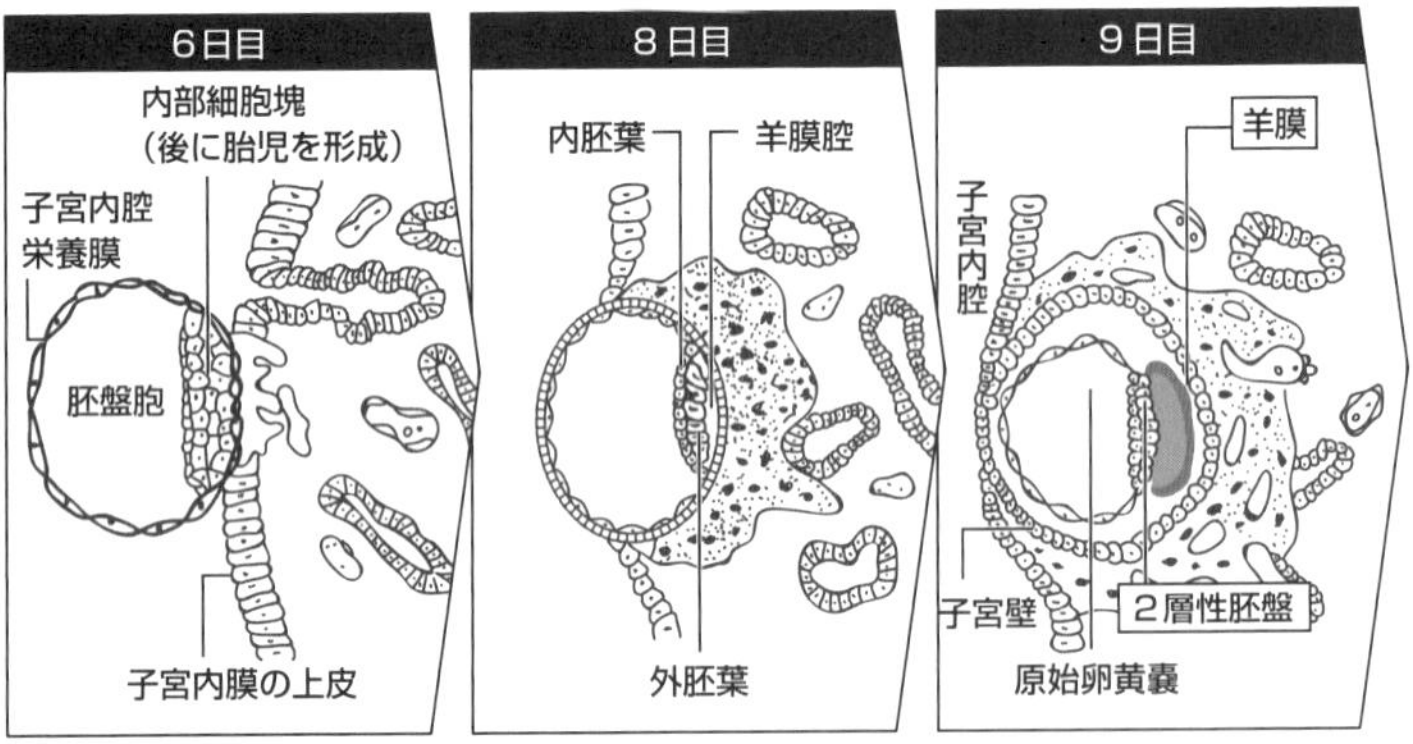


**図4-38　人胚が子宮へ侵入して胎盤を形成**
（出典：文献26）

積が成長した胎子にとって狭くなると子宮から脱出を図ります。お産時期は母親が決めるのではなく、胎子が外界で生きていける状態に成長した時に胎子から母体へお産開始のシグナルを送ります。

生まれた子犬は母乳をもらうだけでなく、生後二週間程度は排尿と排便も全て母親任せです。おそらく野生環境では、新生子の便と尿を親が舐めることで天敵に気づかれず、かつ巣穴を清潔に保つ意義があるのでしょう。また、この時期には子犬の目はまだ開いておらず、しかも低体温になりやすいため、乳房や暖かい物を感覚的に探す能力を子犬は持っています。

ある意味、生物界で最も弱き存在は胎子と新生子であり、親や周囲に最も強く依存する存在です。したがって、親や周囲が胎子と新生子の要求に適切に応えられないと、成長できません。

# 牛は黄体側になぜ着床するのか？

牛胎子は九九％、黄体がある側の子宮角に着床します。その不思議な現象の理由は、黄体側の子宮角内膜はプロジェステロン受容体が多く、反対側は少ないことから説明できます。さらに、プロジェステロン受容体値は黄体初期にはきわめて高くなりますが、黄体中期以降は低くなるため、子宮角間での差異が小さくなります。[27] したがって、一個の胚を移植する時は必ず黄体側に移植する必要があります。二個の胚移植の場合は、左右子宮角に一個ずつ移植されます。

授精後五～六日目のプロジェステロン値が高い牛ほど、人工授精や胚移植の受胎率が高いことが分かっています。その理由は、妊娠一六日目頃の子宮内のインターフェロン・タウ（ＩＦＮ・τ）濃度が、妊娠五日目のプロジェステロン値と高い正の相関関係にあることから説明されます。[28] ＩＦＮ・τは胚の栄養膜から放出され、母体に妊娠認識を伝える物質として発見され、インターフェロン（＊25）と構造が類似していることから名づけられました。

妊娠初期にプロジェステロン徐放剤を一週間程度腟内に留置すると、子宮内ＩＦＮ・τがきわめて高くなるという報告があります。したがって、妊娠初期のプロジェステロン濃度を高める方法として、牛

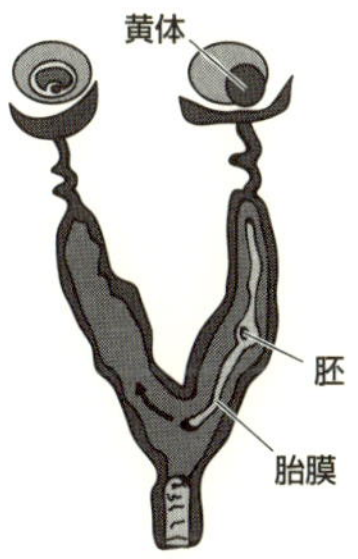


**図4-39　牛の黄体と着床部位**
（出典：文献29）

＊25　インターフェロン：当初、動物体内にウイルスが侵入した際にウイルスの増殖を抑制（干渉）する因子として発見されたが、その後、抗腫瘍作用のあることも分かり、ウイルスや腫瘍の治療薬として市販されている。

の妊娠五～六日目にhCGを投与することにより排卵させ黄体を形成させれば、二個の黄体からプロジェステロンが分泌されるため、受胎率が向上します。

一方、馬は黄体のある側でもない側でも着床しますので、着床位置は偶然に決まります。

## 反芻動物の母体妊娠認識

羊の妊娠一三～一五日目の胚から母体妊娠認識物質が発見されました。当初、羊トロホブラスト蛋白1（oTP-1）と呼ばれ、その後発見された牛の同様の物質は牛トロホブラスト蛋白1（bTP-1）と命名されました。その後、これらの物質はインターフェロンの構造と類似していることが判明し、現在はインターフェロン-タウ（IFN-τ）と呼ばれています。IFN-τは黄体退行の臨界時期においてプロスタグランジン（PGF2α）分泌を抑制する重要な働きを持っており、妊娠初期の血中プロジェステロ

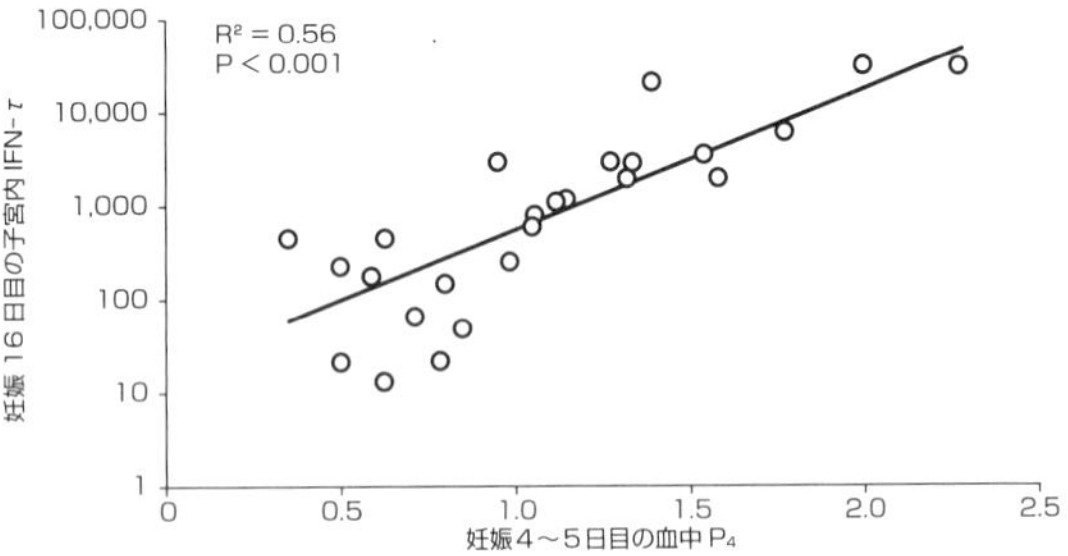


**図4-40**
**妊娠4～5日目の血中プロジェステロン（$P_4$）と16日目の子宮内 IFN-τ の相関**
（出典：文献28）

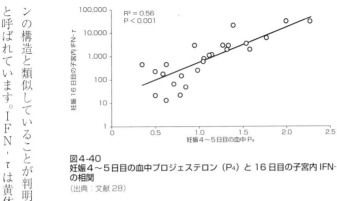

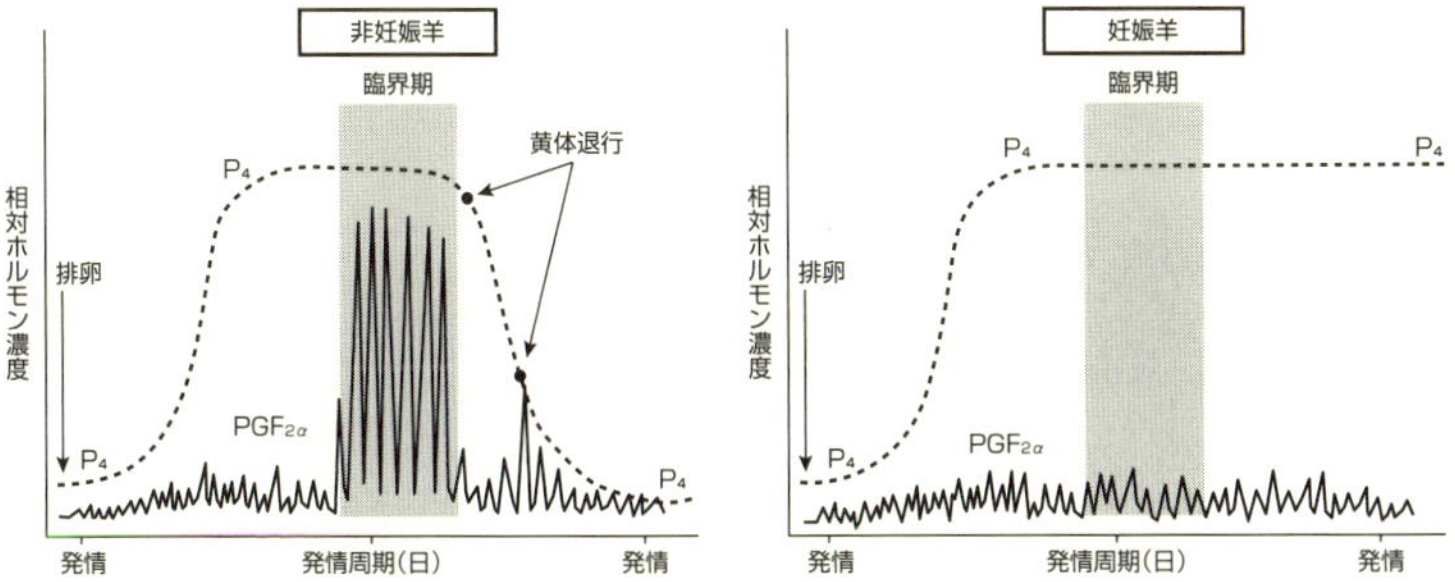


**図4-41　非妊娠羊と妊娠羊の臨界期における $PGF_{2\alpha}$ パルスの比較**
（出典：文献9）

ン濃度とＩＦＮ‐τ産生量とは正の相関があります。羊では黄体退行臨界期に五回以上のＰＧＦ２αパルスがあると黄体退行しますが、胚が存在すると一回程度に抑制され、黄体は維持されます。羊の臨界期は発情周期の一四〜一五日です。

発情周期黄体期の子宮内膜にはオキシトシン受容体が存在します。黄体からオキシトシンが分泌されると子宮内膜受容体と結合して、ＰＧＦ２αを合成促進し、子宮静脈から卵巣動脈を経由して黄体を退行させます。一方、妊娠期の胚からはＩＦＮ‐τが子宮内に放出され、子宮内膜のオキシトシン受容体を抑制するためにＰＧＦ２αの合成が抑制され、黄体は維持されます。このような物質は全ての動物に見られるのではなく、豚や馬では別の母体妊娠認識機構があります。

## 豚の胚の母体妊娠認識と着床

豚の胚は妊娠七~八日目に子宮角先端部位に到達し、その後八~一二日目までに左右の胚の数が等しくなるように子宮角内を移行します。一〇~一二日目の胚からはエストロジェンが分泌され、胎膜は驚くべき速度で伸長し、胚は等間隔に配置されます（これをスペーシングという）。胚からはPGE2も放出され、子宮内膜におけるPGE2合成を促進し、黄体退行作用のあるPGF2α合成を抑制する役割を有します。

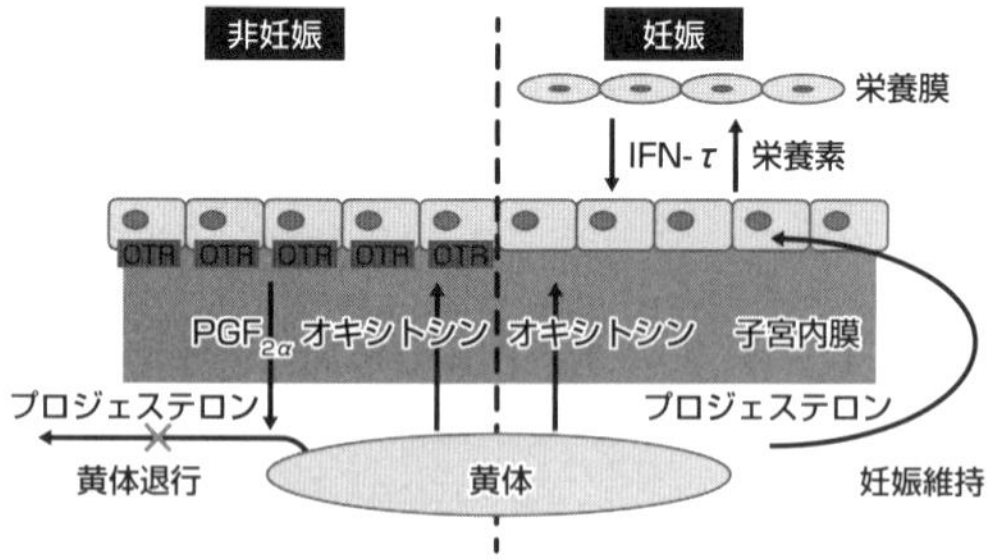


図4-42　非妊娠と妊娠におけるIFN-τの役割
OTR：オキシトシン受容体

豚が妊娠を維持するためには片側子宮角に最低二個の胚が必要であり、それ以上でないと妊娠を維持できません。この理由は胚からのエストロジェンやPGE2分泌量が一定量存在しないと、PGF2αによる黄体退行を阻止できないためと考えられています。

いずれにしても豚においては、母体妊娠認識にエストロジェンが最も重要な役割を持っており、特に妊娠一一~一二日目の増加と一五~三〇日目の増加が妊娠認識と着床に関係すると考えられています。

一五〜三〇日目の母体血中エストロジェン（硫酸エストロン）の増加は検出可能であり、早期妊娠診断に応用できます。豚の妊娠期間は約一一四日であり、牛や山羊などと同様にエストロジェンが妊娠後半にも増加します。

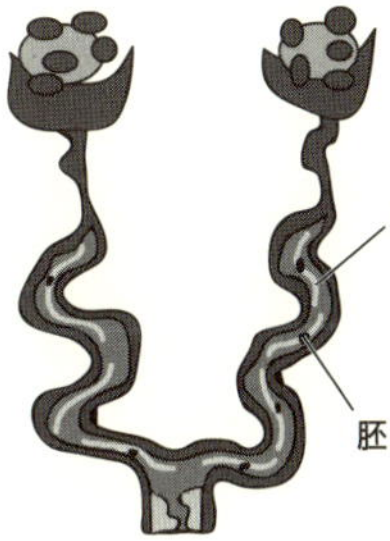


図4-43　豚の胎膜伸長とスペーシング
（出典：文献29）

## 馬は生殖学的に全てが特異的だ

牛や豚の卵巣は卵胞や黄体が成長する皮質が外側にあり、血管、神経、結合織などの髄質は内側にあります。ところが、馬の卵巣の外側にあるのは髄質であり、肝心な皮質は内側に存在します。実は馬の出生時には皮質は外側にありますが、成長するにつれ皮質が髄質の内側に侵入していき、性成熟前には完全に逆転してしまいます。馬の卵巣は排卵する部位だけが窪んでいるために排卵窩と呼ばれ、その排卵窩からしか排卵しません。そもそも馬の胎子の卵巣や精巣は、妊娠中期にエストロジェン前駆物質を大量に合成することから母馬の卵巣より巨大になりますが（胎子腹部の半分を占める）、妊娠末期には大分縮小します。

馬の妊娠初期に胎子由来の子宮内膜杯が母胎盤に侵入すると、馬絨毛性性腺刺激ホルモン（ｅＣＧ）が分泌され、複数の卵胞を成熟させ、その後副黄体を形成してプロジェステロン分泌を増強します。このｅＣＧのアミノ酸構造は下垂体ＬＨの構造と全く同じであることから、ｅＣＧがＬＨ作用を持つことは頷けます。ところが、ｅＣＧ製剤を馬以外の牛や豚に投与すると、全く作用の異なる強力なＦＳＨ作用を発揮しますし、妊馬血清に含まれるＦＳＨの力価が個体ごとに一定しないことが知られています。

最近、このｅＣＧの矛盾する生理現象が東京大学の塩田邦郎氏らにより解明されました[30]。ｅＣＧの蛋白質組成は同じでも$\alpha$鎖の糖鎖の変化が起こり、妊娠初期にはＦＳＨ作用を発現する糖鎖が多くなり、妊娠が進むにつれてＬＨ作用を発現する糖鎖が多くなることが分かり、その矛盾の一端が解明されました。

したがって、馬母体内では妊娠初期において下垂体ＦＳＨとともにｅＣＧは卵胞発育作用、その次に排卵や黄体化による副黄体形成・維持作用を持つ可能性があります。さらにｅＣＧは、副黄体からプロジェステロン産生を刺激するだけでなくエストロジェンも産生させることが分かり、胎子胎盤を着床させるために寄与しているものと考えられます。

馬以外の動物においては、エストロジェンが分泌される発情期に子宮収縮力が強まり、プロジェステロンが分泌される黄体期には子宮収縮が抑制されます。ところが、馬では発情期に子宮収縮が弱く、逆に黄体期に強い子宮収縮が見られ、本来のプロジェステロン作用とは逆の働きを示します。
馬の子宮収縮活動を非妊娠期と妊娠期で比較すると、妊娠期が非妊娠期より強いとされています。その機序として、妊娠馬胚がエストロジェンを分泌するだけでなく、子宮収縮を促進するPGF2αや子宮収縮を抑制するPGE2を分泌するためとされています。その証拠に子宮収縮する黄体期や妊娠初期の子宮腟部は充血していることが臨床的に知られています。それでも、発情期と黄体期における子宮収縮活動が他の動物と異なる理由は全くの謎と言えます。

オス馬は精巣から大量のエストロジェンを分泌することが昔から知られており、オス馬の血中エストロジェン濃度はメス馬の約三倍も高いとされています。オス馬の体の中でエストロジェンがどのような働きをしているのか、たいへん興味の持たれるところです。

## 馬の妊娠診断時期は驚くほど早い

馬の受精卵（胚）の子宮内への下降時期は排卵後六日であり、豚の二日、羊の三日に比べ遅いことが知られています。その理由は、卵管峡部の卵管筋層を弛緩させるPGE2が胚の発育がある程度進んでから分泌されるためです。そもそも、馬の未受精卵が数カ月以上、卵管内に複数個貯留する現象は（他の動物の未受精卵は子宮に排泄される）、以前からたいへん不思議なことと思われてきましたが、やっとその機序が解明されたことになります。胚は排卵後七日目に透明帯から脱出しますが、すぐにカプセルに包まれます。このカプセルは他の動物には存在しませんが、妊娠一一～一五日まで左右子宮内を一日五～六回以上遊走します。この遊走の意義は、母体の黄体を退行させないために、子宮内膜からのプロスタグランジン（ＰＧ）産生を阻止する動きと考えられています。このカプセルは妊娠一六日頃に子宮角のどちらかの入り口に引っかかり、固定され、その後着床します。

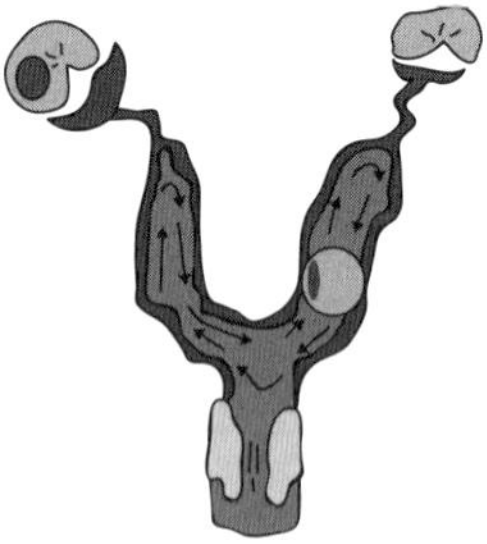

**図4-44**
**馬の妊娠初期 11 ～ 15 日まで子宮内を遊走するカプセル**
（出典：文献 29）

牛の場合、黄体のある側の子宮内膜のプロジェステロン受容体が妊娠初期に特に多く、大部分が黄体側の子宮角に着床しますが、馬の胚が着床する子宮角は黄体とは無関係にどちらの子宮角にも着床します。

馬の妊娠診断は驚くほど早く、妊娠一五～一六日頃に一度行われますが、牛では超音波検査でも三五日頃の実施ですのでその早さが分かります。このように、早い時期の妊娠診断を必要とする理由は、五～一六％も発生するという双子排卵を見つけて、この時期に片側の胚を破砕するためです。一六日を過ぎると破砕の成功率が低下するとされています。馬の双子妊娠は妊娠七～八カ月齢に約八〇％が流産しますので、双子妊娠は最も望まれません。

馬の胎嚢は卵黄嚢が長期間持続するために、妊娠五〇日でも胎嚢が球形を維持しています。したがって、直腸検査での妊娠診断は子宮の膨瘤物の触知により行われます。一方、馬以外の動物では、卵黄嚢胎盤は一過性にしか存在せず、すぐに絨毛嚢胎盤に移行して胎膜は長く伸長します。

## 人と牛の分娩予定日は同じ計算式を使う

ホルスタイン乳牛の妊娠期間は二八〇±一五日ですが、人工授精日を妊娠初日として計算します。人工授精は発情発見後六～一二時間に実施されることが多く、排卵は発情終了後一二時間頃に起こりますので、排卵が遅れた場合は、最大一日くらいは妊娠期間を余分に数えることになります。

牛を含め多くの動物の成熟卵子は、排卵直後に受精能力を持っていますので、排卵時期が受精時期と考えられますが、犬は例外的な動物です。犬の場合の排卵は、発情（オス許容期）に入ってから二～三日頃に起こります。しかも未成熟卵で排卵されますので、排卵直後は受精能がなく、受精可能になるまで二～三日を要します。したがって、もし発情開始直後に一回だけ交配した場合は、最大六日間も受精（妊娠）はお預

<最終月経開始日の月数>－3（または＋9） 月

<最終月経開始日の日数>＋7 日

図4-45　分娩予定日の簡易計算法

けになる可能性があります。そのようなことからか、生殖器道内における犬精子の受精能持続期間は、約五日間と最も長くなっています。

人の妊娠期間の開始は、動物のような交配時期を指標にはできません。人では月経周期が最も明瞭な指標ですので、最終月経開始日を妊娠開始日として利用しています。妊娠に関係する排卵は最終月経開始日から約二週間後に起こりますので、妊娠一カ月間には二週間の不妊娠期間が含まれます。その不妊娠期間を含めて人の妊娠期間は四〇週ですので、日数にすると二八〇日となります。

したがって、分娩予定日は乳牛と同じ計算式を使って計算します。最終月経を開始した月から三を引いて（または九を足す）、日数に七を足すと簡単に分娩予定日が算出されます。この分娩予定日は牛と同様に計算すると二六六日に相当しますので、正味の妊娠期間は牛より二週間短くなります。実際の分娩は、予定日より前三週（三七週）～後ろ二週間（四二週）は正常妊娠期間とされ、満期分娩もしくは正規分娩とみなされます。

## 分娩発来機序

分娩がどのように開始されるのか、長らく疑問であった現象です。

胎子下垂体‐副腎皮質賦活説は、リギンスが提唱した「羊の陣痛発来は胎子下垂体‐副腎皮質系の活性化がその時を決める」というものです[31]（一九六八年）。胎子の副腎が小さかったり（低形成）、両側副腎摘出によって陣痛発来は延長し、胎子への副腎皮質刺激ホルモン（ACTH）投与や副腎皮質ホルモン投与によって早産が惹起されます。また、胎子が成熟すると副腎皮質のコルチゾール分泌が増加し、胎盤で酵素（17αヒドロキシラーゼ）活性が亢進し、この酵素活性によって胎盤でのプロジェステロン産生がエストラジオール産生へと変換され、プロジェステロン消退を引き起こし陣痛が発来するというものです。妊娠末期の主なプロジェステロン産生源が羊と異なり黄体である牛では多少経路が異なるようですが、概ね納得

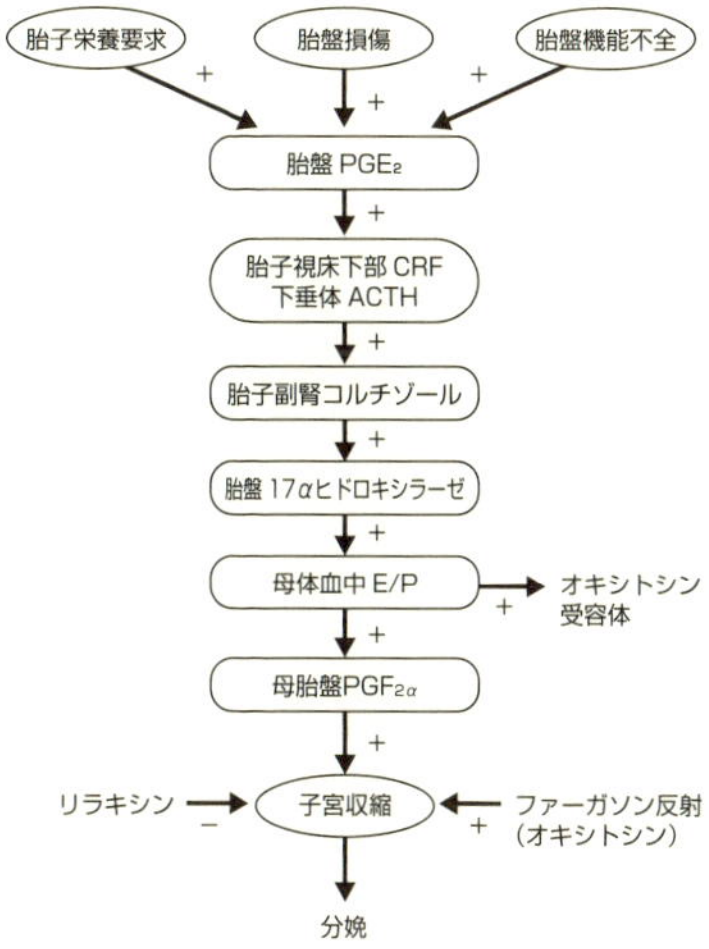


**図4-46　羊における分娩発来機序**
E：エストロジェン、P：プロジェステロン
（出典：文献32）

できる仮説です。しかしながら、人においては胎盤にこの酵素（17αヒドロキシラーゼ）は存在せず、羊と単純に比較することはできません。

その後、人母体血中のCRF（ACTH放出ホルモン）が胎盤からも産生されることが明らかとなり（本来、CRFは視床下部から産生される）、母体血中CRFは分娩時に最高値となり、分娩後一〜二時間にはただちに低下します。また、妊娠週数が進むにつれて、CRFの阻害因子であるCRF結合蛋白質濃度が低下します。胎盤CRFは副腎皮質のコルチゾールによる抑制を受けないことから、妊娠末期には胎盤CRF、胎児副腎コルチゾールともに増加し、胎盤CRF・胎児下垂体ACTH・胎児副腎コルチゾール・DHEA-S（*26）の経路が形成されます。胎児副腎DHEA-Sは胎盤アロマターゼでエストロジェンに変換され、妊娠末期にはエストロジェン優位となってプロジェステロン消退が起こり、子宮収縮が誘導されるというのが最近の説です[33]。

いずれにしても、上記のように週単位の出産時期は、胎児の成長が一定レベルに達した時に胎児から出産信号を母体に送りますが、日単位の出産時期は母体が決めるとされています。

人の分娩の開始時期は陣痛が規則正しく発来し、胎児娩出まで続く陣痛で、陣痛の周期が一〇分以内または一時間に六回の頻度となった時点とされています（日本産科婦人科学会）。したがって、一般的には陣痛間隔が初産婦で一〇分ごとに、経産婦で一五分ごとくらいになったら病院に連絡して、受診するのが一般的です。

---

*26　DHEA-S：DHEAは副腎皮質由来の男性ホルモンの一つであり、大部分は硫酸抱合体（DHEA-S）として存在する。

## 分娩誘発

分娩誘発は、正規分娩時期を過ぎた場合や望まれない妊娠に対して実施されます。牛の長期在胎は三〇〇日とされていますが、実際は難産率を配慮して満期分娩予定日（乳牛は二八〇日）より七～一〇日過ぎた頃に分娩誘起されることがあります。分娩誘起にはPGF2αまたは副腎皮質ホルモン（デキサメサゾンやフルメサゾン）が使われます。馬は人と同様に、分娩誘起に頸管開口度に応じてオキシトシンが使われます。

分娩には子宮が同期して子宮全体が収縮する必要がありますが、PGF2αは子宮全体の収縮を可能にするギャップ結合（細胞と細胞をつなぐ蛋白質複合体で、情報の通路となる）を新たに形成することによってネットワークを作ります。通常、PGF2αはいつでも分娩誘起する可能性がありますが、副腎皮質ホルモンは妊娠末期に効果が限定されます。犬や猫の妊娠三〇日以降の分娩誘起にPGF2αが使用されますが、プロラクチン拮抗薬であるドパミン作動薬（例えばカベルゴリン）でも流産を誘起できます。犬や猫の妊娠黄体は、特に妊娠後半ではプロラクチンの働きで維持されていますので、プロラクチンの分泌を抑制すると黄体からのプロジェステロン分泌が低下してしまい、流産が引き起こされます。

単胎動物の牛、馬では子宮全体が同期して収縮する必要がありますが、このことが単胎動物の双子分娩で難産が多発する理由になります。多胎動物では子宮頸管に近い部位から左右交互に子宮収縮して胎子が娩出されますので、単胎動物とは異なる子宮収縮機序が存在するものと思われます。

妊娠末期にはエストロジェン濃度が増加して、オキシトシン受容体を増加させます。本来分娩において、副腎皮質ホルモンやＰＧＦ２αが分娩開始に関与して、出産のクライマックス時にオキシトシンが放出されて胎子娩出が終了します。分娩において胎子頭部が膣前庭に達すると強い圧迫が膣壁に伝わりますが、この時期に最も強い娩出力が要求されますので、下垂体からオキシトシンが大量に分泌され、最大の難関を突破します（これをファーガソン反射という）。犬の難産において、手袋をした指で膣背部を圧迫する〝フェザリング〟を行うと、オキシトシン分泌が促進され、娩出を促すことができます。それでも子宮収縮が弱ければ、オキシトシンを低用量から段階的に投与します。

乳牛の難産は初産で一〇～一五%、経産で三～五%程度見られますが、初産の母牛は出産時にはまだ成長途中であり、骨盤サイズより胎子が大きいことが原因です。犬の初回発情での交配は体が未発達のため避けるべきであり、二回目以降の発情で交配を行います。犬が一回出産したら、次回の発情での交配は母体の健康上見送られます。猫は成長してからは連続出産でも大きな問題はないようですが、あまり多数回の交配は避けるべきとされています。犬の出産は安産と思われていますが、ブルドッグなどの短頭種や超小型犬種では頭部が大きいために難産率が高いことから、計画的帝王切開が行われます。

## 肺サーファクタントがないと呼吸できない

人の胎児期の肺は機能しませんので、肺は空気ではなく肺水によって満たされています。妊娠二四週齢以降になると、肺上皮細胞から肺サーファクタント（界面活性剤）が分泌され、三五週齢までに増加します。肺サーファクタントの増加は、胎児副腎皮質から分泌されるコルチゾールによるものです。

この肺サーファクタントは肺胞の表面張力を低下させて、出生直後に肺胞を膨らませることにより、呼吸することが可能になります。この肺サーファクタントが少ないと水の表面張力が強く、肺胞は拡張できません。したがって、生後も肺サーファクタントは肺胞から一生涯産生され続けます。

未熟児や超未熟児で生まれると肺サーファクタントの産生が不十分であり、肺胞を膨らまして酸素を十分に吸収することができないために、呼吸窮迫症候群に陥ります。秋田大学の小児科医であった藤原哲郎氏は、日本の製薬メーカーと協力して牛肺から肺サーファクタントを抽出する技術を開発し、世界で初めて肺サーファクタントを新生児医療に利用できるようにしました（一九八七年）。現在ではこの製剤のおかげで、二八〇グラムの超未熟児でも生存することができます。

牛海綿状脳症（ＢＳＥ）がイギリスで発生してからは（一九八六年）、牛由来の様々な製剤が製造禁止となりましたが、この肺サーファクタントだけは例外的にＢＳＥ未発症国の牛を使うことを条件に製造が認められています。牛由来の物ですので、牛に

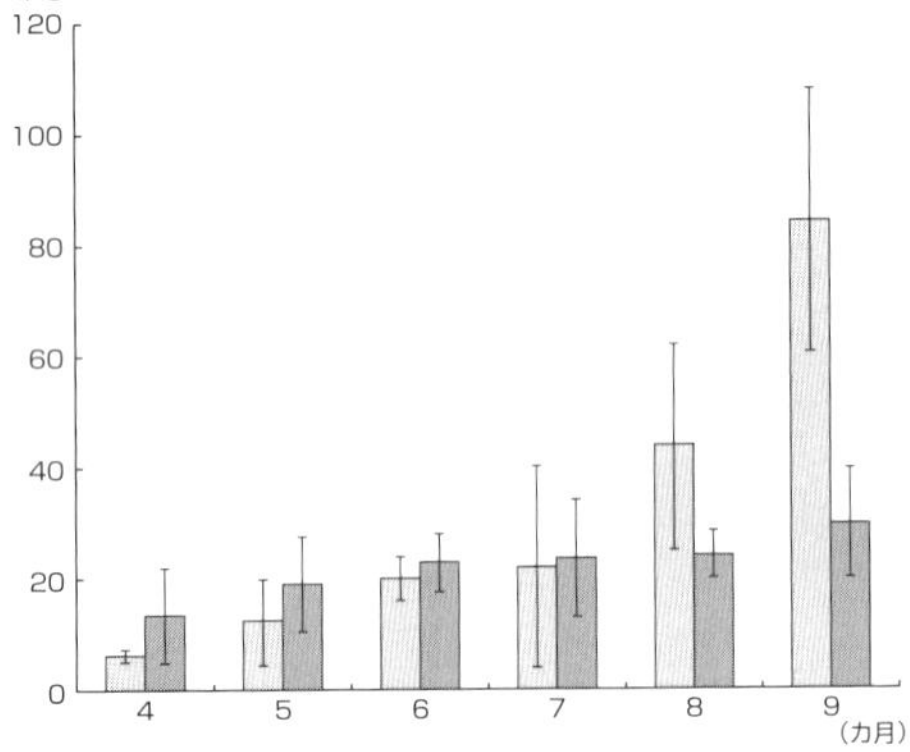


**図4-47**
**牛の羊水中のレシチンとスフィンゴミエリンの妊娠月齢別推移**
グラフ左はレシチン、右はスフィンゴミエリン。

も応用したいところですが、値段が高額（一本約一〇万円）なために経済的理由により使用できません。

　図４・47は牛の羊水中に含まれる肺サーファクタントのレシチンとスフィンゴミエリンの妊娠月齢別の推移です。スフィンゴミエリンがほぼ一定なのに対して、レシチンは八～九カ月齢で急増しています[34]。レシチンとスフィンゴミエリン（L／S）比が二を超えると肺胞は成熟しているとみなされますので、九カ月齢では十分に生存可能と思われます。

## 哺乳と子宮収縮との関連

多胎動物の分娩において重要なことは、先に生まれた新生子に分娩中から哺乳させることです。新生子が吸乳するとオキシトシンが分泌され、このオキシトシンは子宮収縮も促進しますので、後の産子が早く生まれるように兄弟で協力していることになります。ここに自然の妙がありますので、間違っても新生子を親から取り上げないようにする必要があります。人の新生児を含め、家畜の新生子に出産後授乳させることもオキシトシン分泌を刺激しますので（出産時と同じくらい分泌される）、胎盤排出や子宮修復に大きく寄与しています。

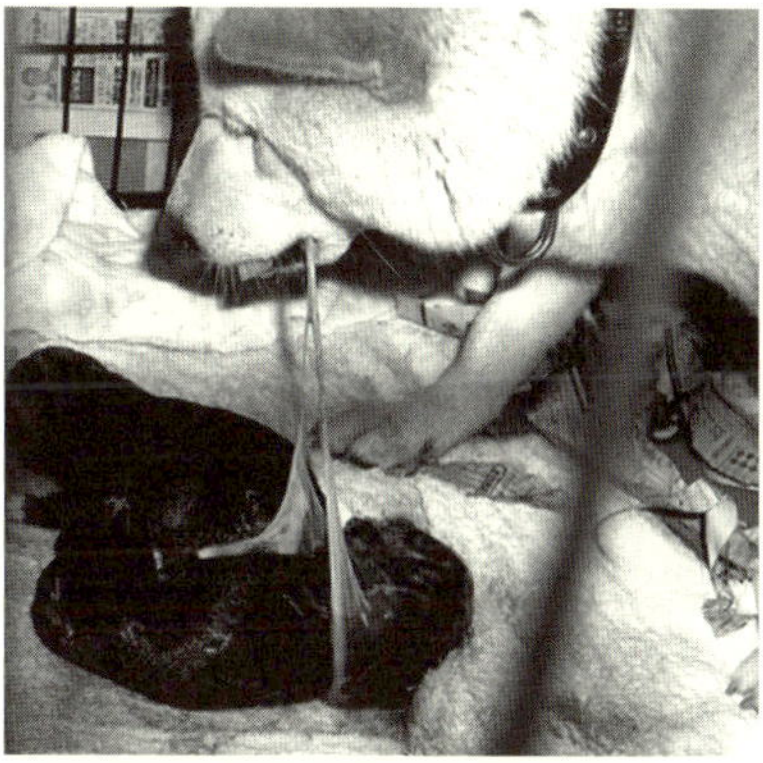

**図4-48　犬の出産直後の様子**
母犬はすぐに体膜を被り、子犬を舐めて蘇生を促す。

胎子が子宮から膣前庭に侵入すると、オキシトシンが大量分泌されるファーガソン反射が起こります。これは分娩の最終段階で起こる分娩の妙に当たります。これは自説ですが、ファーガソン反射は犬交尾の折にも起こると考えられます。犬の交尾に際して、ペニスの亀頭球は膣前庭の中で大きく膨張して固定されますが（コイタルロック）、この時に膣壁へ強い圧迫が加わりますので、オキシトシンが分泌される可能性があります。実際、バルーンカテーテル（空気を入れて風船を膨らまして固定するカテーテル）を用いた人工授精の折に手袋をした指で膣背部を圧迫すると明らかに収縮が強まりますので、直腸と子宮周辺に分布する神経系の刺激はオキシトシンを介在して精液を子宮へ移動させるものと考えられます。

分娩が始まらない時には、人においては陣痛誘発にＰＧＥ２座薬やオキシトシン注射が使われます。

コラム　**現代人は昔の妊娠概念を笑えるか?**

アマゾンの奥地に住む原住民は、長期間にわたる子宮への精液の蓄積が胎児の成長につながり、胎児は男の〝ミルク〟で育つと考えてきました。ギリシャの哲学者アリストテレスは、月経血から胎児が発生すると提唱し、精液が妊娠を促すと仮説を立てましたが(紀元前三五〇年)、この考え方は西洋において長年信じられてきました。

そもそも、人類が精子の存在を知るのはアントニ・ファン・レーウェンフックが顕微鏡を発明してからです(一六七七年)。また、オスのカエルに布のズボンを履かせ、精子の遊出を阻止すると、カエルの卵はオタマジャクシに変化しないことも明らかになり、ここに避妊法の原点があります(一七六〇年)。その後、カール・エルンスト・フォン・ベーアにより卵子の存在が明らかになり、卵子と精子が受精して胚になることが証明されましたが(一八二八年)、この事実は科学者の一部が知るのみであり、多くの人は現在でも卵子や精子を直接観察することはありません。

したがって、一般に、子供の誕生には雌雄(男女)の交わりが不可欠であることは分かっていても、妊娠を望んでも望まなくてもそのコントロールは人知を超えており、〝神の思し召し〟であると長く固く信じられてきたとしても無理からぬことでした。そのような流れで、今でも結婚式は祭司の下で神前、仏前で行われるものと思われます。

原住民の特別な儀式として、恍惚となった男女が結び合いを披露する習慣が残っていることから、神代の時代から一族の繁栄と豊穣の願いを重ねる儀式は行われてきたようです。さすがに日本では人前で行為を見せる文化は記録上存在しないようですが、江戸時代では夜の真っ暗な神社や村から人里離れた祠に若い男女が集まる〝お籠り〟や〝お山〟と称する雑魚寝が行われた記録が残っています。雑魚寝する前に神様への儀式があったことは、子孫繁栄は神様の思し召しという大義名分の裏付けと思われます。もし、雑魚寝の後に子供が生まれると父親は誰か分からないことから、村の有力者や村人の協力で育てるという習慣もあったそうです。また、江戸時代の盆踊りは村人全員が協力して行う一大イベントであったと思われます。その実態は、祭りの夜中に一年に一度の乱交パーティーが催されていたとしても不思議ではありませんし、祭りに若者の血が騒ぐのは当然かと思われます。

# 第五章

# 性感染症

# 性感染症とは

性交または性器接触により他の人に感染する疾患は、性感染症（ＳＴＤ（＊1））と呼ばれています。性感染症を起こす微生物は、乾燥した皮膚では生存または増殖しにくく、皮膚と体内との移行部位の湿った粘膜では増殖しやすいのが特徴です。この移行部位には女性の外陰部、膣、男性のペニス、両性の尿道、唇、口腔内、目、肛門などが含まれます。性感染症の原因には原虫（寄生虫）、細菌、ウイルスなどが含まれます。世界的に最も多発している性感染症の原因は、トリコモナス性感染症や性器クラミジア感染症などを起こす原虫です。ウイルスによる性感染症としては、尖圭《せんけい》コンジローマ（ヒトパピローマウイルス感染症）、性器ヘルペスウイルス感染症（単純ヘルペスウイルス）、エイズ（ヒト免疫不全ウイルス）などがあります。細菌による性感染症としては、淋菌感染症（淋病）、梅毒、軟性下疳などがあります。

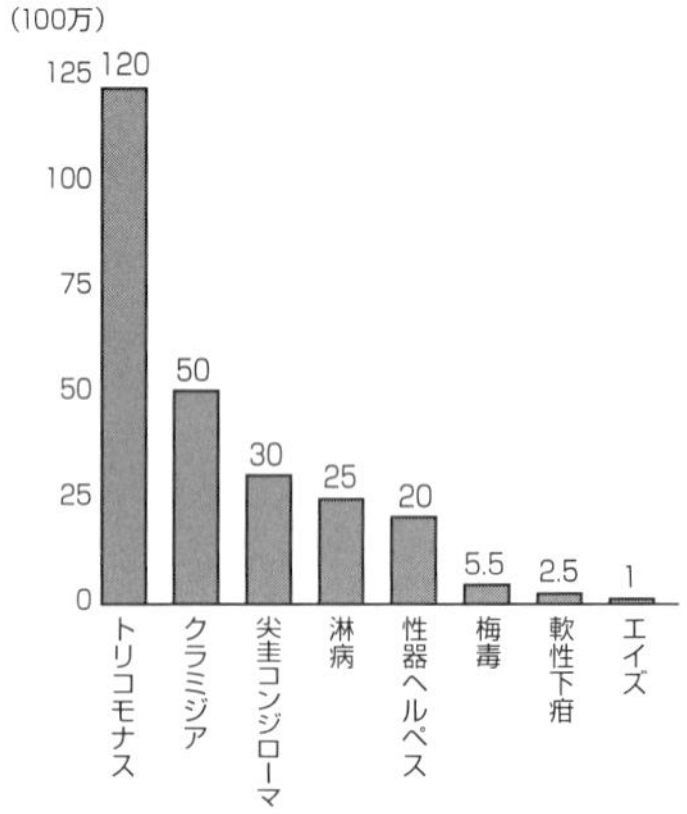


**図5-1　一般的な性感染症の世界的発生率（年間新規発生数）**
（出典：文献1）

国内の定点医療機関においてフォローされている重要な性感染症には、淋菌感染症、性器クラミジア感染症、

＊1　ＳＴＤ：Sexually Transmitted Diseases の略。

性器ヘルペスウイルス感染症、尖圭コンジローマなどがあります。全ての症例を報告する義務がある性感染症として、梅毒があります。国内の性感染症では、多い方から性器クラミジア感染症、性器ヘルペスウイルス感染症、淋菌感染症、尖圭コンジローマの順になり（二〇一六年）、最近急に増加している性感染症として梅毒が挙げられます。

## 性器クラミジア感染症

性器クラミジア感染症は、淋菌感染症、性器ヘルペスウイルス感染症、尖圭コンジローマとともに、五類感染症として報告が義務付けられています。性器クラミジアは、クラミジア・トラコマティスが正式名称です。昔は目のトラコーマ（感染症）である伝染性慢性結膜炎の原因として知られ、衛生状態の悪い地域で、一〇歳以下の幼児に発症していました。クラミジアは細菌であり、現在は目ではなく性器での感染が増加しています。

一回の性交で五〇％が感染し、性感染症の原因の約半分とされており、国内に一〇〇万人の感染者が推定されています。女性の症状は軽いことが多く、感染しても八〇％が症状を示しません。しかしながら、放置すると深刻な問題になるおそれがあります。特にクラミジアが子宮を上行すると、卵管閉鎖または骨盤内感染症を引き起こす可能

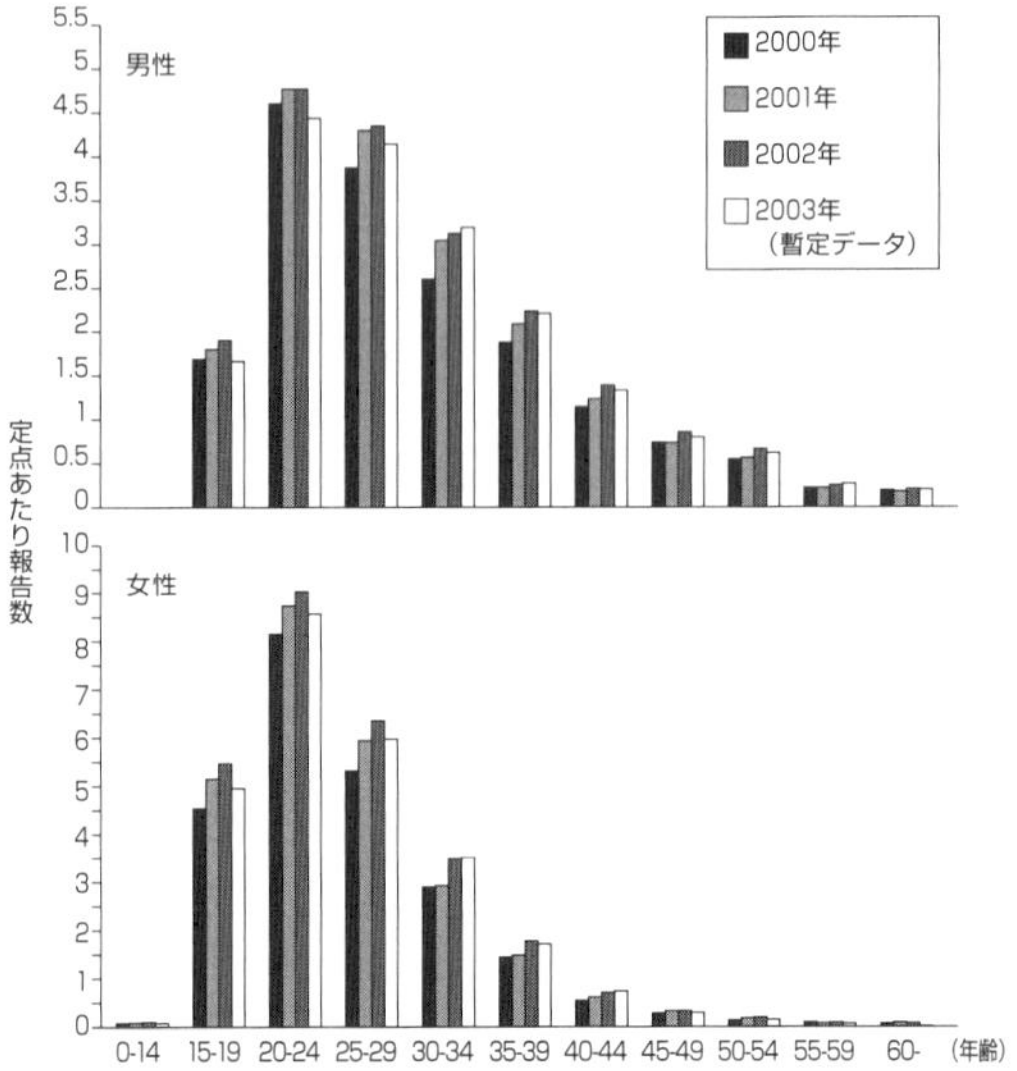


**図5-2　性器クラミジア感染症の年齢別発生状況**
（国立感染症研究所）

性があります。人の不妊症の三割は卵管閉鎖とされていますが、子宮内膜症とともにクラミジアはその原因となります。少なくとも、妊婦検診において正常妊婦の三～五%にクラミジア保有者がみられることから、自覚症状のない感染者はかなりな割合と考えられます。妊婦が感染している場合、新生児がクラミジア産道感染を起こし、新生児肺炎や結膜炎を起こす可能性があります。また、淋菌との重複感染も多いとされています。

男性の感染では、約五〇%が無症状とされています。症状としては尿道炎が最も多いですが、若年層の精巣上体炎の原因ともされています。排尿痛、尿道不快感、そう痒感などの自覚症状も出ます。日本では外国に比べ喉へのクラミジア感染が多いとされ、喉の腫れ、痛み、発熱、まぶたの腫れ、目の充血などが見られることがあります。

## 淋菌感染症（淋病）

淋病は細菌感染によるもので、クラミジアと同様に高い感染率を有する性感染症です。〝滴る〟という意味で淋病と表記され、男性が感染した場合に尿道から膿が滴ることに由来します。国内ではクラミジアに次いで感染者の多い性感染症とされています。男女もしくは同性愛者の性交時に感染しますが、オーラルセックスによる感染が多いのが特徴で、口や肛門から感染します。感染してから症状が出るまで二〜七日程度で、ほとんどの男性において排尿の際に痛みが走り、濃い黄色の膿が出ます。女性は排尿痛、不正出血、下腹部痛、膿性の帯下（オリモノ）、帯下が多くなるなどの症状を示すことがありますが、八〇％の人は痛みを感じることがありません。特に女性は感染に気がつきにくいため、逆に注意が必要な性感染症と言えます。抗生物質療法により完治させることは可能ですが、完治していないと女性不妊症の原因や胎児感染を起こす危険があります。

## 性器ヘルペスウイルス感染症

性器ヘルペスウイルス感染症は、単純ヘルペスウイルス（ＨＳＶ２ウイルス）により発症します。このウイルスは性器、口、肛門に存在するヘルペス病変部と接触することにより感染します。感染後四～七日で男女ともに性器に小さい水泡ができて、数日後には小さくて丸い、痒みを伴う多数の潰瘍が持続します。重度の潰瘍は感染者の一〇％に起こりますが、九〇％の潰瘍は軽度で、気づかれないこともあります。男性の潰瘍は主にペニス体部、包皮、亀頭、外尿道口に起こり、割礼を受けていない人に多発する傾向があります。初期症状として女性の疼痛が大きく、潰瘍は外陰唇、陰核、子宮頸管、外尿道口、会陰部に発症します。したがって、排尿や性交時に疼痛を感じます。ヘルペスに一度感染してしまうと、その後はウイルスを死滅させることができず、再発を繰り返します。ただし、再発を抑える治療を行うことは可能です。

## 尖圭コンジローマ（ヒトパピローマウイルス感染症）

尖圭コンジローマはヒトパピローマウイルス（主に六型と一一型）により、性器や肛門の周りにイボができる性感染症で、国内では男女を合わせて年間四万人ほどの患者がいるとされています。感染してから症状が出るまで一カ月～一年程度かかります。

イボは湿った軟らかいカリフラワー状を呈し、ピンク→赤→濃い灰色になります。女性は子宮頸管、外陰唇、腟、会陰などに、男性は尿道、陰嚢、包皮、亀頭などに見られます。

女性においては、このウイルスの存在と子宮頸癌との関連が指摘されています。通常、自覚症状がない場合が多いですが、性器に痒みや痛みを感じることもあります。イボの完全治癒は難しく、精神的な苦痛が大きいとされています。妊娠するとイボが急速に大きくなり、産道を閉鎖して帝王切開になることもあるそうです。また新生児の喉に感染して、子供の気管支などに乳頭腫というイボが繰り返しできて呼吸困難になることがあります。

## 梅毒

梅毒は、スピロヘータ（＊2）の一種である梅毒トレポネーマという細菌により発症する重篤な性感染症の一つです。梅毒という名称の由来は、病期の第二期になると赤いあざのような腫瘤ができることから、ヤマモモ（楊梅）に似ているためとされています。梅毒はペニシリンが開発される前は、不治の病とされてきました。ここ数年、梅毒の新規感染が急増しており、二〇一七年には国内で五〇〇〇人を超えたようです。九〇％以上は性交により感染しますが、特に粘膜や皮膚の外傷から感染します。また、

＊2　スピロヘータ：菌体は螺旋状で鞭毛により活発な回転運動を行う細菌の総称。

梅毒患者はエイズウイルスに感染しやすくなります。

　梅毒の病態は四つのステージに分類されます。第一期は感染から三週間くらいで、性器に痛みを伴わない軟骨のような硬いしこりができて、太もものリンパ節が腫れますが、しばらくするとそれらの症状は消失します。第二期は、感染して三カ月くらいで、細菌が全身に行きわたる時期です。ピンク色のあざが顔や足に多数でき、赤茶色の小豆～エンドウ豆くらいの腫瘤ができて脱毛が起こりますが、三カ月～三年くらい続き、その後消失します。第三期は、感染してから三年後くらいで、皮下に大きな腫瘤ができます。第四期は、十年以上経過すると各臓器に腫瘍を発症し、脳、脊髄、神経が侵され麻痺性痴呆や脊髄癆を起こして最後は死に至ります。

　抗生物質治療を行わないと、約半数の患者は第四期の末期症状に移行します。現在では、第二期までに治療されることが多く、第三期や第四期に至ることは国内では少ないようです。第三期や第四期になると、梅毒は他人に感染はしないとされていますが、胎児は例外的にどのステージでも感染します。胎児が母体から梅毒に感染すると、その三割は流産し、七割は先天性梅毒を発症しますので、現在でも重要な性感染症と言えます。

## エイズ

後天性免疫不全症候群はエイズ（ＡＩＤＳ）と呼ばれ、ヒト免疫不全ウイルス（ＨＩＶ）が免疫細胞のＴリンパ球に感染して、最終的には免疫力を失い、通常感染症（真菌症など）でも死に至る可能性の高かった性感染症ですが、現在は適切な治療を受ければ死に至ることは減少しています。初期は、発熱などのインフルエンザ様症状がみられることもありますが、感染者の体内の免疫応答により、数週間で症状は消失します。その後、無症候期に入ります。無症候期は数年～十年以上続く人もいますが、感染後、短期間のうちにエイズを発症する人もいます。

ＨＩＶは血液、精液、頸管粘液、膣分泌物、乳汁に含まれます。感染経路として輸血、注射針（主に麻薬）、感染した精子による人工授精（ほとんどないと考えてよい）や母体からの胎盤感染もありますが、やはり性交（男女もしくは男性同士）による感染が一番多くを占めます。特に男性同士の肛門性交による感染率が高いのは、肛門の粘膜が傷つきやすいことが考えられます。

アメリカにおいてＨＩＶ／エイズ患者の七三％は男性であり、女性は二七％です。男性の六三％は同性愛による肛門性交、一四％は薬物使用者、男女の性交は一七％です。一方、女性の感染者は七九％が膣性交であり、薬物感染は一九％です（二〇〇一年）。

国内でのＨＩＶ／エイズ陽性者は、年間一五〇〇人くらいとなっています（二〇一三年）。年代別のエイズ患者は二〇～三九歳が最も多いですが、エイズが最も発症する年代である四〇代、五〇代では検査を受ける意識が乏しい傾向があります。日本国内ではエイズによる死亡者は少なくなっており、エイズ感染を広げないために、まず検査を受けて早期治療を受けることが肝要です。

## トリコモナス性感染症

海外で多発している性感染症の一つであるトリコモナス性感染症の罹患率は、国内の既婚女性で一〇～二〇％、既婚男性で二～三％とされています。トリコモナスは原虫であり、人に感染するものの多くは膣トリコモナスです。膣トリコモナスは、男女間で相互に感染します。女性の症状は悪臭や白濁した泡状のオリモノ、外陰部のそう痒感、性交痛などで、男性は尿道炎を起こしますが無症状の場合が多いとされています。

女性の膣内に存在するデーデルライン乳酸菌は、グリコーゲンを餌にして乳酸を大量に作り、膣内を酸性（約pH四・五）に維持し、雑菌の繁殖を抑制しています。膣トリコモナスに感染すると、膣トリコモナスがグリコーゲンを横取りするために、有用なデーデルライン乳酸菌は死滅してしまいます。そうなると膣内は酸性から中性状態になり、今まで少なかった雑菌が大増殖し炎症を起こします。これがオリモノの増加する理由です。

最近、若い女性に腟炎が増加しているそうですが、毎日朝夕シャワーを浴びて、腟内まで石鹸で洗ったり、また日本の社会に普及しているウォシュレット洗浄器の腟内洗浄などにより、有用な腟内乳酸菌まで洗い流している可能性があります。日本人の清潔好きもほどほどにすべきかと思われます。

## 性感染症ではないヒトパピローマウイルス感染とは

ヒトパピローマウイルスは、性経験のある女性であれば、五〇％以上が生涯に一度は感染するとされています。尖圭コンジローマを発症するヒトパピローマウイルス（主に六型と一一型）は性感染症に分類されますが、子宮頸癌の発症に関係するヒトパピローマウイルス（主に一六型と一八型）は性感染（ＳＴＩ（＊3））として区別されています。その理由は、ウイルスの感染自体はまだ病気ではないためです。近年、子宮頸癌は二〇～三九歳の若い女性で最も罹患率が高い癌になっています。ヒトパピローマウイルスの一六型と一八型が子宮頸癌に関連し、性交による粘膜損傷が感染原因となり、感染した場合の〇・一五％が子宮頸癌になるとされています。

パピローマウイルスと癌との関連を解明したハラルド・ツア・ハウゼンは、二〇〇八年にノーベル生理学・医学賞を受賞しました。[2] ヒトパピローマウイルスの六型と一

＊3　ＳＴＩ：Sexually Transmitted Infections の略。

一型は尖圭コンジローマという、外陰部にイボを形成し、完全に治すのが難しい疾患の原因です。現在は子宮頸癌単独か、子宮頸癌と尖圭コンジローマの二つを予防するワクチンが開発されており、中学一年生からワクチン接種が勧められていましたが、ワクチンの副作用のために現在は希望者のみになっています。

子宮頸癌は性交渉相手のいない場合、発生しないことが分かっており、性交渉相手の多い女性ほど発生が多いとされています。また、男性が前立腺癌や陰茎癌を有する場合も、子宮頸癌の発生率が多いとされています。低所得者の妻は高所得者の妻より危険率が六倍高いとされ、所得格差が衛生格差を生む可能性が示唆されます。

なお、子宮体癌はエストロジェン値が高いことがリスク要因となり、子宮内膜増殖症という前段階を経て子宮体癌が発生することが知られています。出産したことがない、肥満、月経不順（無排卵性月経周期）がある、卵胞ホルモン製剤だけのホルモン療法を受けている人に発症率が高い傾向があります。

## コラム　危険な性行為

アダルトビデオでは口腔性交（オーラルセックス）がよく見られますが、その行為は性感染症のみならず、癌転移の危険性が指摘されています。オーラルセックス（クンニリングスやフェラチオ）による性感染症は性器から口腔内に感染しても症状を示さないので、別の機会に口腔から他人の性器に感染する可能性があります。感染する可能性のある細菌やウイルスに、淋菌、クラミジア、ヘルペスウイルス、梅毒トレポネーマ、エイズを起こすHIVなどがあります。

フェラチオの場合、男性がコンドームを使わないことが多いとされ、その理由として妊娠する可能性がないからということになっています。しかしながら、性感染症は感染しますので、コンドームを使わないフェラチオは危険な性行為と言えます。

さらに、肝炎ウイルス（B型およびC型）、EB（エプスタイン・バー）ウイルス、ヒトパピローマウイルス（HPV）、ヒトT細胞白血病ウイルスなどが感染すると、肝癌、バーキットリンパ腫、皮膚癌、子宮頸癌、T細胞白血病などを発症する可能性があります。癌が人から人に感染することはないのですが、ウイルス感染を通して発癌する可能性は十分にあります。

二〇〇五年に、スウェーデンのマルメ大学で行われた研究において、HPVに感染した人との予防手段を行わないオーラルセックスは、口腔癌のリスクを高めると示唆されています。癌患者の三六%がHPVに感染していたのに対し、健康な対照群では一%しか感染していなかったそうです。

EBウイルスは現在ではヘルペスウイルス四型に変更されています。EBウイルスは九〇%以上の人に感染するとされており、感染初期には風邪に類似した症状を示すことがありますが、無症状の場合もあります。ＥＢウイルスはアフリカの小児に見られる悪性リンパ腫の原因となりますし、国内では胃癌との関連が指摘されています。

# 第六章 生殖医療

# 人工授精を学ぶ

人工授精は人工的にオスの精液をメスの生殖器内に注入して妊娠を成立させる技術で、その歴史は意外に古く、人工授精の初めての成功例は犬でした（ラッザロ・スパッランツァーニ、一七八〇年）。二〇世紀に入り、精液を低温で保存するのに有用な卵黄緩衝液が開発されましたが、数日間の精子保存しかできませんでした。イギリスのアーネスト・ジョン・クリストファー・ポルジは、鶏の凍結精液の耐凍剤としてグリセリンの有用性を発見し（一九四九年）、その後、牛、羊、馬などの凍結精液を完成させました。凍結精液の保存期間は半永久的とされており、この凍結精液の開発は家畜の育種改良技術とあいまって莫大な経済的効果を発揮しました。人の凍結精液による子供の誕生は、家畜よりやや遅れました（一九五四年）。

現在、日本の牛は、ほぼ一〇〇％凍結精液を用いた人工授精で繁殖されています。凍結精液による受胎率は肉牛で約五〇％、乳牛では約四〇％であり、従前より受胎率は大分低下しています。その低下の主な理由は、乳牛においては高泌乳に伴う発情徴候の微弱化、ストロー精子（＊1）数の半減（国内外とも）などの影響があります。

犬の凍結精液による人工授精は技術的にほぼ完成しています。犬の精子の耐凍性は豚と同様に低いこともあり、実施率が低かったのですが、徐々にその数は増えてきています。犬同士の相性が悪い場合や、精子数が少ない場合には、採取された精液による人工授精が通常実施されます。

＊1　**ストロー精子**：凍結精液はプラスチックストローに充填され、凍結保存されるのが一般的で、融解処理や精液注入が容易である。

豚の繁殖は従来、自然交配が主体でしたが、現在では低温保存精液による人工授精も併用され、四〇%を超えるようになりました。しかしながら、豚の凍結精液の人工授精は産子数がまだ十分でないことから、ほとんど普及していません。

競走馬の繁殖は全て自然交配が世界的に義務付けられているために、国内では馬の人工授精は新鮮精液、凍結精液ともにあまり実施されていません。

産子の産み分けは畜産業からのニーズが高く、牛の産み分け技術が最も進展しています。精子にはX精子（常染色体+X染色体の精子）とY精子（常染色体+Y染色体の精子）とがあり、精液にはそれぞれ半数ずつ含まれています。X精子はY精子より数%DNA量が多いことを利用して、フローサイトメトリー（*2）によりX精子とY精子を高速に分離し、約九〇%の精度で性判別が可能であり、それぞれの性判別凍結精液が市販されています。一般に、メスがほしい酪農家はX精子、オスがほしい和牛農家はY精子の性判別凍結精液を人工授精することにより、それぞれ九〇%の確率で希望の産子を得ることが可能です。和牛農家がオス産子を希望するのは、オスの枝肉量がメスの枝肉量より多いためです。このフローサイトメトリーによる性判別法は人への応用も可能な技術ですが、現在実用化されていない理由としては、人口構成のバランスが壊れることへの配慮と思われます。

妊娠を望んでいる健康な夫婦の受胎率は最初の一周期目三〇%、二周期目二〇%、三周期目一五%、四周期目一〇%、五周期目六%、六周期目五%とされ、一年以内にほぼ九九%が妊娠するとされています。[2] しかしながら、年齢が高くなるにつれ、受胎

---

*2 フローサイトメトリー：細胞などを細い管に流しながら一定波長のレーザー光を当てて散乱線の特性から細胞を解析する手法であり、セルソーターを付加すると目的の細胞のみを分取できる。

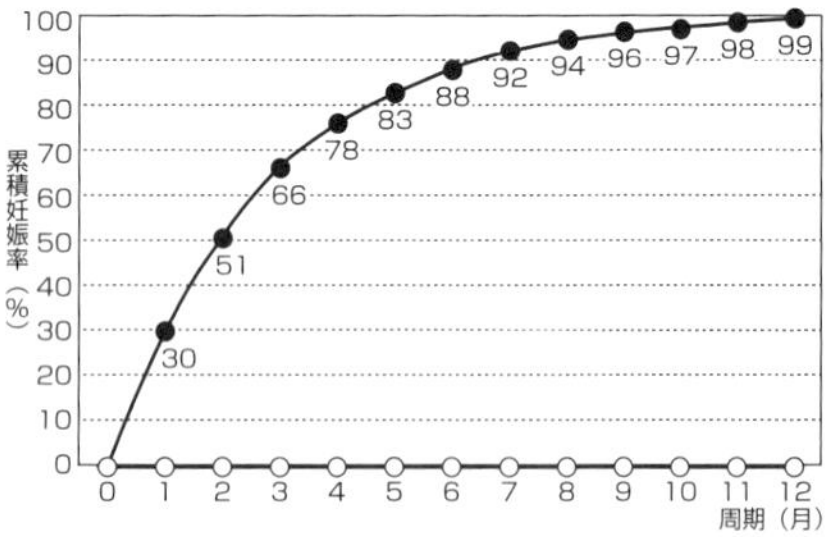


**図6-1　女性の累積妊娠率の比較**
（出典：文献2）

するまでの期間は長くなります。

人の人工授精は、精子数や精子活力が悪いなどの原因による不妊治療の一つとして実施されています。男性の性交不能や無精子症では、非配偶者の精液を使って人工授精される場合もあります。人工授精の受胎率は高くても約一〇％とされており、配偶者の精液性状が悪かったり、排卵時期などが一定しないなどの理由のためです。人の人工授精では多くの場合、パーコール液（＊3）に類似したピュアセプション液（＊4）に精液を重層して単層攪拌密度勾配法により遠心分離し、元気な精子を分離します。再度精子洗浄液を入れて遠心しますが、この過程により細菌やプロスタグランジン（ＰＧ）が除かれ、元気な精子のみが濃縮されます。そもそもＰＧは精液中に発見されましたが、人工授精前の精子洗浄の目的は、授精後のＰＧによる子宮の痛みを防ぐことも含まれます。人工授精の費用は一回あたり数万円程度で済みますが、最低数回は繰り返されます。

女性の不妊症には原因の約三分の一を占める卵管閉鎖がありますが、子宮内膜症や性器クラミジア感染症（最も多い性感染症の一つ）が関係するとされています。したがって、排卵しているのに人工授精が成功しない場合には卵管造影検査が行われます

＊3　**パーコール液**：ポリビニルピロリドンでコートされたケイ酸コロイド粒子であり、粘性と浸透圧が低く、細胞毒性が少ないために細胞、細胞小器官、ウイルスなどを分離する際に異なる濃度の液体を重層して使用される。パーコールは登録商標。

＊4　**ピュアセプション液**：パーコール製造会社が精子分離に使用することに責任を持てないとの理由で、精子分離用（元気な精子を分離する）に新たに開発された安全性の高いコロイド粒子を含む液体。ピュアセプションも登録商標。

が、軽い卵管閉鎖の場合では、造影検査をやるだけで閉鎖が解消され受胎することもあります。

不妊症治療を進める順番としては、まず、数回の人工授精、ダメなら数回の体外受精（＋胚移植）、それでもダメなら数回の顕微授精（＋胚移植）へと進められます。従来は各ステップ五〜一〇回が推奨されていましたが、最近の晩婚化に伴い、一ステップに長い期間をかけずに次のステップへ進めることが受胎率向上に望ましいとされています。

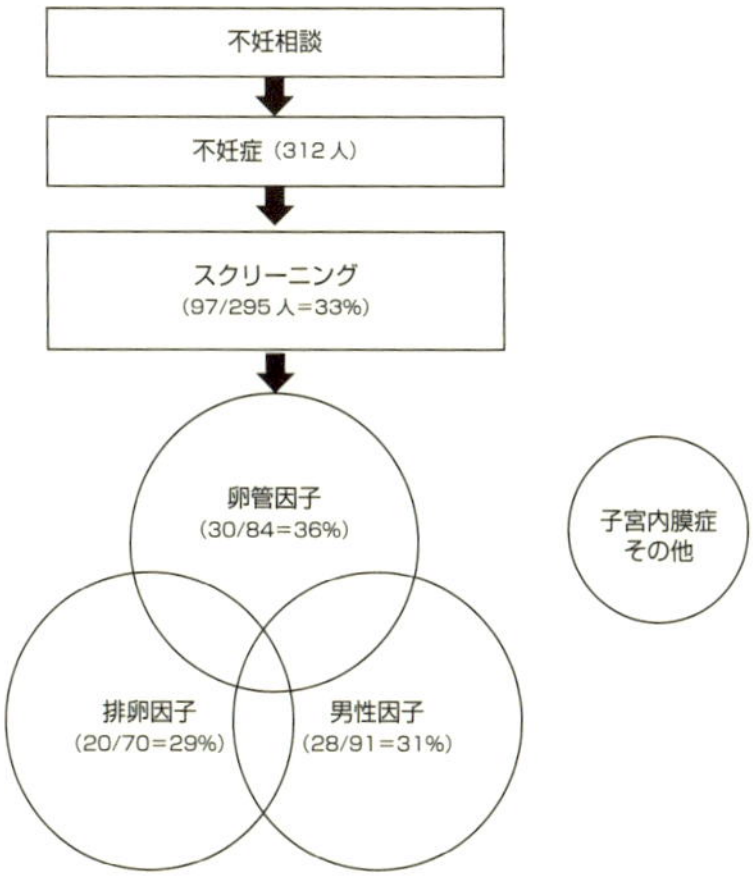


**図6-2　東京大学産婦人科における不妊症の内訳**
（出典：文献2）

## 牛の胚移植技術は苦難の歴史

牛の胚移植により産子が初めて生まれたのは、アメリカのウィレットらが屠畜場で牛から採取した胚を外科的に子宮に移植したことによるもので、凍結精液の開発とほぼ同じ時期です（一九五〇年）。その後、人工授精と同様の手技で子宮頸管を経由する胚移植（頸管経由法）が試みられましたが、ことごとく失敗しました。頸管経由法で牛胚移植が成功したのは、外科的胚移植が成功してから何と二五年も後のことでした（一九七五年）。数々の失敗の原因は胚注入器を子宮内に入れる時に膣内の細菌を持ち込んでいたためで、その後は細菌を持ち込まない工夫が実施されています。頸管経由法が成功するまでは、牛の腹部切開による子宮移植法が主流でしたが、その時代、子宮頸管には〝魔物〟が存在すると真剣に考えられていたことがあります。

牛凍結精液が開発（一九五二年）されてから牛胚の凍結が成功（一九七三年）するまで二〇年以上かかりましたが、その理由は、胚を精子よりかなり緩慢な一定の速度で凍結させる必要があったからです。その後の牛胚移植の技術革新は凄まじく、胚凍結法、注入器具、注入方法の改善などが功を奏して、現在では人工授精と遜色のない受胎率に達しています。夏の高温多湿時期の人工授精受胎率は通常の半分以下に下がることがありますが、胚移植ではそれほど低下しないために、夏場には胚移植の実施が多く行われることがあります。

人医療では現在でも成熟卵子を採取して体外受精を行っていますが、牛では未成熟卵子を採取して、一日間成熟培養してから体外受精を行うのが通常です。体外受精後は七日程度培養して胚盤胞になってから凍結保存し、発情後七日前後のレシピエント牛（受胚牛）に移植します。日本における胚移植は子牛販売価格の高い和牛胚移植が多く、また双子妊娠のための胚移植も行われます。和牛胚のレシピエント牛の大部分

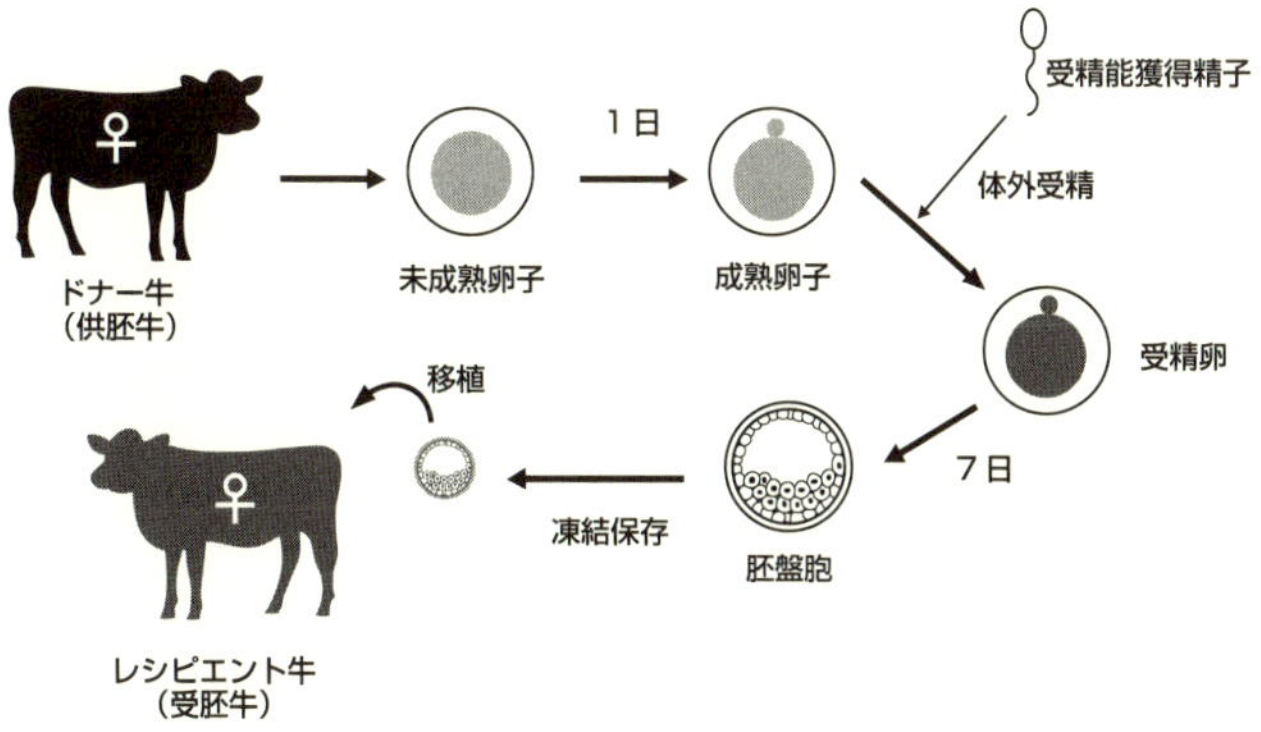


図6-3　牛胚移植の一例

は、未経産や経産のホルスタイン乳牛が使われます（和牛への移植は少ない）。最近では、性判別精子を体外受精して得られた性判別胚を農家の要望に応じて胚移植する方法も実施されています。この場合、乳牛はお産しないと搾乳できませんので、メスのニーズしかありませんが、和牛ではメスより枝肉量が多いオスのニーズが高くなっています。

## 体外受精で卵子と精子はすぐに受精しない

一般に、成熟卵子と精子を一緒にすれば簡単に受精すると考えられがちですが、実際は受精しません。一九五一年にオーストラリアのC・R・オースティンとアメリカのM・C・チャンは、精子が受精能獲得（キャパシテーション）してからでないと卵子と精子は受精しない機序を初めて解明しました[3、4]。その成果を使って精子の受精能獲得を行い、Ｍ・Ｃ・チャンはウサギの体外受精により初めて産子を得ました（一九五九年）。

　牛の体外受精による胚移植が成功するまでは少し時間を要しましたが[5]（一九八二年）、その後、山羊、羊、豚で成功しています。従前は屠畜場で採取された卵巣から未成熟卵を採取していましたが、現在では生体から超音波ガイド下で卵巣の未成熟卵子を採取する方法が主流になっています。

　体外受精は動物で解明された技術ですが、家畜より人において早く実用化されました。イギリスのロバート・エドワーズとパトリック・ステプトーは体外受精児を初めて誕生させましたが[6]（一九七八年）、その後この技術で四〇〇万人が誕生した成果により、エドワーズはノーベル生理学・医学賞を受賞しました（二〇一〇年）。体外受精児誕生の折、マスコミは「試験管ベイビー」誕生と報道しましたが、これはラテン語の「in vitro」が従来から「試験管内」と訳されてきたためです。体外受精は現在ではＩＶＦ（in vitro fertilization）と呼ばれることが多く、この技術には一般に子宮内への胚移植まで含まれます。

　人の体外受精において、成熟卵子を確保することはきわめて重要です。人ではＬＨサージ（排卵に不可欠）と排卵時期との間が三二～三四時間ですので、尿中ＬＨサージ検出後一五～二七時間に卵子を採取します。卵子の成熟時期を知るために尿中ＬＨサージを検出する必要がありますが、パトリック・ステプトーが用いたのは持田製薬

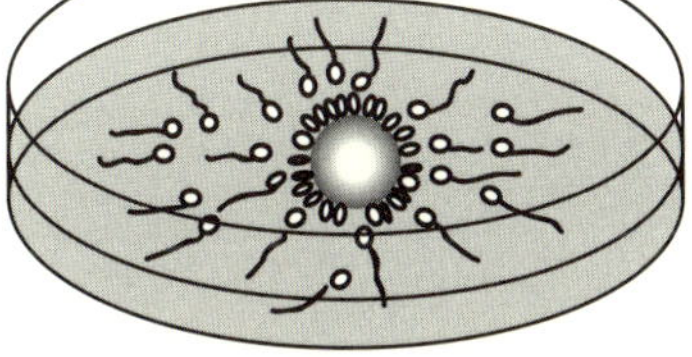

図6-4　体外受精は試験管内ではない
（出典：文献7）

製のＬＨ簡易測定キットでしたので、日本企業も重要な役割を果たしたことになります。ＬＨサージ検出一五〜二七時間後に腹腔鏡下で成熟卵子を採取し、シャーレの中で受精させ、数日後に子宮に戻します。従来、ＬＨ簡易測定キットは医師の診療を受けないと利用できませんでしたが、最近はｈＣＧ簡易測定キットと同様に、薬局で簡単に購入できるようになりました（二〇一七年）。

人では人工授精が不成功の場合、次のステップとして体外受精が行われます。上述の通り成熟卵子の採卵、体外受精、さらに子宮内に胚を戻すなど、人工授精より複雑な手技になるため、一回あたり数十万円がかかります。

## 胚の凍結法の色々

牛凍結精液が作製可能になったのは、グリセリンという耐凍剤の発見がきっかけです（一九五二年）。その後、胚凍結の試みも検討されましたが、成功するまでにたいへん時間を要しました（一九七三年）。その主な理由は、卵子の体積が精子より一万倍も大きいことから、凍結スピードを精子より緩慢に一定速度で行う必要があったからです（緩慢凍結法）。緩慢凍結法では、冷却スピードを調節できる装置（プログラムフリーザー）を使って、一定速度で温度を下げていきます。

耐凍剤として用いられるグリセリンは、段階的に濃度を上げて胚に浸透させていきますが、融解後にも段階的に除去する必要がありました。しかし現在では、胚をエチレングリコールに浸漬、凍結保存し、融解後はそのまま移植する方法が一般的です。精子や胚の凍結において最も配慮することは、細胞内に大きな氷晶を作らせないことです。細胞内に大きな氷晶が形成されると、細胞内小器官（小胞体、ミトコンドリアなど）を破壊してしまい、大きな障害を与えます。

従来の緩慢凍結法では、どうしても小さな氷晶の形成は避けられませんでしたが、二〇〇七年に開発された超急速ガラス化保存法（ガラス化法）では全く氷晶が形成されません。耐凍剤に浸透させた胚をガラス化液に投入すると、約一分で細胞が脱水・濃縮されます。この状態で細いプラスチック板（商品名：Cryotop）に凍結保護液と胚を置いて、液体窒素（マイナス一九六度）に直接投入して瞬間的に凍結します（他のガラス化法もある）。

不思議なことに、人の凍結胚の受胎率は新鮮胚より一・五倍も高いとされています。その理由として、新鮮胚はホルモン処置して採卵した卵子を体外受精して作られますが、これを移植すると、子宮内膜は処置されたホルモンの影響を大いに受けるため、受胎率が低下するためです。一方、凍結胚の場合は、ホルモン処置の影響を受けていない時期の性周期に移植できますので、その結果として受胎率は高くなります。

胚凍結技術が発達したことにより、若い女性が卵子をあらかじめ凍結保存しておいて、伴侶ができたときに体外受精を行って子供を作ることが可能になりました。実際にその方法で子供を作った人は少ないようですが、パートナーを見つけることの困難性がその背景にあるようです。さらには、女性が抗がん剤や放射線治療を受ける際、卵子を凍結保存することは選択肢として十分に考えられます。

## 顕微授精とは

顕微授精とは、顕微鏡下でマイクロマニピュレーター（*5）を用いて一匹の精子を卵子に注入して培養し、子宮に胚を移植して産子を得る方法です。鹿児島大学の後藤和文氏は、わざわざ精子を殺してから卵子に注入して、初めて牛の産子を得たことで有名です（一九九〇年）。後藤氏がアメリカの学会でその成果を発表した時、質問者から「精子さえ確保できれば死に絶えたマンモスでも再生できるのでは」と言われ、その後本気でシベリアのマンモスの精巣を探されたそうです。この探索は現在もマンモス復活計画として継続されており、ロシアのプーチン大統領の支援を受けた韓国・ソウル大学校元教授の黄禹錫《ファン・ウソク》氏（偽人ＥＳ細胞の疑惑研究で有名）や、イギリスの研究者グループもマンモス再生計画を目論んでおり、国際的な競争になっています。

---

*5 **マイクロマニピュレーター**：主に光学顕微鏡下で小さい細胞へ直接操作を加えたり、試料を注入するために作られた装置。

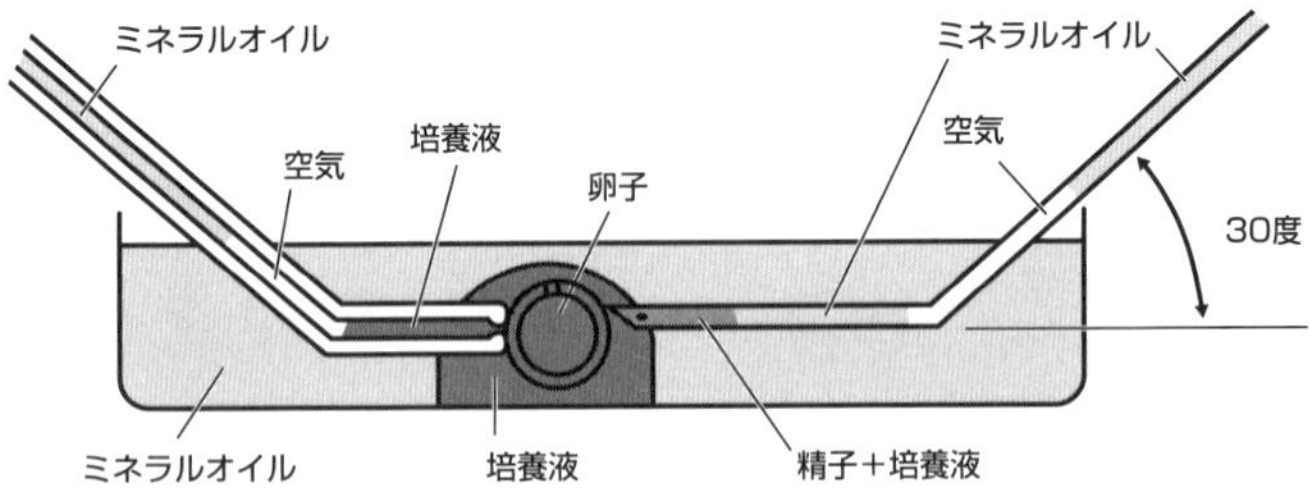


**図6-5　精子注入法**
左のガラス管で卵子を吸引保定し、右のガラス管で精子を注入する。

人における顕微授精による子供の誕生は、牛の誕生から二年後のことです（一九九二年）。その後の人医療における顕微授精の技術革新は凄まじく、現在では不妊治療の最終的な切り札として広く利用されています。人の顕微授精においては、成熟卵子および精子（精巣から）の採取、そして胚を子宮に移植する作業は医師が行います。医師から受けとった精子を卵子に注入して培養する過程は、胚培養士と呼ばれる熟練した技術者が行っています。卵子の直径は〇・一ミリより少し大きい程度ですので、精子を卵子に注入するのは高度な技術を要求されますが、顕微授精を行う装置も最近ではある程度自動化されてきており、成功率が向上しています。

当初、精子を卵子の透明帯下や透明帯と細胞質の囲卵腔に入れていましたが、現在では成功率がより高い細胞質内精子注入法（ＩＣＳＩ［イクシー］）が主流になっています。ただし、精子を不動化してからでないと、卵子を破壊してしまいます。

人の顕微授精は、体外受精よりもさらに難易度が上がるため多少高額になりますが、体外受精と顕微授精の受胎率に大きな差異はないとされています。

精子ではなく改変したＤＮＡを受精直後の卵子に注入する方法はマイクロインジェクション法と呼ばれ、トランスジェニック動物（＊6）を作製する方法の一つです。

## 細胞の初期化と体細胞クローン

受精卵とは卵子と精子が受精した直後の一細胞です。受精卵は分裂し、二細胞、四細胞、八細胞、一六細胞と分裂しますが、その分裂した細胞である割球の体積は分裂するたびに半減します。一方、体細胞の細胞分裂においては、元の細胞の二倍の体積になってから分裂しますので、受精卵の細胞分裂とは大きく異なります。もし、二細胞期や四細胞期の牛の割球を分離させて空の透明帯に入れ、ある程度発育させた後、子宮内に移植すると、遺伝子的に完全なコピー子牛が生まれます（分離クローン）。ただし牛の場合は、八細胞期の割球（最初の八分の一の体積）を透明帯に入れて培養しても発育が途中で停止しますので、胚の四分の一程度の細胞質が一個体の発育には必要なことが分かります。

成熟卵子から極小ピペットで核を除いた後に、胚の一六または三二細胞期の割球のうち一個だけ、この除核した成熟卵子の透明帯に挿入し、電気刺激を加えて卵子と割

＊6　トランスジェニック動物：外部から特定の遺伝子を人為的に導入した動物。

球を細胞融合させ胚盤胞まで育てて子宮内に戻すと、割球の数だけクローンが作れます（受精卵クローン）。さらに、除核成熟卵子に培養細胞（例えば皮膚細胞）の一個を入れて受精卵クローンと同様の方法で作製すると、無限大にクローンを作製することができます（体細胞クローン）。

この技術を初めて哺乳類に応用して生まれたのが、羊のドリーです（一九九七年）。日本においても牛の体細胞クローンがこの一年後に誕生し、その後五〇〇頭以上誕生しています。それ以外の動物では、犬、猫、山羊、馬、ラット、マウス、ウサギ、フェレット、オオカミ、サルなどにおいて体細胞クローン産子が生まれています。体細胞クローンの今後の課題として、生産効率がきわめて低いことと、妊娠しても流産したり、出生後も病弱で産子の死亡率が高いことなどが挙げられます。

未分化卵子の核を除いた後に分化した細胞核を移植すると、その核が初期化されることをカエルで証明したのは、二〇一二年にノーベル生理学・医学賞を京都大学の山中伸也氏と同時受賞したイギリスのジョン・ガードンです（一九七五年）。山中氏は胚性幹細胞（ＥＳ細胞）に特徴的に働いている四種の遺伝子を皮膚細胞に入れて、その細胞の核を初期化してｉＰＳ細胞（人工多能性幹細胞）を開発しました。ｉＰＳ細胞の特徴は、患者の細胞から作製できるため、拒絶反応が起こる確率がきわめて低いことです。同じ核の初期化ですが、卵子を使った分化細胞の初期化技術は体細胞クローンに応用され、卵子を使わない分化細胞の初期化は医療技術に応用されようとしています。

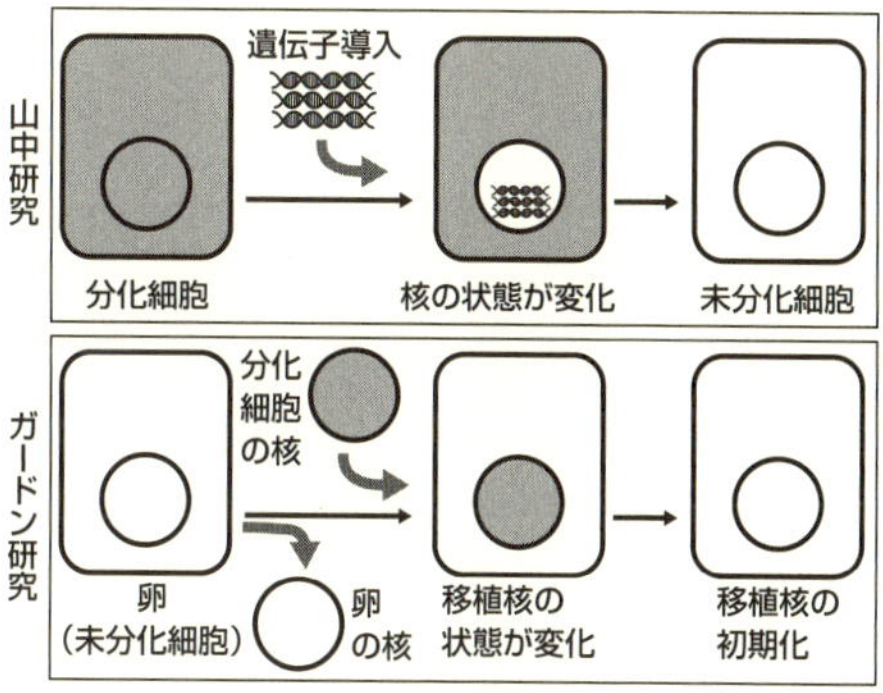


**図6-6　分化細胞を初期化する原理の比較**
（出典：文献8）

染色体数の異なる動物同士では繁殖できないのが生物学の常識です。河川水牛（染色体数五〇本）と沼沢水牛（四八本）との交配では子供は生まれないとされていました。しかしながら、実際には交雑種は生まれますし、その子供に繁殖能力を維持するものもいます。牛の染色体数は六〇本ですので水牛との交雑種は生まれませんし、五四本の羊とも交雑種は生まれません。一方、オスロバ（六二本）とメス馬（六四本）とでは交雑種のラバ（六三本）が誕生しますが、生まれたラバは不妊ですので一代交雑種で終わります。いずれにしても、染色体数が異なる種間での交雑種は珍しいことです。アメリカ・アイダホ大学の研究者は、馬の除核成熟卵子にラバの体細胞を移植して培養後、馬子宮に胚移植してラバの新生子を初めて得ました[9]。

## 医療技術となるキメラ技術

ギリシャ神話に登場するキメラは、その頭と体は山羊とライオンで、尾はヘビという架空の動物です。生物学的には一個体に異なる個体の細胞が含まれる時にキメラと呼ばれます。牛では異性の多胎妊娠の場合、メス胎子の九割の個体でメス生殖器への分化が阻害され、不妊症を呈するフリーマーチンが見られます。フリーマーチンの機序は、雌雄の胎盤に血管吻合が起こり、先に性分化するオスのＳｒｙ蛋白質がメス胎子に移動することによりメスの性分化が阻害されるという説が有力です。フリーマーチンの白血球性染色体を調べると、ＸＸとＸＹとが混合しており、これは血液キメラに該当します。

通常、羊（染色体数五四本）と山羊（六〇本）を交配しても産子は得られませんが（ごくまれに生まれることはある）、山羊の胚盤胞に羊の割球を入れてキメラ胚を作り、山羊の子宮に戻して生まれたのがギープという半山羊・半羊です[10]。種差による拒絶反応が生じないのは、免疫反応システムができる前に合体したためです。

現在、キメラは人為的に作られ、主に遺伝子の作用解明に最も広く利用されています。その活用のためにはＥＳ細胞が必要ですが、ＥＳ細胞は胚盤胞期の内部細胞塊（将来胎子になる部位）から作られた細胞株であるため、全ての臓器になる全能性を持っており、現在マウス（一九八一年）、ウサギ（一九九三年）、ラット（一九九四年）、サル（二〇〇七年）、ヒト（二〇一三年）において確立しています。

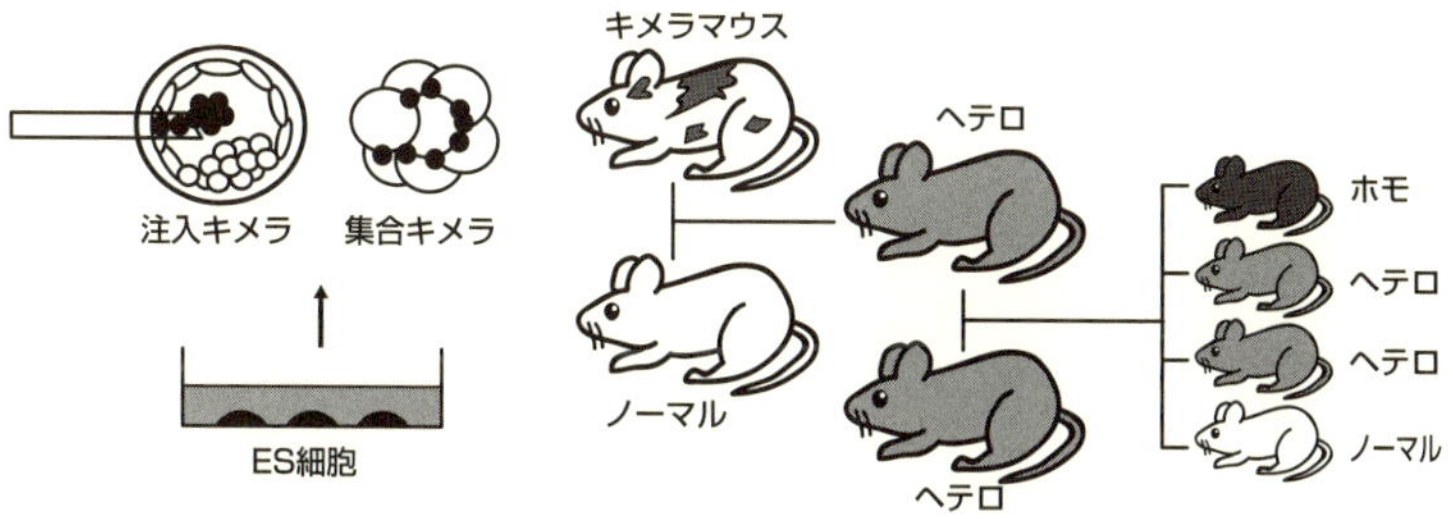


**図6-7　キメラマウスの作出法**
（出典：文献11）

ＥＳ細胞の活用として、ノックアウトマウスの作製があります。まず作用を知りたい遺伝子のみを削除（ノックアウト）した遺伝子をＥＳ細胞に導入します。マウスの胚盤胞もしくは桑実胚にノックアウトした遺伝子を含むＥＳ細胞を注入すると、生まれてくるマウスはキメラマウスになります。このキメラマウスと正常マウスを交配して生まれたマウスの遺伝子は、ヘテロ（相同染色体の一本は変異、もう一本は正常）になります。そのヘテロマウスの雌雄を交配すると、今度はホモ、ヘテロ、ノーマルが一対二対一の割合で生まれます。ホモ（変異）とノーマル（正常）の生理作用や解剖的特性の違いを比較することにより遺伝子の作用を類推でき、これまでにこの方法を使ってたくさんの遺伝子の特性が解明されてきました。この画期的な技術を開発したマリオ・カペッキ、マーティン・エヴァンズ、オリヴァー・スミティーズはノーベル生理学・医学賞を受賞しました（二〇〇七年）。

人医療において、臓器移植は長期的な免疫抑制剤投与を伴うため大きな経済的負担になっているだけでなく、臓器不足は世界的に深刻な状況にあります。豚胚盤胞の膵臓の遺伝子をノックアウトし、人iPS細胞をこの豚胚盤胞に注入してキメラ豚を作製すると、その豚は人の膵臓を持った豚になり、その膵臓を人に移植できる可能性があります。現在日本のガイドラインではこのような臓器移植は禁止されていますが、近い将来に安全性が確認されれば、夢の治療が可能になると思われます。

人ES細胞は、人の胚を利用する点で倫理的に問題視されています。二〇〇四年にソウル大学元教授の黄禹錫《ファン・ウソク》氏が初めて人ES細胞を確立したと発表しましたが、その後そのデータは捏造であったことが露見しました。ファン氏は科学分野から締め出されましたが、その部下たちは犬の体細胞クローン作製に世界で初めて成功していま す(二〇〇五年)。

そもそも人ES細胞の研究に多くの女性の卵巣が提供されたそうですが、研究を成功させるためには多くの材料が不可欠なことは事実です。もし、日本で犬の体細胞クローンの研究を行うとなると、動物病院で不妊手術された卵巣を集めながら細々と研究することになりますが、韓国では食文化の背景からたくさんの犬の卵巣を容易に入手できます。最近、中国で犬の体細胞クローンが生まれ、中国が韓国に次いで二番目の国になったそうです(二〇一七年)。中国が二番目に成功したのも、材料の確保が一つの大きな決め手と思われます(なお、食文化は時代とともに変わるものであり、安易に批判されるものではない)。

## 牛の受胎率が低下する理由は色々

従前の牛の人工授精による受胎率は約六〇%でしたが、現在では和牛で約五〇%、乳牛では約四〇%にまで低下しています。この受胎率低下の大きな理由は、牛自体の問題、多頭飼養数に適応できない農家側の問題、さらに凍結精液に含まれる精子数半減の問題などが関係しています。

まず、乳牛の三〇五日泌乳量は確実に増加しており、九〇〇〇キロを超える乳牛も珍しくありません。分娩前の母牛の第一胃は胎子により圧迫を受けて縮小していますが、分娩後泌乳が始まっても、いったん縮小した第一胃は急激には回復できません。したがって、乳量に応じた餌を摂取できない一〜二カ月間は、牛の体を削って泌乳を優先します。体重減少期間が長ければ長いほど、発情回帰までの期間は長くなりますので、その期間、鈍性発情を繰り返し発情発見は困難となります。

現在、飼養頭数が一〇〇頭を超える農家は珍しくありませんが、多頭飼育においては一日三回、一回三〇分以上の発情観察は不可欠であり、正しい繁殖学的知識と観察力がないと発情発見率は低下します。さらに、多くの多頭飼育農家は、フリーストール牛舎(*7)を導入していることから、牛用万歩計の利用が多くなっています。

従前は、凍結精液の生存精子数は一ストローあたり二〇〇〇万でしたが、現在では国内外ともに一〇〇〇万と半減しています。これは、適切な時期に授精すれば一〇〇〇万でも受胎率は変わらないという根拠に基づいて変更されたものです。しかしなが

*7 フリーストール牛舎：従来の牛舎のように一頭ごとの区切りが存在せず、牛が自由に歩き回れる牛舎。

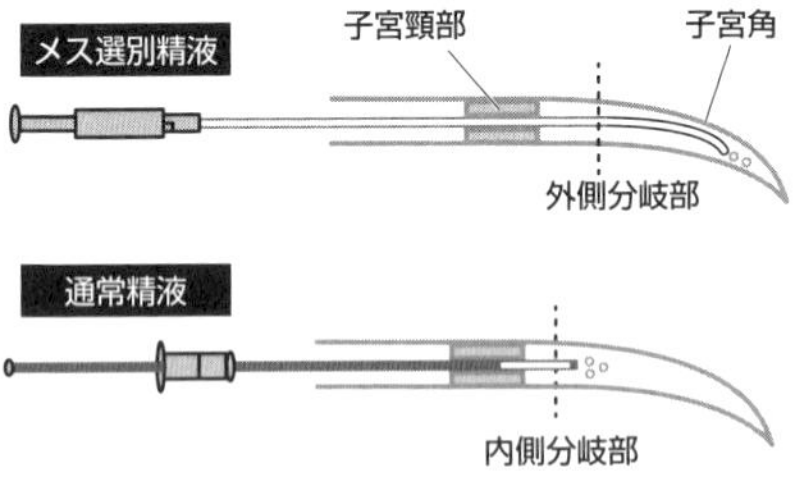


**図6-9　動物用精液注入カテーテル（上：改良型）**
上の改良型は容易に深部注入ができる（原図：ミサワ医科工業株式会社）。

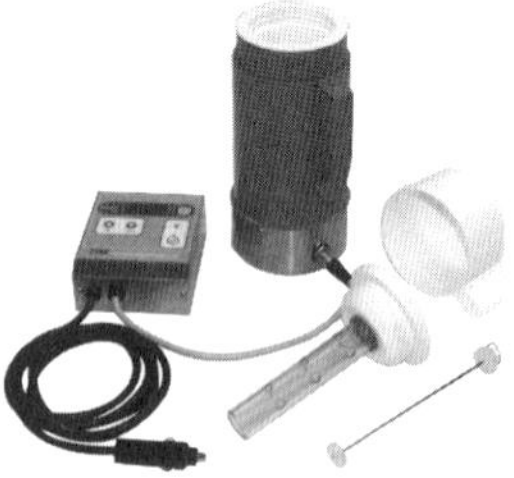

**図6-8　ストロー融解器**
写真提供：富士平工業株式会社

ら、適切な時期に授精することは前述の理由から現状ますます難しい状況にあり、和牛においても受胎率が低下した大きな要因と思われます。

性判別精液の精子数は、一ストローあたり三〇〇〜五〇〇万と、通常のストローの半分以下しか含まれません。したがって、性判別精液は排卵側の子宮角深部に注入されますが、従来の授精器では受胎率が半減することから、現在では改良型である動物用精液注入カテーテル（金属注入器の先端にプラスチックが付いている）が使用されています。さらに、性判別精液の人工授精対象を受胎率の高い未経産牛に限定することもあります。

## プロスタグランジン製剤投与後の牛の発情発現がバラツク理由

牛黄体期には卵胞ウェーブが二〜三回存在しますが、プロジェステロン値が高い間は卵胞ウェーブの主席卵胞は妊娠期も含め閉鎖退行を繰り返します。そのような牛黄体期にプロスタグランジン（ＰＧＦ２α）を投与すると、黄体が退行しプロジェステロンが低下するため二～五日後に発情回帰し、黄体期は短縮します。したがって、ＰＧＦ２αは複数の牛を発情同期化したり、発情を早める手段としてたいへん汎用されています。

　しかし、牛、羊、馬では、発情終了後四日間にＰＧＦ２αを投与しても黄体は退行しません。その理由は、黄体にＰＧＦ２αの受容体がまだ形成されていないためです。豚はＰＧＦ２αに反応しない期間が最も長く、発情終了後一一日間も反応を示しません。

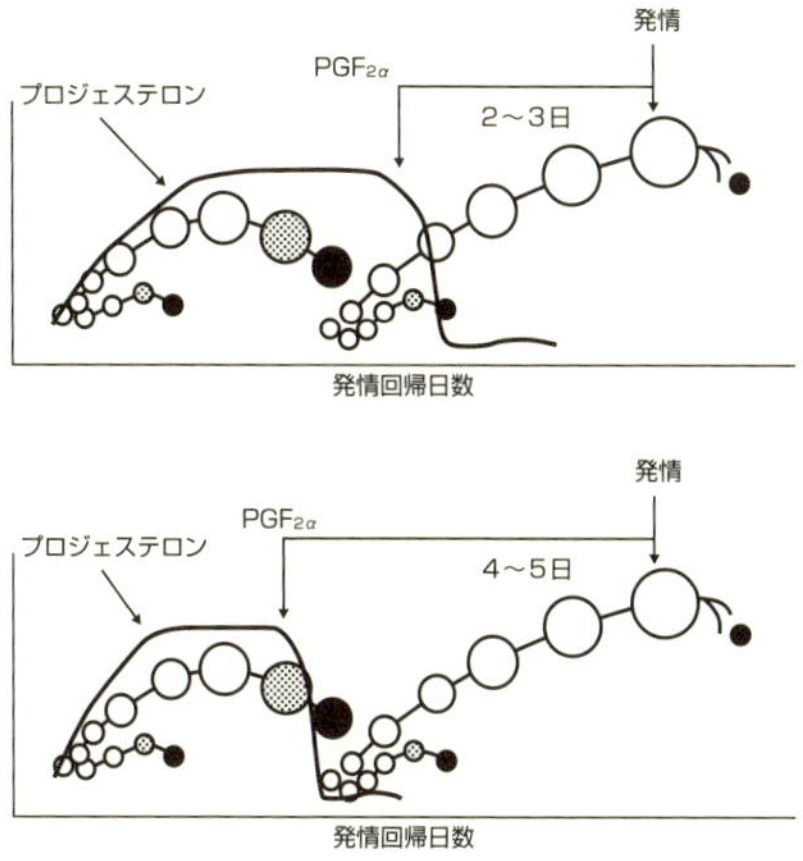


**図6-10**
**卵胞ウェーブの時期による発情回帰日数の差異**
（出典：文献 12）

　ＰＧＦ２α投与後に発情回帰がバラツク理由を図６‐10に示します。すなわち、卵胞ウェーブの発育段階の途中にＰＧＦ２αを投与すると二～三日で発情回帰しますが、卵胞ウェーブの始まる前にＰＧＦ２αを投与すると発情開始まで四～五日かかります。要するに、ＰＧＦ２α投与後の発情回帰日数は、機能性黄体とは無関係であり、卵胞ウェーブのステージが大きく関連していることが分かります。

卵胞ウェーブとPGF2α投与後の発情回帰との関係が解明されたために、人工的にFSH刺激により卵胞ウェーブを作り、発情回帰を揃える方法としてセレクトシンク法が開発されました。つまり、GnRH（FSHサージ誘起）を投与して卵胞ウェーブが成長した七日後にPGF2αを投与すると、二〜三日後に発情が集中します。

## 発情発見業務を省く方法

牛の飼育頭数が増加するにつれ、農家の発情発見業務は大きな負担となっており、発情見逃しも多くなっています。高泌乳牛は発情微弱の傾向が強く、交配適期診断の失宜にもつながっています。繁殖指標として牛群の妊娠率が挙げられますが、妊娠率は発情発見と受胎率で決まります。受胎率を上げるために観察時間を長くしたり、万歩計を付ける方法で発見率を上げる試みが行われていますが、飼養頭数が多くなるとやはり見落としが増加したり、設備投資が大きくなる問題があります。

そこで、牛の発情制御法としてPGF2αによる発情同期化法が試行されてきました。しかし、PGF2α投与後の発情回帰までの期間は二〜六日とバラツキがあります。このバラツキは卵胞ウェーブのステージによることが解明されましたので、セレクトシンク法が開発されましたが、発情発見業務はやはり必要です。さらに排卵同期化を進めたのが、初めて計画的な人工授精（定時人工授精）を可能にしたオブシンク法です。

オブシンク法ではセレクトシンク法に加えて、排卵を誘起する二回目のＧｎＲＨをＰＧＦ２α投与後三〇～五六時間に投与して、一六～二〇時間後に定時人工授精を行います。その後さらに、実用性を上げるために、ＰＧＦ２α投与後四八時間に二回目のＧｎＲＨ投与と人工授精を同時に行うコシンク法が開発されました。しかしながら、これらの方法では、二回目のＧｎＲＨ処置前に排卵する例も二〇％程度見られ、改善が求められました。

定時人工授精前の排卵を防ぐ方法として、プロジェステロン腟内徐放剤（ＣＩＤＲ）を用いたＣＩＤＲシンク法があります。ＣＩＤＲシンク法はＰＧＦ２α投与七日前にＣＩＤＲを装着して、ＧｎＲＨまたはエストロジェン（Ｅ２）製剤を投与し、七日後にＣＩＤＲを抜去し、そしてＰＧＦ２αを投与します。その四八時間後にＧｎＲＨを投与し、一六～二〇時間後に定時人工授精を行う方法です。ＣＩＤＲに含有されたプロジェステロンにより、排卵を遅らせることができます。

いずれにしても、投与するホルモン剤のコストが海外より高いこともあり、国内では海外ほど普及には至っていません。また、対象となる牛は少なくとも、ある一定以上（ボディーコンディションスコア［ＢＣＳ（＊8）］二・五以上）の栄養状態に到達していることが前提条件となります。

＊8　ボディーコンディションスコア：動物の痩せ具合、太り具合を数値化したもの。通常、痩せすぎを一、太りすぎを五と評価し、適切な栄養状態を目標とする。

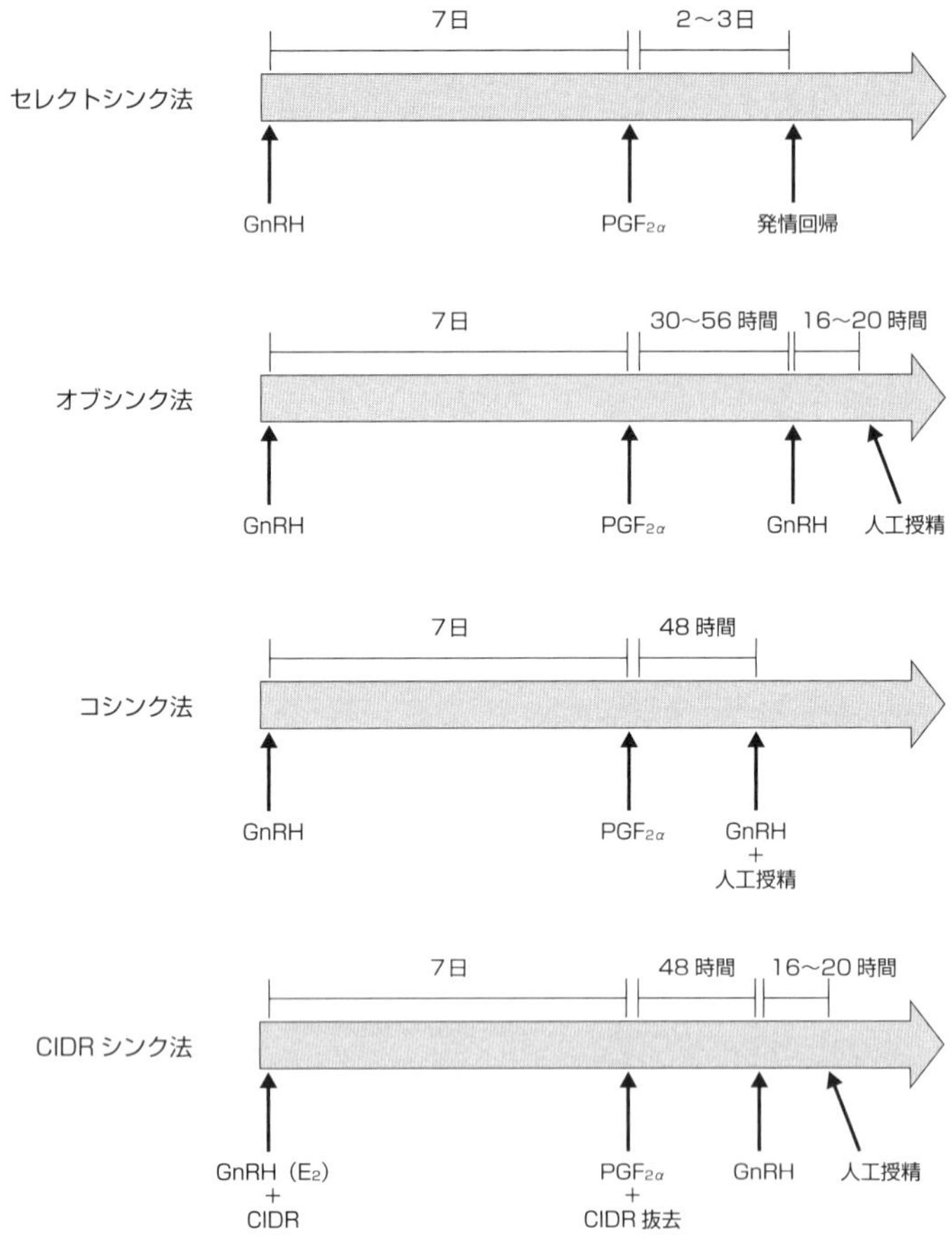


**図6-11　牛の発情制御法**

# 精液を七〇度で融解しても大丈夫？

牛凍結精液を三八度、二〇度、四度の条件で融解すると、三八度では五〇％以上が生存しているのに対し、二〇度では約四〇％、四度では二〇％程度の生存率しかなく、融解温度は精子生存率に大きな影響を与えることが分かります（（一社）家畜改良事業団 家畜改良技術研究所のデータより）。凍結精液の融解時においては、マイナス四〇〜一五度の有害温度域を速やかに通過させることが精子傷害を軽減するために重要であり、融解液温度の高い方が通過速度は速くなるために精子傷害は少なくなります。犬の凍結精液の融解においては七〇度、八秒が常用されますが、恒温槽で厳密に温度設定できることが前提条件になります。もちろん、ストローの中の精液が七〇度に達することはなく、一〇度以下と思われます。

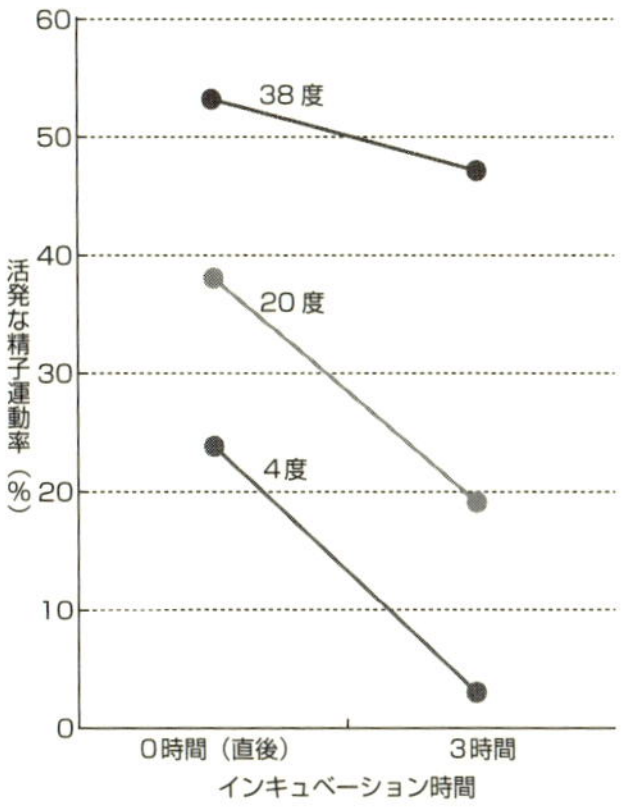


**図6-12 牛凍結精液の融解温度と生存率**
（（一社）家畜改良事業団 家畜改良技術研究所）

牛凍結精液の融解法について、従来の教科書では三五度、四〇秒という条件が長年用いられてきましたが、現在では三八度、二〇秒が推奨されています。融解装置がない時代においては、融解液の温度調整を正

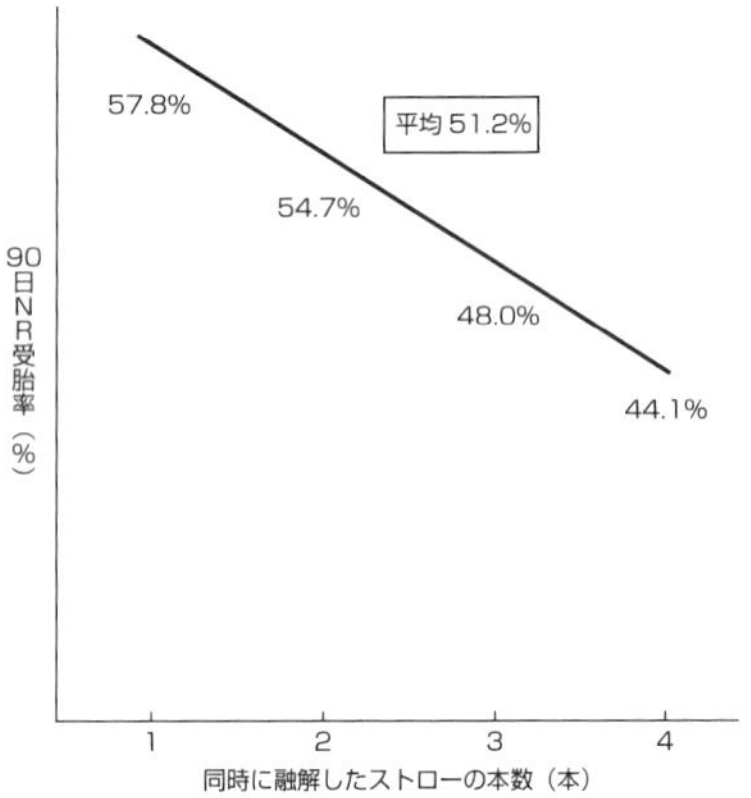


**図6-13　複数同時融解と受胎率**
NR：発情のノンリターン、妊娠すると妊娠黄体が形成され発情は回帰しないため、種付け後何日間も発情がなければ（NR）、妊娠の目安となる。
（出典：文献 13）

確に行うのは難しかったために、余裕を持って三五度、四〇秒が定着したものと思われます。現在では精液融解装置を車に搭載できるようになったため、三八度、二〇秒の条件で容易に融解できます。ただし、産み分け精子ストローは通常の〇・五ミリリットルではなく〇・二五ミリリットルのものが使われますので、三八度、一五秒で融解されます。牛の飼養頭数の増加に伴い、一回に人工授精を数頭実施することは珍しくありません。その際、まとめて凍結精液を融解すると融解してから授精するまでの時間が長くなり、全体の受胎率が低下することが報告されています。[14] 融解〜授精するまでの時間は一〇分以内にとどめるべきであり、したがって融解は一本ずつか、最大二本までにすべきと思われます。

豚の凍結精液人工授精は、低温保存精液や自然交配ほどの産子数が得られないことから、未だに普及段階には至っていません。豚の凍結精液ストローは牛よりも多い五ミリリットルが一般的であり、三七度、一分で融解されています。

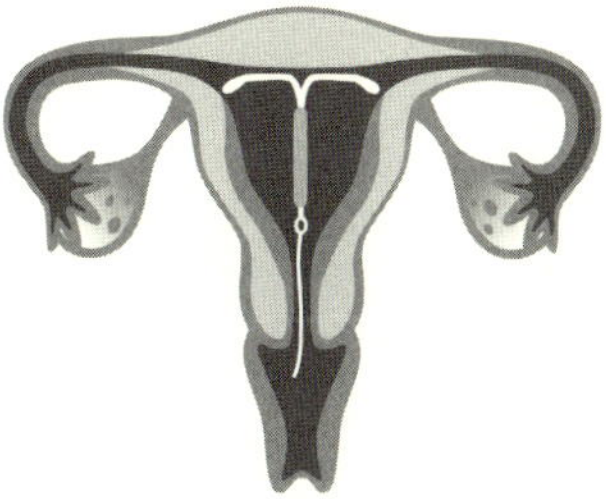

図6-14
子宮内避妊器具（IUD）の装着状況

| | |
|---|---|
| 不妊手術 | 女性0.5%、男性0.5% |
| 子宮内避妊器具（IUD） | 0.1～1.5% |
| 経口避妊薬ピル | 5%（0.1%） |
| 女性用コンドーム | 6.3% |
| コンドーム | 14%（3%） |
| 殺精子剤 | 26%（6%） |
| 基礎体温法 | 20% |
| オギノ式 | 25% |

（　）内は理想的な使用法による場合の失敗率

表　1年間あたりの各種避妊法の失敗率の比較

## 避妊と不妊の捉え方

人の生殖医療において最も強い要望は受胎促進ですが、反対に適切な時に妊娠したい、または絶対に妊娠したくないという希望もあります。避妊という言葉は元来妊娠を避けるという意味になります。ホルモン剤のピルやコンドームを使った方法は一過性もしくは単回の避妊ですが、子宮内にＩＵＤ（子宮内避妊器具）を挿入した数年間以上の長期の避妊も可能です。ＩＵＤの原理は子宮に下降してきた胚の着床を阻害することが主作用ですが、精子運動性の抑制や受精阻害作用もあります。ＩＵＤの素材はＴ字型のポリエチレンや銀棒に銅線が巻かれているタイプと黄体ホルモン剤を含むタイプとがあります。通常のＩＵＤは装着後三～五年で交換することが推奨されています。ただし、使用者注意書きにもある通り、性感染症（ＨＩＶ感染［エイズ］および他の性感染症［例えば梅毒、性器ヘルペスウイルス感染症、淋病、性器クラミジア感染症、尖圭コンジローーマ、膣トリコモナス症、B型肝炎など」）を防ぐことはできませんので、コンドームが不要というわけではありません。

絶対に妊娠したくない（させたくない）場合は不妊手術が実施されます。人においては、年齢的に妊娠を望まなかったり、目標の子供を産み終えた場合に実施されるのが、女性の卵管結紮や男性の精管結紮です。特に、早く産み終えた女性が望まれない妊娠を避ける方法として卵管結紮を行ったり、男性が精管結紮を行うことは、避妊の煩わしさを避ける方法として推奨されています。男女ともにホルモン産生分泌には影響を与えませんので、性交にも影響ないとされています。

動物においても、ホルモン剤（プロリゲストン）の注射やホルモン剤のインプラント（酢酸クロマジノン）の皮下移植が行われます。特に、ドッグショーに出場するメス犬の発情時期を調節したり、多数の雌雄犬を飼っていて一定期間避妊する必要がある時に用いられます。

元サッカー選手の澤穂希さんは現役時代、試合スケジュールに合わせて低用量ピルで月経周期を調整したり、基礎体温表を毎日記録していたそうです。その理由は、排卵日前後はホルモンの影響で靭帯が緩んで怪我をしやすいからだそうです。一流アスリートの自己管理の凄さを思い知らされた感がします。

牛や豚における不妊手術は、オス畜の肉質改善と管理上の理由により確実に実施され、乗馬用の馬でも管理上の理由で行われます。犬や猫においては、メスは卵巣摘出や卵巣・子宮摘出、オスは精巣摘出が実施されます。実施時期は発情や精子形成の見られる前である五～六カ月齢で実施されることが多い傾向にあります。また、人と異なりペットにおいては、メスでは卵巣・子宮摘出が乳腺腫瘍や子宮疾患の予防として、オスでは精巣摘出が精巣腫瘍の予防や前立腺疾患などの治療法として実施されることがあります。

国内における人の避妊法として最も使用頻度が高い方法はコンドームであり、オギノ式や基礎体温法がそれに次ぎます。避妊効果の高いピルの使用頻度は、日本では医師の処方を要するために低くなっています。ＩＵＤは処置料がやや高いことから敬遠されるのか、既婚者に限定されるようです。

コンドームの失敗率が一四％と比較的高いのは、使い方が適切でないことも含まれます。失敗の原因として、古い（五年以上）コンドームを使って破れる場合、爪でゴムを破ってしまったことに気づかない場合、射精後にペニス抜去が遅れて精液が腟内に漏れてしまうことなどが考えられます。日本において利用率が高いコンドームですが、単に避妊法というだけでなく性感染症予防に貢献していることは、強調しすぎてもしすぎることはありません。基礎体温法やオギノ式の失敗率が高いのは根本的な問題があるためであり、適切な避妊法ではありませんので、せめてコンドームの併用は不可欠です。万が一、女性が性暴力を受けたり、性交後にコンドームの破損が見つかったら（男性は破れがないか事後に確認すべし）、アフターピルを七二時間以内に飲むか、ＩＵＤを五日以内に装着すれば、妊娠中絶手術を受けずに済む可能性があります。

## 妊娠中絶は減少していますが

妊娠中絶は、望まれない妊娠の場合に行われる最終処置です。子宮外での生存が不可能な妊娠一一週六日までの早期中絶と、生存可能な一二～二一週の中期中絶とに分けられます。薬物中絶が認められていない日本においては、早期中絶に相当する妊娠一一週までは、子宮頸管拡張後の掻爬術あるいは吸引処置が実施されます。なぜ国内において薬物中絶が認められていないのか不思議ですが、避妊薬としてヨーロッパで広く使用されている製剤が日本では認可されていないためなのか、中絶処置料が薬物中絶の処置料金より一〇倍くらい高いためなのか、その理由は定かではありません。

中期中絶になる妊娠一二～二一週では分娩に近づける処置として、子宮頸管を軟化、開口するために、プロスタグランジン（PGE1）座薬を一時間間隔で投与したり、子宮頸管を拡張する処置などが行われます。

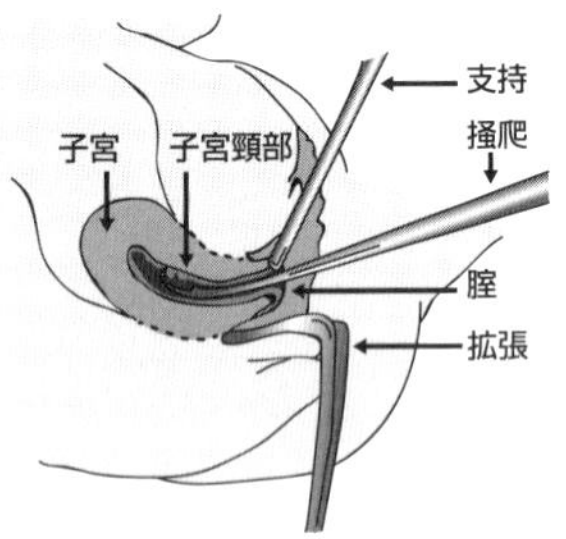

図6-15　人の子宮掻爬法

妊娠一二週以降の妊娠中絶または死亡の場合には、三〇日以内に死産届の提出が必要となります。妊娠中絶処置ができる医師は、都道府県医師会が指定する母体保護法指定医師に限られます。なお、妊娠二二週の胎児は身長二八センチ、体重四〇〇～五〇〇グラムになっており、早産となっても新生児集中治療室でしっかりと管理すれば、生存可能となります。後期中絶に相当する二二週以降の中絶は、妊婦側からの申し出では法的に許されておらず、医師が必要と判断した場合のみに限られます。

日本では、旧優生保護法の拡大解釈のもとに経済的理由も合法化されたことにより（一九四九年）、妊娠中絶が急激に増大した歴史があります。日本における人工妊娠中絶は、一九五五年の一一七万件をピークとして、その後一貫して減少しており、二〇一五年には一七万六〇〇〇件まで減少したとされています（厚生労働省・衛生行政報告例）。各妊娠期を一〇〇とした場合の妊娠中絶の割合は、二〇歳未満で六一・八％、二〇～二四歳で三一・一％、二五～二九歳で一二・三％、三〇～三四歳で九・四％、三五～三九歳で一三・八％、四〇～四五歳で二七・七％、四六～四九歳で五五・六％、五〇歳以上で三〇・四％（厚生労働省・平成二四年度人口動態統計）だそうです。絶対数は二〇代と三〇代が最も多く、比率的には一〇代が最も多いのは予想範囲内ですが、四〇代の多さが目を引きます。要因としては、予期せぬ避妊の失敗や高齢妊娠に伴う奇形率の増加に対する心配や危惧などが考えられます。

動物の妊娠中絶は、薬物中絶が主流です。海外では、望まれない放牧肉牛の妊娠中絶を目的に、プロスタグランジン（ＰＧＦ２α）が妊娠四～五カ月で頻繁に使用されています。多数の牛を肥育する広大な農場において誤交配の頻度は高いようで、妊娠すると肥育が停滞するために実施されます。

国内では、望まれない妊娠に対する犬や猫の妊娠中絶にＰＧＦ２αやドパミン作動薬が妊娠三〇日以降に使用されます。また、牛の長期在胎（定義的には三〇〇日以上だが、一週間くらい過ぎても使われる）でも、PGF2αやステロイド（デキサメサゾンなど）が使用されます。一方、アメリカでは望まれない妊娠の犬や猫に対して、不妊手術を兼ねて妊娠子宮の摘出が実施されますが、国内ではあまり実施されていません。

## コラム　犬の凍結精液人工授精と検疫の問題

犬の凍結精液人工授精による（一社）ジャパンケネルクラブ（ＪＫＣ）の産子登録は、二〇〇八年に外国からの凍結精液による産子、または海外で妊娠させ国内で生まれた産子に限り認められるようになりました。

凍結精液人工授精を行う際には、二つの条件が重要となります。一番目は、メス犬の正確な交配適期診断を行うことです。具体的には発情出血開始五日後から二日ごとに一回血中プロジェステロンの測定を行います。発情前期のプロジェステロン値（単位：ng/mL）は低め（一以下）ですが、発情期開始頃になるとやや増加（二〜四）しますので、その日をＬＨサージ〇日と診断します。実際はＬＨサージ後四〜七日に人工授精できますが、凍結精液の場合、六日目に行われることが多くなっています。

二番目は、〝実質的〟な子宮内人工授精法です。凍結精液を従来の腟内授精法で実施すると、産子を得ることはできません。実質的子宮内人工授精法には、外科的開腹による子宮内注入法、金属細管による子宮頸管注入法、子宮内硬性鏡による子宮内注入法、軟性内視鏡による子宮内注入法、バルーンカテーテルによる腟内注入法などがあります。外科的注入法は簡易ですが、犬に対する手術負担は大きくなります。金属細管による注入法は、欧米人の大きな手でないと頸管を把握するのが困難です。内視鏡による注入法はいずれも、装置購入にある程度経済的負担がかかります。バルーンカテーテルによる方法は、体格による注入条件の設定が必要ですが、最も簡便な方法です。いずれの方法でも、八〇％以上の受胎率が得られています。

日本では従来、外科的開腹子宮注入法が主流でしたが、それは輸入凍結精液の生存率がきわめ

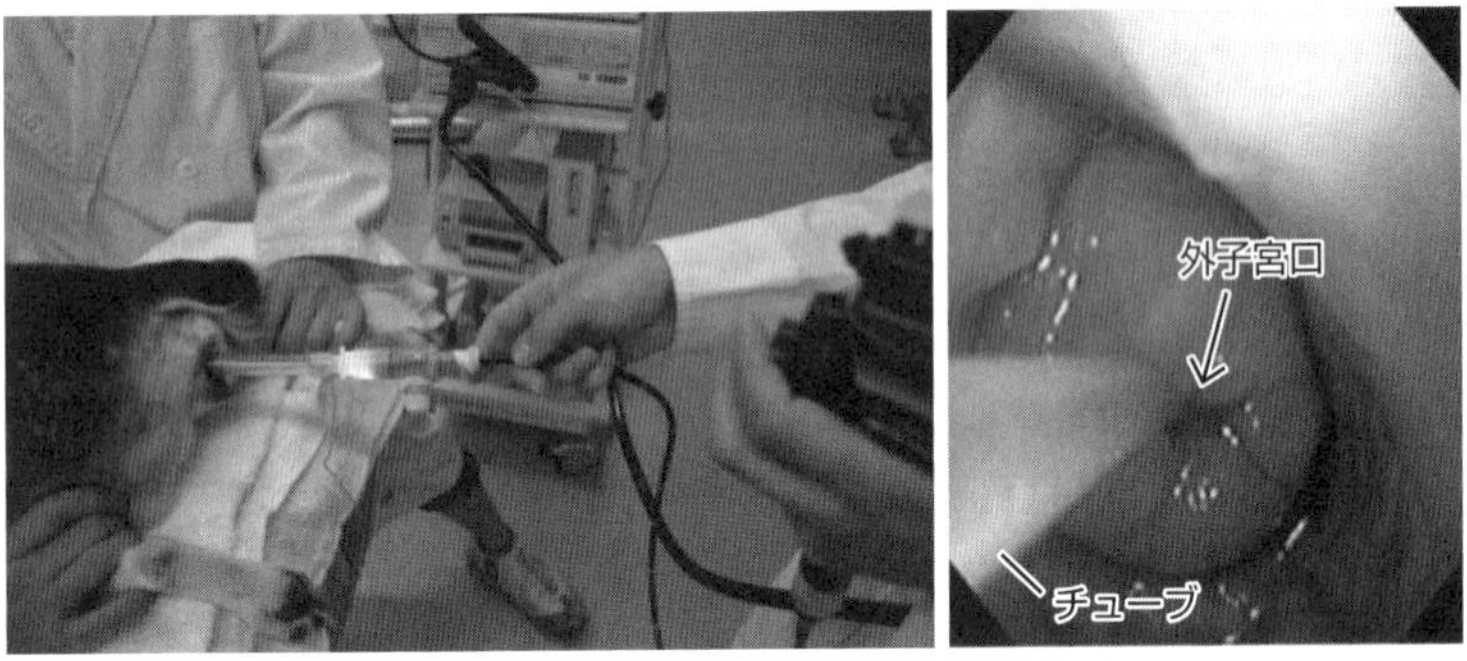


**図6-16　犬の凍結精液人工授精**
左は軟性内視鏡による人工授精の様子。右は外子宮口にチューブを挿入しているところ。

て低いことが理由でした。輸入凍結精液の精子生存率は二〇％以下を示すことが多かったのですが、その原因を調べたところ、検疫所の検査でのストロー取り扱いに問題のあることが判明しました。そこで、精子生存率が二〇％以下に低下する条件を再現実験したところ、少なくともストローを机の上に四〇秒以上置く必要があることが分かりました（通常、凍結精液ストローを五秒以上空気中に露出することさえも戒められている）。そこで、ＪＫＣの理事を通して検疫体制の改善を申し入れたところ、少なくとも成田国際空港や関西国際空港の検疫体制は改善されたことから、現在では輸入凍結精液の精子生存率は五〇％を超えています。

第七章

# 悪しき生活習慣が人口減少に及ぼす影響

## 日本の人口減少の背景

日本の人口は二〇〇八年の一億二八〇〇万人をピークに毎年減少し続けており、二〇六五年には八〇〇〇万人、二一一五年には五〇〇〇万人を切ると予測されています（総務省統計局、二〇一七年）。最大の原因は夫婦一組につき子供を一・二～一・四人程度しか産めなくなったことが挙げられます。

その要因を探ると男女ともに結婚年齢の遅れがあり、結婚年齢が遅くなると子供の人数が確実に少なくなります。結婚後五～九年の夫婦をみたとき、妻の結婚年齢が二〇～二四歳だと子供は一・九人ですが、二五～二九歳で一・七人、三〇～三四歳で一・三人、三五～三九歳では〇・八人になるそうです（国立社会保障・人口問題研究所、二〇一〇年）。さらに子供を持たない割合は、妻の結婚年齢が三〇～三四歳だと一五％ですが、三五～三九歳で三〇％、四〇～四四歳では六四％という報告があります。晩婚化は女性の卵子老化だけではなく、男性の生殖機能低下とも関係します。男性は三五歳以降になると、精

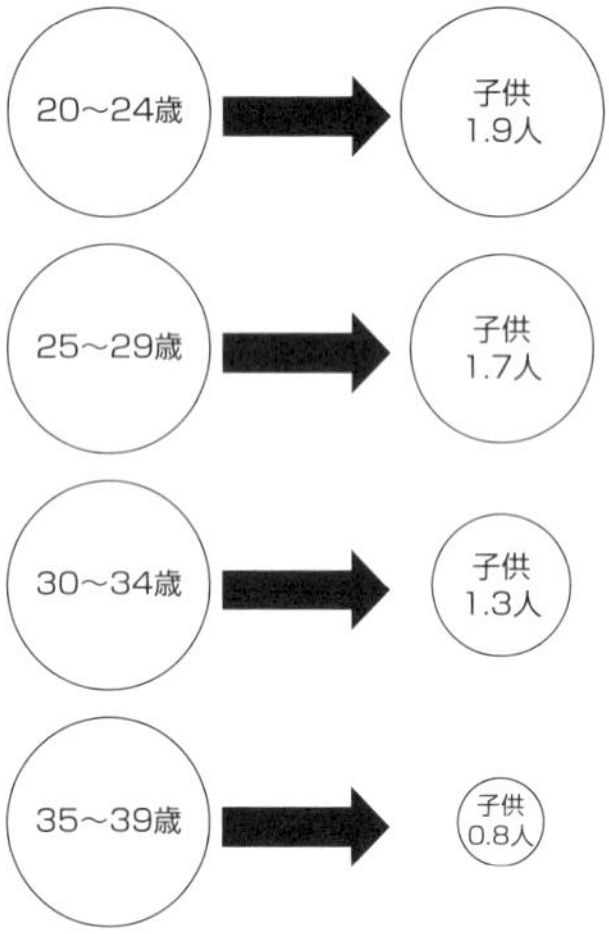


**図7－1　女性の結婚年齢と子供数**
結婚後5～9年の夫婦の場合。
（国立社会保障・人口問題研究所、2010年）

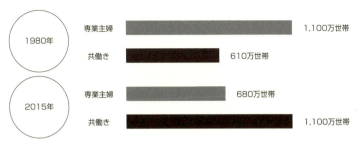

**図7-2　1980年と2015年の専業主婦と共働き世帯数比較**
（厚生労働省、2016年）

液性状の低下により妊娠させるまでの期間が長くなることが分かっています。

結婚年齢が遅くなる理由としては、一九九一年以降のバブル崩壊の影響が大きいと考えられます。この時期は、日本の経済成長が大幅に停滞・減退したことから〝失われた二〇年〟と呼ばれています。子供がいる家庭における、専業主婦世帯数と共働き世帯数を比較した調査があります。それによると、一九八〇年の専業主婦世帯数は一一〇〇万世帯、共働き世帯数は六一〇万世帯でした。しかし、二〇一五年には専業主婦世帯数が六八〇万世帯、共働き世帯数が一一〇〇万世帯と完全に逆転しています（厚生労働省、二〇一六年）。

また、男性が第一子をもうける平均年齢はバブル期の一九九〇年では三〇歳未満でしたが、その後徐々に高くなり、特にバブル崩壊から一〇年経った頃から加速的に上昇し、二〇一二年には三二・五歳を超えるようになりました（厚生労働省、二〇一二年）。

さらには、経済力と結婚率との関係を示す興味深いデータがあります。札幌市民を対象としたアンケートにおいて、二〇代と三〇代の正規雇用男性の六八％が結婚しているのに対して、非正規雇用の男性の結婚率は二五％でした。したがって、男性の結婚判断に給与額や職業の安定性はきわめて大きな影響を与えると言えます。一方、女性においてはそのような関係は見られなかったようです（札幌市、二〇一六年）。

夫が家事や子育てをどの程度助けているのか、諸外国と日本を比較調査した内閣府の男女共同参画白書（二〇一五年）があります。夫の一日あたりの家事・育児補助時間は、スウェーデンが二〇一分、ノルウェーが一九二分、ドイツが一八〇分、アメリカが一七三分と約三時間なのに対して、日本では六七分と三分の一程度であることが明らかになっています。日本の夫は欧米諸国に比べ家事や子供の世話をあまり行っておらず、その分、日本の妻は大きな負担を背負っており、疲労蓄積の高いことが伺えます。

一九四一年（戦前）の日本人の九〇％が就寝する時刻は二三時だったそうですが、二〇〇〇年では一時頃になっており、二時間も遅くなっています。起床時間は三〇分程度しか変わりませんので、かなり睡眠時間が短縮していることが予想されます。二〇〇九年のＯＥＣＤ（経済協力開発機構）各国の睡眠時間の調査によると、フランス人やアメリカ人の平均睡眠時間が八時間四五分程度なのに対して、一八カ国の中で日本人と韓国人の睡眠時間が最も短く、七時間四五分程度だそうです。二〇一五年に実施された厚生労働省の調査では、睡眠六時間未満の割合が三九・五％と最多を記録したそうですが、これが日本人全体の実情に近いものと考えられます。通勤時間と睡眠時間との関係を調べた報告では、都市部の通勤時間が六〇分程度なのに対して地方では三〇分程度であり、この差が都市部に住む人の睡眠時間短縮につながっているようです（総務省統計局平成二八年社会生活基本調査）。

日本大学の獣医学科学生に対して生活調査アンケートを実施したところ（二〇一三年）、就寝時刻は一～二時が最も多く、睡眠時間としては五～六時間が最も多いことが分かりました。仕事をしていない大学生の睡眠時間が社会人より短い理由は、高校時代から親の目が行き届かない個室にいることが多かったり、親自身も就寝時刻の遅いことが考えられますが、学生はもちろんのこと、教員の認識不足もあるように思われます。

日本の出生数のピークは第二次世界大戦終了数年後にあたる一九四九年の二六九万人であり、一度減少した後、第二次ベビーブームの一九七三年に二〇九万人と増加しますが、その後は一貫して減少しています。二〇一六年には九八万人と初めて一〇〇万人を下回り、第一次ベビーブームの団塊世代の三分の一近くに減少しています。国内の妊娠中絶数のピークは一九五五年の一一七万件ですが、二〇一五年には一七万件と格段に減少しており、人命の尊重という面では喜ばしい傾向ですが、内実はいかがでしょうか。

世界的コンドームメーカーが世界二六カ国において、一八歳以上の二万人以上を対象に年間あたりの性交回数を調査した報告があります。欧米人の性交回数が年一〇〇回を優に超えるのに対して、アジア人はその三分の二程度になっています。とりわけ日本人の回数は欧米人の三分の一程度であり、調査国の中で断トツの最下位です（二〇〇六年）。同社は二〇一一年に今度は三七カ国において同様の調査を行っていますが、その調査でも最下位でした。

日本家族計画協会が行った一六～四九歳を対象にしたセックスレスの調査結果では、一カ月以上セックスレスの人の割合は全体で四九・三％、既婚者のみに限定すると四四・六％であったそうで、後者の数値は一〇年前より一一・七％増加したそうです（二〇一五年）。セックスレスの理由として、男性は、①仕事で疲れている（二一・三％）、②妻が出産後何となく（一五・七％）、③妻が妊娠中・出産直後だから（一一・二％）という順位でした。女性側の理由としては、①面倒くさい（二三・八％）、②仕事で疲れている（一七・八％）、③出産後何となく（一六・八％）という順位でした。したがって、世界の中でも類を見ない日本人の性交回数の少なさは、日常的な疲れ、何となく意欲がわかない、妊娠・出産をきっかけに消失するというのがその主な原因のようです。

明治安田生活福祉研究所が発表した、若い男女の結婚願望に関する調査があります（二〇一六年）。それによると男女の結婚願望は減少しており、生涯未婚率がバブル崩壊後に急増していることが分かります。二〇一五年において、男性は二五％弱、女性も一五％弱が結婚を諦めるか、独身を希望しており、今後ますますこの傾向は高まる可能性があります。しかし、実は一九七〇年代から有配偶者女性が子供を産む人数は

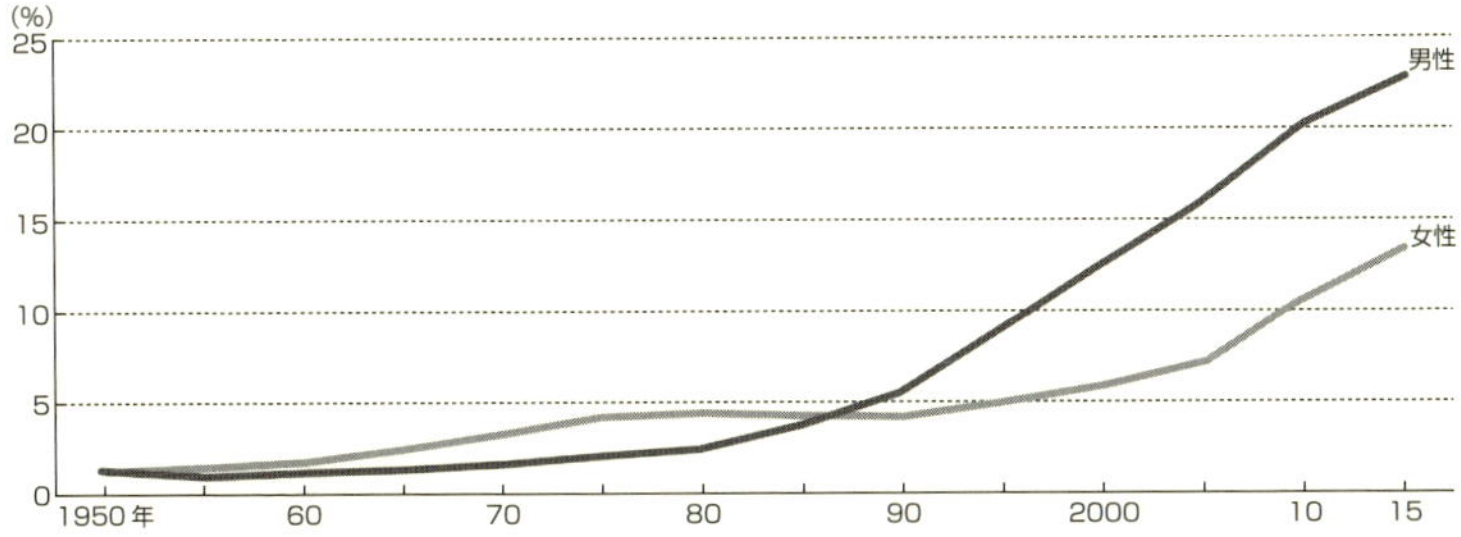


**図7-3　生涯未婚率は上昇している**
生涯未婚率は50歳時の未婚率、45～49歳と50～54歳の未婚率の平均値。
（総務省 国勢調査［2015年］）

二・〇人程度と変わらないという報告があります。それなのに出生率が一・四しかないのは、女性の生涯未婚率が上昇していることと、結婚しても子供を産まない率が増加しているのが最大の原因だそうです。

日本の出生数減少は第二次ベビーブームの一九七三年以降一貫した傾向ですので、日本では公的負担の低い幼児教育や大学教育に関わる大きな経済負担の影響で出生数が抑えられている可能性が高いように思われます。また、晩婚化はバブル崩壊後に一層高まった傾向であると理解されます。さらに共働き家庭の妻はもちろんのこと、専業主婦であっても夫が家事や子育てにあまり時間を割かない習慣が、妻の疲労を促進させているのも日本的な特徴かと思われます。特に、就寝時刻が遅くなっていることや、睡眠時間の短縮が慢性的な疲労を蓄積する結果として、週末の夫婦生活もままならない状況に陥っている可能性を指摘したいと思います。

## 若い時からの生活習慣①：スマホ中毒

小中高校生のデジタル機器の利用状況を調査した内閣府の報告があります（二〇一六年）。それによると、小学生はゲーム機器の使用が最も多く、中学生になるとスマートフォン、いわゆるスマホが多くなります。さらに高校生になると、九〇％がスマホを持つようになります。全国の中高生約一〇万人が回答したインターネットに関する厚生労働省研究班（代表：大井田隆氏〔日本大学〕）の実態調査で、「病的な使用」と判定され、ネット依存が強く疑われる生徒が八・一％に上ったそうです。同研究班はこの結果をもとに、ネット依存の中高生が国内で約五一万八〇〇〇人に上ると推計しています。大学生を対象とした調査はなされていないようですが、さらにその依存度は高いと思われます。

スマホ依存に関する二〇一四年の文部科学省の調査においては、小学五年生〜高校三年生の男女計約二万三〇〇〇人から回答を得ました。その結果、一日に二時間以上スマホを使う割合は全体の二一・九％で、高校生では三〇％に上ることが判明しました。さらに、就寝する直前までスマホに触わることが「よくある」と答えたのは五一・六％、「時々ある」が二三・八％で、高校生では「よくある」が六割を超え、特に高校二年生は六七・六％に上ったそうです。寝室のベッドから手の届くところにスマホを置くことは、最も悪い使い方と言えます。スマホからのブルーライトは覚醒作用があり、本人としては眠くなるまでスマホをいじるはずが、ますます眠れなくなる状況に陥るためです。その結果として、就寝時間が確実に一～二時間遅くなることが容易に想像されます。

スマホをよく使っている中高校生に対するアンケートから「よくある」と答えた割合をみてみたところ、「朝ふとんから出るのがつらいことがある」が中学生七八・一％、高校生八五・四％で、「午前の授業でも眠くて仕方ないことがある」は中学生六八・九％、高校生八二・三％であり、多くの学生がスマホによる生活への影響を受けて、睡眠不足に陥っていることが分かります。なお、ブルーライト効果は、スマホだけでなくパソコンでも同様の影響があります。

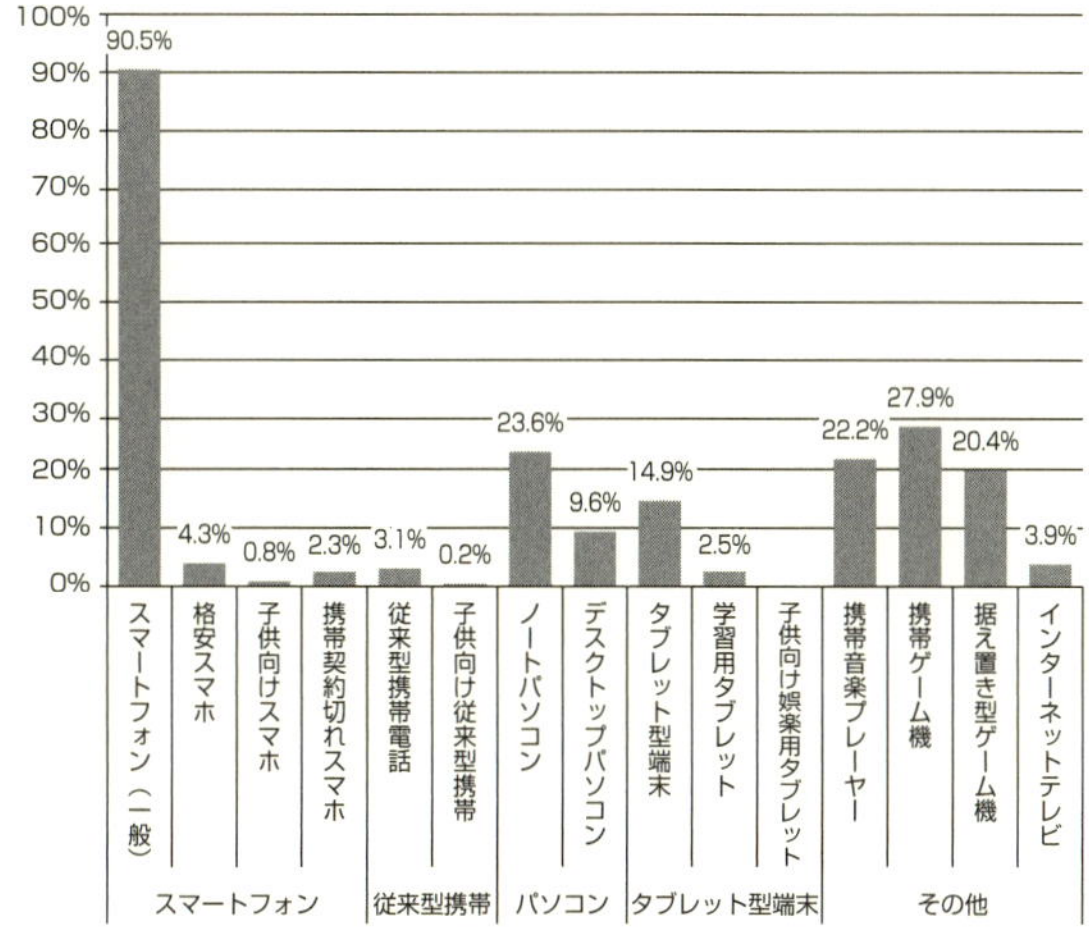


**図7-４　高校生のデジタル機器利用状況**
2016年11～12月（複数回答、インターネット利用の是非を問わず）。
（内閣府調査［2016年］）

ゲーム機器の使用では直感的にボタンを操作することが必要ですが、ゲーム機器を汎用するゲーム脳の人では視覚野に入ってきた情報は前頭前野を飛ばして、運動野に直接伝えられます。しかしこの状況が長く続くと、前頭前野が使われなくなり、その活動は段々低下します。また前頭前野は思考を司るのと同時に、動物的な激情を抑え、人間的な理性をコントロールする部位ですが、前頭前野が働かなくなれば、激情型になりやすくなります。同じ現象は、携帯電話で毎日何時間もメールなどをやり取りしている人でも起こります。また、小学生がゲームに三〇分以上集中するたびに、食欲が減退する例も報告されており、ゲーム脳の影響は大きいようです。

うつ病を発症する学生の性格は、基本的に真面目で几帳面です。子供時代に過保護に育った場合が多く、環境の変化や友人との付き合いなどにストレスを感じやすい傾向があります。うつ病に陥る学生は夜中になっても寝付けないことが多く、最初は時間潰しにテレビ、スマホ、ネットなどで四時、五時まで起きており、朝方に眠るので昼夜逆転状態になります。このような生活では、午前中の授業どころか午後も大学に行けなくなり、徐々に友人とのつながりも失われます。睡眠の昼夜逆転生活を三カ月以上続けると、眠っても熟睡できず、学習意欲や生活意欲も失われるうつ状態に陥りやすくなります。

もし、学生が理由もなく成績不良が続いたり留年するようなことがあったら、就寝時刻、睡眠時間、スマホやネットの使用状況などを質問してみることをお勧めします。抽象的な激励を何回も繰り返すより、学生の睡眠不足の問題点を指摘する方がはるかに効果的と言えます。

睡眠を妨げるものは他にもあります。例えば、就寝前に熱いお風呂に入ると交感神経が活発になって体温が上昇し、しばらく寝入ることができなくなりますので、就寝前のお風呂はぬるめにすべきです。エアコンのない時代に夏場の熱帯夜に寝付けなかったのも体温が下がりにくかったためです。また、蛍光灯に付いている小さい常夜灯も睡眠を妨げることがありますので、寝入りの悪い人は明かりを消して就寝することをお勧めします。寝酒をする人は多いようですが、実際には寝酒は睡眠を浅くしますので、飲酒は睡眠に対して逆効果になることがあります。カフェインは覚醒作用が想像以上に長く持続しますので、寝付けない人には夕方以降のお茶やコーヒーは勧められません。

「引き籠り」

社会的にもう一つ問題となっていることに引き籠りがあります。引き籠りの定義は、通学や仕事をせずに、他人と関わる外出をせず、六カ月以上家にいる人が当てはまります。引き籠りのきっかけは不登校や職場に馴染めないなどが挙げられ、人間関係にうまく適応できず、家から出ることが億劫になります。内閣府の調査では一八～三九歳までの引き籠り人口は全国で五四万人とされていますが、四〇歳以上の引き籠りも増加しており、一説では全体で一〇〇万人を超えているとされています。いったん引き籠りになると、スマホやネットへの依存度が高くなり、その分社会や友人とのつながりが少なくなり、生活のリズムが失われ、精神状態も不安定になります。多くの引き籠りは親や身内の経済援助で生活することが多く、親や身内が亡くなった以降の問題を抱えています。

## 若い時からの生活習慣②：朝食抜き

朝ご飯を食べない若者は中学生や高校生にも見られますが、大学生になるとさらに増加します。その理由は就寝時刻が遅く、出かけるぎりぎりまで眠りたいということのようです。また、朝起きてすぐには食欲が湧かないとか、女性では身支度に時間を要するという理由もあるようです。朝食を抜くと、前日の夜八時に夕食を摂った場合、昼食まで一六時間以上もあり、午前中は血糖値が低下している可能性があります。ところが実際に朝食を抜いた学生の血糖値を測定してみると、昼食直前でも正常値を維持していたという報告があります。したがって、エネルギー不足分は肝臓にある貯蔵グルコースで補われているようです。

脳は一時間に六グラムのグルコースを消費し、肝臓の貯蔵量は一三時間で枯渇するとされますが、不足分は脂肪や蛋白質から補充されます。朝食抜きでも低血糖に陥らない想定外の現象に対して、朝食支持派の脳科学者は、脳は正常値より高めの血糖値にならないとグルコースを充分に取り込めない機序があると主張しています。経験的に午前の授業時間中に眠る学生が睡眠不足だけでないのは事実ですし、やはり脳科学者が述べているように、血糖値がある程度増加しないと頭がぼんやりして集中できないというのは説得力があります。今後、肉体労働や多忙を極める成人で同様の研究を実施してほしいところですが、多くの人の感覚では朝食抜きは仕事に支障を来すという説が支持されるように思われます。

厚生労働省が二〇一七年に行った調査において、朝食を欠食した成人は男性で一五・四％、女性で一〇・七％に達していることが分かりました。朝食欠食率は二〇代男性の三七％と二〇代女性の二三％をピークとし、それ以降は歳をとるにつれて減る傾向があります。中期的な流れでは男女とも四〇～五〇代で欠食率は増加しているそうですが、これはダイエットを考慮した傾向のようです。

世の中には朝食を抜いて胃腸を休ませる一日二食健康法をセンセーショナルに標榜している専門家もいます。朝に食欲が湧かないのは、胃腸が食べものを要求していないからであり、もっと胃腸を休ませるべきという論理のようです。体が欲していないことをその根拠にしているわけですが、多くの若者が夜更かしやスマホ中毒に陥っていることを考慮していないように思われます。

一方、文部科学省が推進している〝早寝、早起き、朝ご飯〟運動は一〇年以上継続されていますが、朝食だけでなく生活全般を考慮しながら朝食を推奨する考えはたいへん合理的と思われます。最近では、各大学が一〇〇円朝定食を実施するようになり、とても喜ばしい傾向ですが、多くの大学で実施期間や提供数が限定的であることから父母後援会や校友会の事業ではなく、大学の主体的食育事業になることが望まれます。日本大学の獣医学科学生を対象に行った学生生活アンケートでは、ほとんど朝食を摂らない学生が一人暮らしの約三〇％に、自宅通学者の約一一％に見られました。また昼食をおにぎりやカップ麺で済ます学生が多いのには驚かされました。

二〇〇五年に画期的な食育基本法が制定され、行政においても食育推進活動が図られていますが、今後、教育現場においてはもちろんのこと、社会人や高齢者も含めた国民的食育運動につながっていくことが望まれます。

## 若い時からの生活習慣③：炭酸飲料中毒

炭酸を含む飲料水には砂糖が一〇％程度含まれており（五〇〇ミリリットル中五〇グラム）、飲んだ直後に血糖値が急上昇します。この上昇した血糖値を下げる因子は、膵臓から分泌されるインシュリンというホルモンです。このインシュリンの働きにより血糖値は低下しますが、適切な血糖値を通り越して今度は低血糖に陥ります。過度な低血糖は生体（大脳）の危機反応を惹起させますので、アドレナリンが動員され、血糖値を回復させます。本来、アドレナリンは生体の危機に際して、危機回避のために分泌されるものですので、日常的に頻繁にアドレナリン動員を行うことは自律神経を不安定にします。この機序が若者をキレやすくさせたり、攻撃的にさせる要因の一

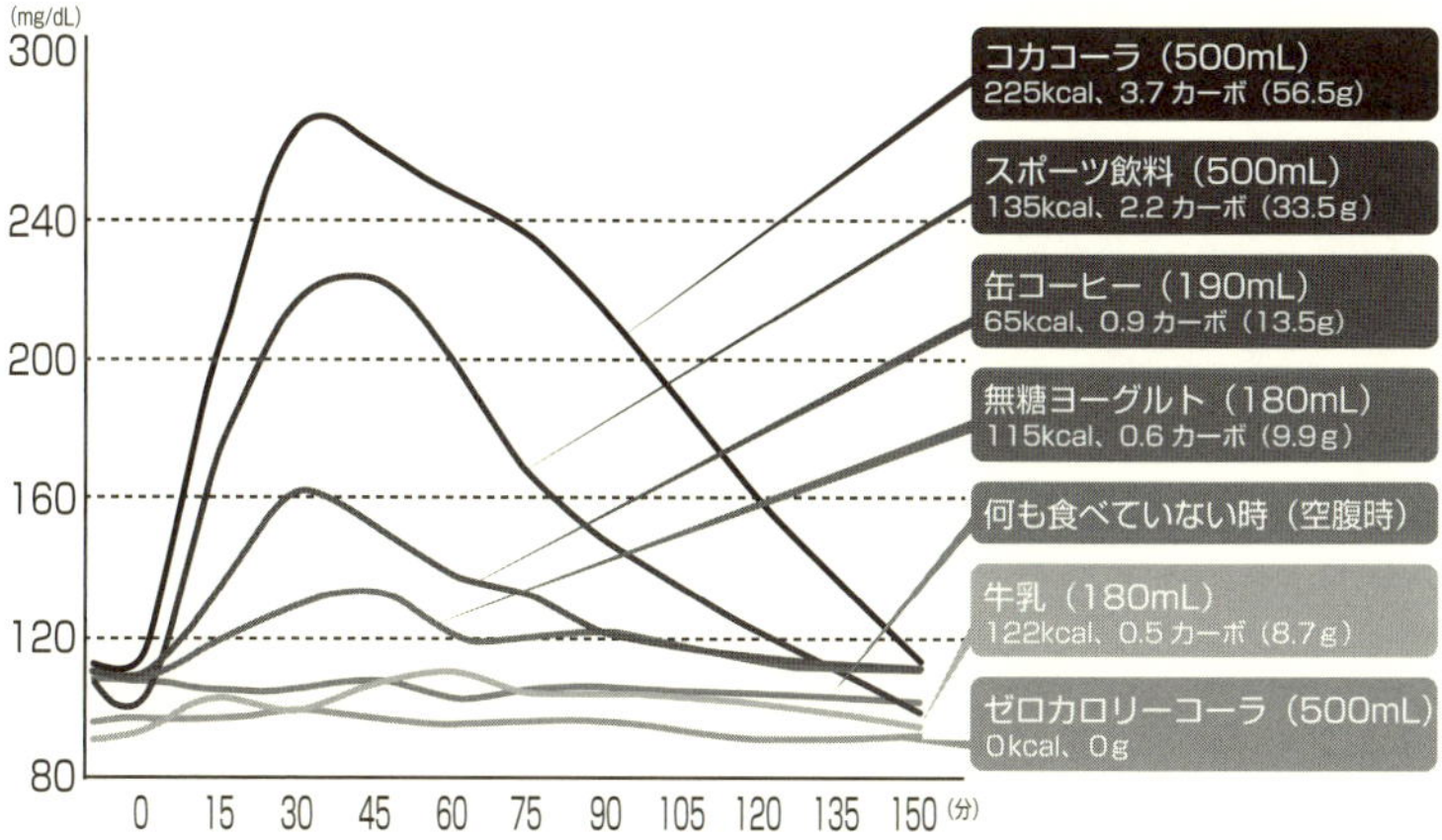


**図7-5　飲料別にみる血糖変動の一例**
血糖コントロールが良好な境界型糖尿病の人からのデータ。
（出典：文献1）

つと言われています。炭酸飲料を飲む時の刺激や爽快さは習慣化しやすく、炭酸飲料中毒（ポップ中毒）と呼ばれています。

若者が好きなお菓子にチョコレートがありますが、若い女性はダイエットの一環として主食を減らしてチョコレートなどの甘いお菓子を間食として食べる傾向があります。チョコレートにも血糖値を急増させる働きがありますので、インシュリンとアドレナリンの繰り返しによるうつ病に陥る可能性が指摘されています。

一八〜二二歳の男性数百人に食べたものを数カ月間記録するよう求めた、ハーバード大学とスペインのムルシア大学の共同研究があります。それによると揚げ物や加工食品を多く摂り、特にトランス脂肪酸であるショートニングで揚げたものを多く摂取する男性ほど精子数が少ないことが判明したそうです。トランス脂肪酸は、常温で液体の植物油や魚油を半固体または固体の油脂に製造する加工技術の一つである「水素添加」によって作られます。

米国食品医薬品局（ＦＤＡ）は、摂取しすぎると心筋梗塞などの発症リスクが高まるとされるトランス脂肪酸について、「安全とは認められない」として、食品に用いることを原則禁止する規制案を提示し、アメリカでは二〇一八年から全面的に食品添加物から排除されることになりました。トランス脂肪酸は国内ではマーガリンやショートニングとして多くの菓子パンやケーキに使われており、また、ファーストフードの揚げ物油としても使用されています。

いずれにしても若い時から食品に関する知識を学び、健康に悪影響の少ないものを摂取するように心がけることは肝要と言えます。

## 若い時からの生活習慣④：喫煙

国内の喫煙人口は男性二八・二％、女性九・〇％で、徐々に減少しており、二〇一七年に初めて二〇〇〇万人を下回りました（ＪＴ全国たばこ喫煙者率調査）。喫煙開始の時期や動機を調べると、過半数が高校時代に喫煙を経験しており、最初は好奇心、何となく、つき合いなどにより手を出す人が多いようです。もちろん、しばらくすると止める人もいますが、一部はそのまま喫煙を継続する愛煙家もいます。

喫煙が大きく関与する病気として、肺癌をはじめ種々の癌、慢性閉塞性肺疾患、冠動脈疾患、脳血管疾患があり、これらは喫煙関連疾患の4C（死）と称されることがあります。喫煙による影響として呼吸器系が最も多く、慢性閉塞性肺疾患（慢性気管支炎、肺気腫）や肺癌などの危険性が高くなります。さらに、血管が細くなりますので狭心症や心筋梗塞のみならず、高血圧や動脈硬化を促進します。そのようなことから絶対に禁煙すべき疾患として、狭心症・心筋梗塞、高血圧、胃・十二指腸潰瘍、脳梗塞、喘息、癌、糖尿病が挙げられています。

喫煙は生殖機能にも影響を与えます。男性の喫煙者は勃起不全、女性は不妊症、早期閉経、更年期障害などの危険性が増大します。体外受精を行った女性二二五人に対して、本人と夫の喫煙調査が行われています[2]。卵子の質や受精率には喫煙の影響は見られなかったそうですが、胚を子宮に戻した時の妊娠率は、夫婦とも非喫煙の場合は四八％であったのに対して、喫煙女性は一九％、夫だけが喫煙する女性は二〇％であったそうです。

喫煙は「緩慢なる自殺」といわれるように、タバコを一本吸うと一一分ほど寿命が短くなり、喫煙者は非喫煙者に比べて五～八年も早死にするとされます。また、喫煙には自分自身への害だけでなく、配偶者や子供など家族に対する受動喫煙の問題もあります。喫煙者はフィルターを通して主流煙を吸いますが、フィルターを通さない副流煙は何倍も有害物質が多いとされています。したがって、受動喫煙による肺癌や心筋梗塞のリスクは二〇～三〇％増加すると推定されており、それにより六八〇〇人以上が亡くなっているとされています（国立がん研究センター）。

喫煙者は何回も禁煙を試みるとされていますが、実際の禁煙成功率は低いのが現状です。煙草を吸うことによりニコチンが脳のニコチン受容体に結合するとドパミン放出により快感を伴うために、喫煙者は気分が落ち着くとか、ほっとする気分を味わいます。しかし、この状態は三〇分もすると消失するために、逆に禁断症状として落ち着かないとか、イライラ感情が出てきます。したがって、タバコのニコチンはヘロインやコカインと同様のメカニズムにより麻薬依存症（ニコチン中毒）を引き起こしますので、禁煙の試みは失敗に帰することが多いのは周知の通りです。要は若い時から〝君子危うきに近寄らず〟が大正解と言えます。

## コラム　学生の生活習慣：ブラックアルバイト（ブラックバイト）

学生時代のアルバイトは、社会勉強として経験した方が良いというのが一般論としてあります。高校生でも短時間のアルバイトなら、社会との接点を早く持つ意味で良い経験になると思われます。一人暮らしの大学生の一カ月間の支出額は一二万円くらいで、親からの仕送りは七万円ほどとされていますので、不足分を奨学金やアルバイトで賄っています。授業料を含めて奨学金を借りる学生も多くいますが、卒業後の奨学金返済をできるだけ少なくするために、学生はアルバイトの収入を多くする傾向にあります。

アルバイト先として最も見つけやすいのはコンビニや牛丼屋ですので、基本的に二四時間営業になります。アルバイト開始後しばらくは夜の早い時間帯シフトで働かせてくれますが、深夜シフトの人の都合が突然つかなくなると、急に深夜シフトに入ってほしいと言われることがあります。特に気の弱い学生は断れず、その後もたびたび深夜シフトを組み込まれますので、朝六時までのシフトの場合、その日の授業はほとんど出られなくなります。

高校生の場合は、毎日授業があることと法律上の関係で深夜アルバイトを行うことはないと思われますが、大学生の場合は時間的に余裕があることから、ブラックバイトの被害者になる可能性が高くなります。ブラックバイトの定義は、シフト変更だけでなく、サービス残業、過度な仕事量、一人勤務、人格を無視した叱責、壊した物の弁償、売れ残りの買い取りなどがあります。

学生アルバイトには節度が必要で、週に二〜三回くらいまで、一回あたり六時間以内が適切かと思われます。少なくとも勉学に支障のない程度に留める必要があります。アルバイトを夜一二時までに終えても、お風呂に入り、スマホをいじるという習慣からか、就寝は一〜三時になり、アルバイトの日は極端に睡眠不足になるようです。アルバイトや他の遊びに時間を取られ、成績不良となり留年すると、アルバイトの意義は完全に失われます。さらに、留年や成績不良によって就職活動にも影響を来すなら、アルバイトのために一生を棒にふる結果になりかねません。

朝日新聞と河合塾が二〇一一年から実施している調査によれば、大学生の退学率は八・一%もあるそうです（二〇一四年）。大学（高等教育）を中退した後の調査では、正社員となる若者はわずか七・五%であり、アルバイトや契約社員などの非正規雇用が七割を占め、六人に一人は無職だそうです。もちろん、退学理由はアルバイトに限りませんが、成績不良の結果として本人の意思に反して退学となると、その影響は想像以上に大きいことを知る必要があります。

本章で挙げた若者の新たな生活習慣が、気づかないうちに若者の人生を狂わせて、学習や働く意欲を減退させ、最終的に非正規雇用、フリーター、晩婚化、結婚断念、少子化につながるとしたらたいへん残念なことです。

第八章

# 人類が初めて経験する超高齢人生と性

## 夜這いは集団婚の名残りか？

衣食住の中で食の優先度が最も高いことに異論はないと思われます。人類の歴史で最も長い旧石器時代から農業が発達するまで、狩猟採集された食料は一族の中で平等に分配されました（原始共産社会）。なぜなら、一族が生き残るためには食料を共同して確保し、分配することこそが一族生き残りに不可欠であったためです。

温帯地域にある日本において、四季を通して裸で過ごせる地域はないため、寒い時期を過ごすには着物は不可欠でした。紀元前に中国や朝鮮を経由して伝わった糸紬と機織りは女性が行ってきたことから、母系社会の基盤になったと思われます。稲作は男性の力仕事を要することが多いですが、糸紬と機織りは繊細さと忍耐強さを要することから女性が専ら担いました。織物はお米と同じ貨幣価値があり、しかも年間を通して収入を得られる点で重要でした。多くの女性は母親から織物技術を学び、親子して機織りにいそしみました。娘が嫁ぐと収入が半減するために、男性が婿入りする婿入婚がその時代の庶民における婚姻形態でした。一方、貴族や武士は家父長制度の下に、基本的には政略結婚であり、昔から嫁入婚が主流でした。

大正・昭和時代でも農山漁村においては〝夜這い〟の伝統が残っていたそうですが、古来日本社会における伝統であったようです[1]。日本の村々には一四〜一五歳を過ぎると男は元服（成人式）を行い若者組に、女性も成人式を終えると娘組に入りました。若者組の男性は農作業、村の掟の指導を受けるために夜になると若者宿に集まり、娘組は裁縫や機織りの指導を受けるために娘宿に集まりました。

　若者組の男性たちは皆で娘宿に押しかけて男女で雑談したり、女性の夜なべ仕事を手伝って〝夜遊び〟に励みました。成人になると、若者は後家さんや知り合いの女性から〝筆おろし〟をしてもらい、娘は村の有力者から〝水揚げ〟を経験させてもらいました[1]。夜這いは女遊びやいかがわしいものではなく、村社会で認められた婚姻プロセスでした。したがって、娘は年頃になると廊下縁側に近い所に寝かされ、夜這いを経験しながら結婚相手を決めました（多くは知り合いの村仲間だった）。この時期に交際相手が変わっても全く問題はなく、遅くとも二〇歳頃までには結婚相手を決めていたそうです。アマゾン奥地に住んでいるヤノマミ族においても、成人したとみなされると複数の男女が性的な付き合いを始めますが（一四～一五歳）、最終的には特定の一夫一妻になるそうです。

　夜這いのルールはそれぞれの村で異なったそうですが、夜這いの範囲は村内に限られることが多く、これは遠い昔の一族内の集団婚の名残りと考えられています。いずれにしても村内の若い男女があぶれることなく、ほとんどが結婚できるシステムであり、現代社会の恋愛結婚より優れたシステムだった可能性があります。反対に、廊下縁側近くに両親や祖父母が寝て、娘が一番遠くに寝かされると夜這いができないので、〝箱入り娘〟と言われ、親の意向で結婚相手が決められました。

　古来日本において、正式に結納を交わして結婚が決まっても、しばらくは婿が嫁の家に通い、子供ができても完全に婿の家に嫁ぐのは、婿の母親が台所を譲ってからというのが一般的でした。

明治二三年に明治民法が制定され、従来、武士の家父長制度下における婚姻形態であった嫁入婚が一般民衆にも流布されました。[2] その結果、子供の婚姻先は親の権限により決められ自由恋愛が制限されたために、日本女性は親や夫に従順な〝やまと撫子〟と呼ばれるようになりました。やまと撫子は日本女性の長年の特質と思われる向きがありますが、その歴史は案外短いことになります。

## 非言語コミュニケーションツールとしての性

コミュニケーションの意義として、親子、男女、社会人同士の意思疎通の重要性が強調されてきました。会話や文書による意思疎通が最も頻繁に使われることは間違いないですが、言葉のみでは十分に伝わらないことも事実です。好感や反感の態度や感情を伝える時において、非言語コミュニケーションである言葉の抑揚やボディランゲージが九割の伝達率を持つという〝メラビアンの法則〟があります。会話において大事なことは、お互いに向き合って話すことで相手の立場を尊重している心情が伝わりますので、アイコンタクトも非言語コミュニケーションとして重要な役割を持ちます。

非言語コミュニケーションとして最も知られているのがスキンシップです。親子のスキンシップは子供の情操教育として最も重要視されますが、肌を通した温もり、優しさ、態度が皮膚を通して親の愛情として伝達されます。したがって、スキンシップを多く受けた子供に孤独感はなく、親の存在は何かあればいつでも戻れる基地としての安心感を与えます。小さい時に親子のスキンシップが乏しかったり、親からネグレクト（無視）されて育つと、成長して大人になっても、いざという時に戻るべき基地がないために、精神科医の岡田尊司氏が述べている〝母という病〟を一生引きずる可能性があります。スキンシップは男女においてもお互いの愛情表現として重要であり、特に欧米社会では握手や抱擁が挨拶代わりに行われ、手をつないだり、体を接するダンスは人間関係を深めるツールとして利用されてきました。

皮膚には体毛がありますが（手のひらと足の裏にはない）、粘膜には体毛がない分、皮膚より神経分布が多く見られます。したがって、粘膜を通したスキンシップは、男女の愛情を通常のスキンシップより格段に多く伝達します。

生物学者のエドワード・ウィルソンの「人の性は人と人をつなげる道具であり、生殖は二の次だ」という理論からすると[3]、寿命の短かった時代では隠されていた性のコミュニケーションツールとしての意義が、寿命が大幅に伸びた現代において、その役割がますます明確になってきたと思われます。高齢者のコミュニケーションは、性交まで至らなくても、言葉、キス、抱擁でもケースバイケースで十分に受け入れられますので、皮膚や粘膜のスキンシップの役割を認識することは健康長寿を延ばすためにきわめて重要と思われます。

高齢者の夫婦生活に一番影響する要因は、パートナーとの性に対する共通認識です。そのコミュニケーションの基盤になるのは、まずは基礎体力です。男性の場合、特に通勤をしなくなる定年退職後に歩行数がかなり減少します。それに伴い筋肉量と足への血流量が減少し、結果としてペニスの勃起機能も低下します。男性ホルモンが高齢化に伴い減少する傾向は否定できませんが、他人とのコミュニケーション、生き甲斐、社会貢献に積極的な人は男性ホルモンの減少はあまり大きくありません。そのような男性は日常から運動、食生活、健康管理などに前向きに取り組む傾向があります。

日本の女性の一部には、閉経を過ぎたら夫婦生活を卒業するという思い込みがあります。一カ月以上夫婦生活のないセックスレス人口は四〇代以降に増加する傾向がありますが、「共働きによる疲れ」「面倒くさい」「産後に何となく」というのがその大きな理由です。しかし、日本人の睡眠時間が世界で最も短いことや、夫の家事手伝いや子育ての時間が欧米の三分の一という現実も影響しています。性交頻度が減少すると、膣の潤いや拡張性が低下するのは、基本的には〝使わない筋肉は衰える〟という原理に由来します。年齢や閉経に伴う自然現象と思い込んでいる女性は多いようですが、実際は一定頻度の性交を維持すると性感度や潤いの低下はほとんどないとされています。欧米では一定頻度の性交を維持するために、美容の延長線で膣のオイルマッサージを励行している高齢女性は多く、最近そのような内容を述べた本が国内でも出版され、脚光を浴びています（ちつのトリセツ 劣化はとまる、原田純、二〇一七年[4]）。

スウェーデンの高齢化研究所（ＣＵＬ）が、八〇歳以上の男女七三三人に聞き取り調査を実施したおもしろい報告があります（二〇一四年）。アンケートでは、①自分はすごくスケベだと思う、②自分は少しスケベ、③自分はスケベじゃないの三段階から回答を得たところ、「すごくスケベ」派の三八九人は老人性痴呆の進行度がゼロまたは軽度であることが判明したそうです。このことは重要な意味を持っており、何歳になっても異性との節度あるコミュニケーションを保つことの重要性を明示しています。

　最近、知人の七〇代の女性が近所のデイケアセンターに通い始めました。わずかな利用料で昼食、カラオケ、ダンス、囲碁などを楽しめるそうですが、全体の雰囲気が暗いことに気付きました。そこで、その新入りの女性が参加者にある提案をしたそうです。それは朝出会った時と帰る時に全員と握手をするということでした。それから数週間もすると、高齢男女の参加者の動きや会話が活発になり、センターに来るのが楽しそうになったとのことです。国内では高齢になると夫婦でも手を触れ合うことが少なくなりますが、他人同士の男女が握手するだけの触れ合いでも若返るという事実から、コミュニケーションツールがいかに重要かを再認識させられます。

**図8-1 重要なスキンシップ**

　性という字は〝立心偏〟に〝生きる〟と書きますが、高齢であっても性を少しでも感じながら生活することが、最も人間らしく健康寿命を延ばして生きられるコツなのかもしれません。

## 高齢者の性欲はなくならない

日本人の平均寿命は男性八一歳、女性八七歳と長くなり、たいへん喜ばしいことです（二〇一七年）。現在では、女性が男性より長生きするのは当たり前ですが、江戸時代後期の平均寿命は男性四六歳、女性四一歳と、男性が女性より長生きでした。昔の女性の寿命が短かった理由は、お産に伴う死亡率が高かったためです。そもそも人を含め動物の平均寿命と生殖寿命とは同じくらいとされています。明治二四年頃でも平均寿命は男性四三歳、女性四四歳であり、人も動物と同じ条件に当てはまっていました。昭和二二年に平均寿命は男女とも五〇歳を超えましたので、昭和二二年以降の約七〇年間で平均寿命が三〇年以上延び、生殖寿命との間に初めて大きな差異が生じました。この寿命の大幅な量的変化が、従来の性の延長ではなく、質的変化をもたらすであろうことを真摯に受け止める理由があります。

江戸時代、大岡越前守が、不貞を働いた年配の男女の取り調べで、女性からの誘いに乗ってしまったとの男の弁解に納得がいかず、自分の母親に「女性はいつまで性欲があるのか」と質問したそうです。母親は黙って火鉢の中の灰をいじって「灰になるまで」と息子に伝えたという逸話があります。女性の性欲のピークは男性の二〇代とは一致せず、三五～四五歳とされており、一般的な認識とはずれがあります。女性は四五～五五歳にかけて閉経を迎えますが、この女性の生殖寿命は昔から変わっていません。閉経を迎える直前に性欲が高まる理由は定かではありませんが、子孫を残す女性の本能として〝ロウソクの燃え尽き前の輝き〟なのかもしれません。

大工原秀子氏が行った女性の性欲の年代別推移調査を見ても、[5]閉経前に性欲の亢進が見られています。したがって、平均寿命が四〇代であった江戸時代の年配の女性が男性を誘ったとしても矛盾はありません。広井正彦氏の調査データでも、[6]性行為、戯れ、精神的交際の性的欲求を六〇代の半分以上が希望しています。大工原氏は一九七三年と一九八五年の高齢男女の性交頻度を比較しています。それによると、一二年間に男性の性交頻度は幾分増加していますが、女性の増加率が著しく、かなり男性の頻度に接近していることが注目されます。

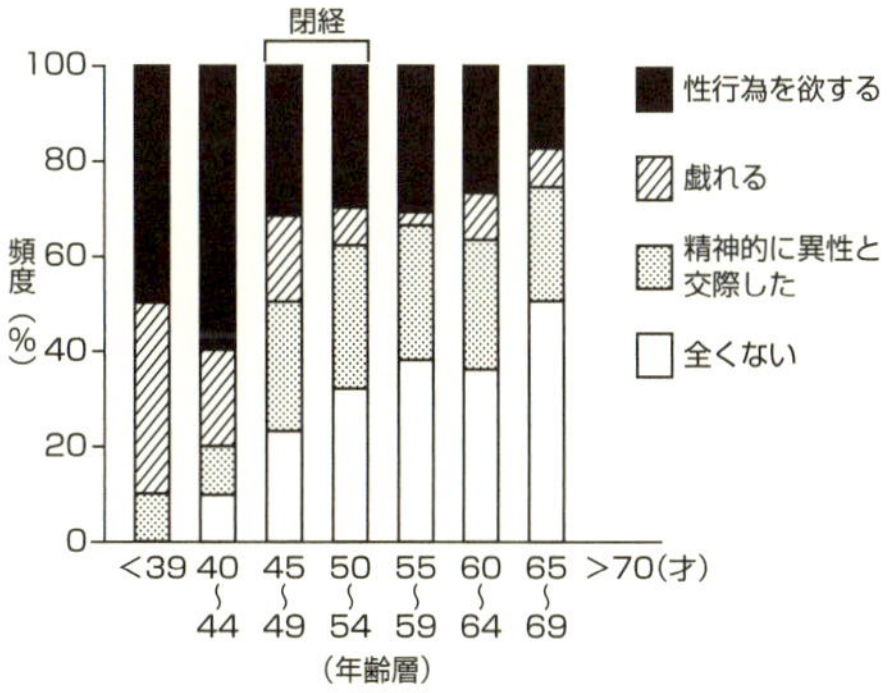


**図8-2　年齢別にみた性欲求の程度**
（出典：文献5）

この時代は産婦人科医の奈良林祥氏が性のハウツー本を多数出版し、三〇〇万部のベストセラーを記録した時期と重なりますが、情

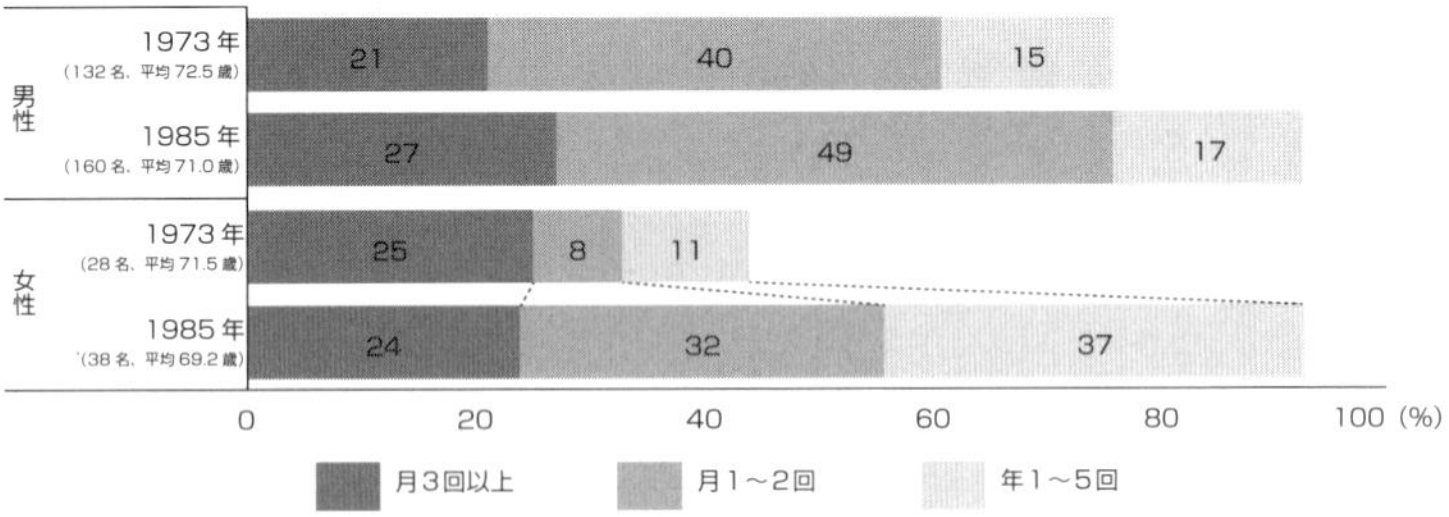


**図8－3　高齢者の性交頻度（1973年と1985年の比較）**
（出典：文献5）

報は人の生き方を変える重要な因子となります。従来、日本人女性は婦人雑誌から性情報を得ていたと思われますが、限られた誌面から十分な性情報を得ることは難しく、具体的な記載が乏しかったのも事実です。奈良林氏が性啓蒙書を執筆したきっかけは、その時代の妊娠人工中絶の急増であったと述べていますが、人工中絶の背景にある医学的根拠に乏しい性情報が蔓延していることから、正しい性情報の流布を図るのが本当の狙いであったようです。少なくとも学校教育における性教育の不足と是正を図るだけでなく、「人間の性はコミュニケーションツールであり、生殖は二の次である」というエドワード・ウィルソンの趣旨に合致した記載内容になっています。したがって、現在においても内容的には全く古くない内容ですし、国内にはこれに匹敵する良書が少ないのは事実です。

日本における男性の勃起不全（ＥＤ）は、中等度ＥＤが約八七〇万人、完全ＥＤ約二六〇万人で、合計すると一一三〇万人と言われています。[7]しかし、

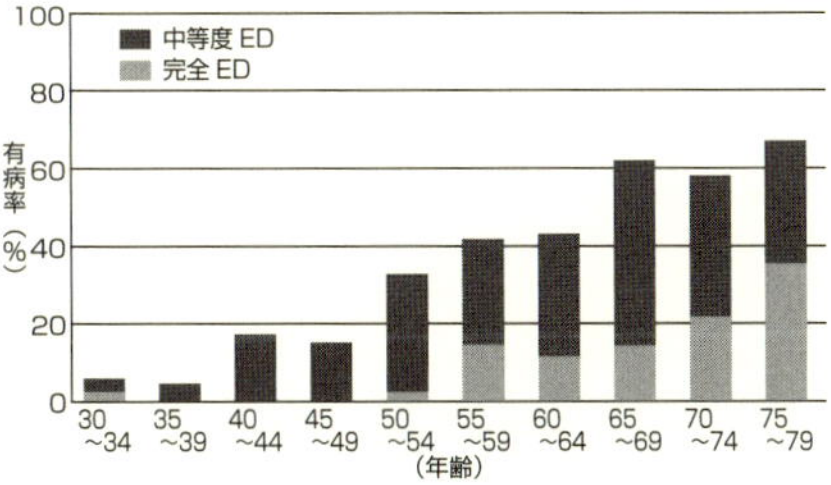


**図8－4　日本における男性 ED 有病率（1998 年）**
（出典：文献 7）

高齢男性の四割を占める中等度ＥＤは運動や治療により改善の余地がありますし、七〇代でも勃起力があるという事実は重要です。ここにも健康管理や生き方に個人差があるのと同様、またはそれ以上に性能力、性情報に差異があることを認識せざるを得ません。

ノルウェー男性二〇～七九歳の一一八五人の性欲、勃起力、射精力、性的満足度を一～四までの四段階で評価した調査結果があります（二〇〇六年）。それによると、性欲、勃起力、射精力は二〇代に比べて七〇代で低下したことが分かりましたが、性的満足度は二〇代で二・七九、三〇代で二・五五、四〇代で二・七二、五〇代で二・七七、六〇代で二・四六、七〇代で二・一四であり、年代別の差異は小さいことが分かりました。高齢者の性を考える時に、勃起力や射精力は必ずしも性的満足度に直結しないという認識は重要であり、その他のコミュニケーションツールを利用すれば良いという結果と思われます。

# 高齢者の問題行動

日本の介護施設において、社会的には知られることが少ない高齢者の性の問題があります。介護施設への入所者は女性が多いのですが、少ない男性を取り合うことは頻繁に起こるそうです。高齢男性による女性職員へのセクハラは日常的であり、認知症の男性は人前でマスターベーションを行い、認知症の女性は男性職員を捕まえて、抱きついてくるそうです。全ての高齢者の性欲が平均して衰えることはなく、逆に前頭側頭型認知症患者は食欲や性欲が亢進することがあります。また、高齢化に伴い前頭葉の抑制系神経が減退し、感情抑制のブレーキも利かなくなる傾向は否めません。

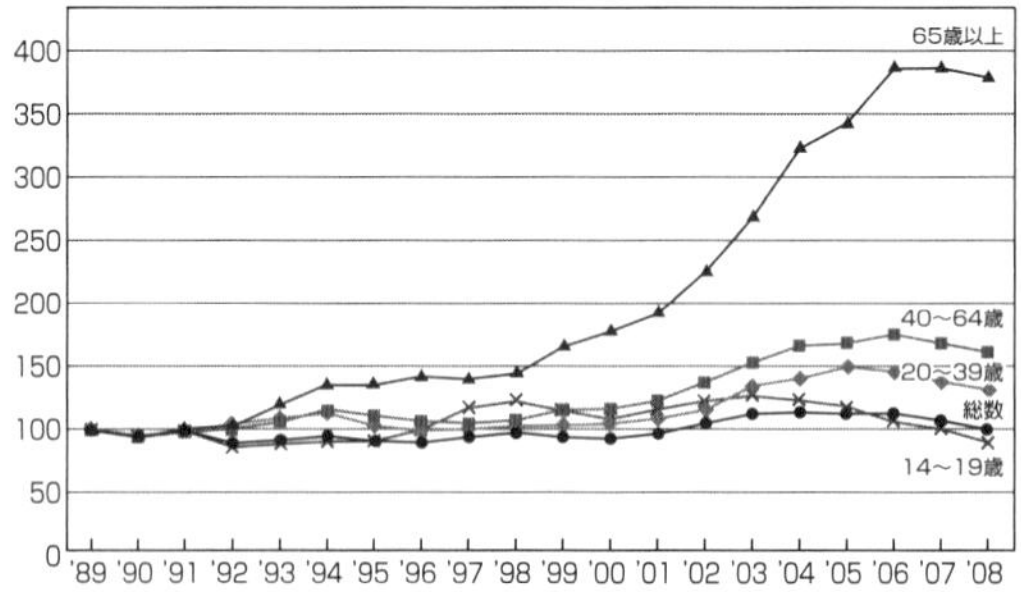


**図8-5　年齢別刑法犯の犯罪者率の推移**
人口10万人あたりの検挙人員、1989年を100とした伸び率
(出典：文献8)

図8-5に挙げた日本の年齢別の刑法犯の推移を見ると、総数は平成の一八年間はあまり変わっていませんが、六五歳以上の犯罪率が急増していることが分かります。高齢者犯罪は年金暮らしの貧しさに関係するのか、圧倒的に窃盗が多いそうですが、なかには金銭目的ではなく

盗みが成功した時の快感から繰り返す人もいます。また、強引にキスをしたり体を触ったりするなどの強制猥褻の高齢者の検挙数は三〇年前の二〇倍、強姦も八倍増加しており、独身男性だけではなく既婚男性も含まれますので、パートナーとの性の認識不一致に由来することも多いようです。

内閣府が子供と別居している六〇歳以上の高齢者に子供との接触頻度を調査したところ、「ほとんど接触がない」と答えた人は二・六％と少なかったそうです。ところが、高齢犯罪者一万人を対象に同じ調査を行ったところ、強盗犯の六三％、詐欺犯の六〇％、殺人犯の四三％が「ほとんど子供との接触がない」と答えたそうです。高齢者を孤独にする環境を改善することがいかに重要かを示唆しており、家庭と社会の両面からの取り組みが必要と思われます。

性犯罪以外にも高齢者の激情や憤怒による暴行、トラブル事件も多発しており、家庭や社会での単なるコミュニケーション下手や孤独による不安からの苛立ちを抑えきれず、感情を暴発させている状況は、介護施設における性問題の状況と類似しています。

## つながりが寿命を延ばす

石川善樹氏が執筆した『友だちの数で寿命はきまる　人との「つながり」が最高の健康法』[9]という本があります。七五歳以上で急性心筋梗塞になり入院した人の半年間

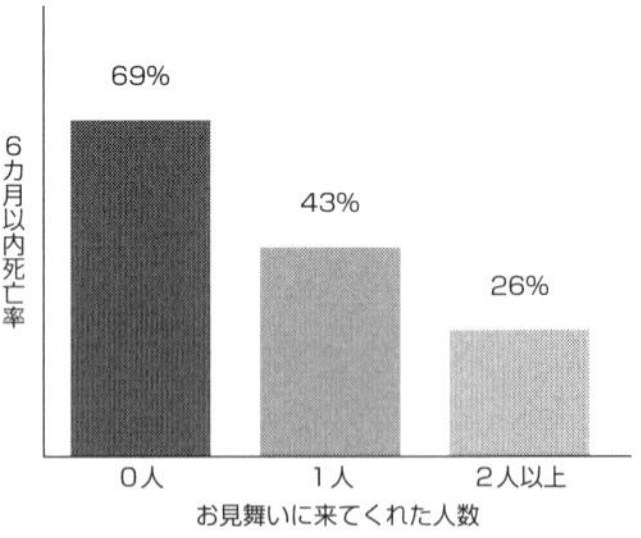


**図8-6　急性心筋梗塞で入院した75歳以上の男女117人の6カ月以内死亡率**
（出典：文献9、10）

の死亡率は、お見舞いの友人〇人では六九％、一人だと四三％、二人以上だと二六％だったそうです。[10] 身内でない友人が自分のためを思って見舞いに来てくれたことが〝孤独の克服〟につながり、生きる希望につながります。人とのつながりを感じられなくなると、生きる気力と生命力が大きく失われ、その結果として寿命が短くなるのかもしれません。

　健康寿命とは自立して生活できる年齢ですので、介護や病院通いになると定義から外れます。平均寿命は男性で八一歳、女性だと八七歳とされていますが（二〇一七年）、健康寿命は男性七一歳、女性七四歳とされ、平均寿命よりかなり短いことが分かります。

　健康寿命を延ばすにはまず、他人との会話が重要であり、最も簡単な孤独の克服になります。これまで述べてきたように言葉、気遣いや優しさの行動が該当します。夫婦や男女のつながりは、〝非言語コミュニケーションツールとしての性〟の項で述べた全てのツールが孤独に対する最大の克服法になり、お互いの長生きが可能です。この原理は結婚を最もポジティブに捉えられる説明かもしれません。

　寿命に影響する要素として、社会的つながりを失うことは、喫煙や運動不足、肥満

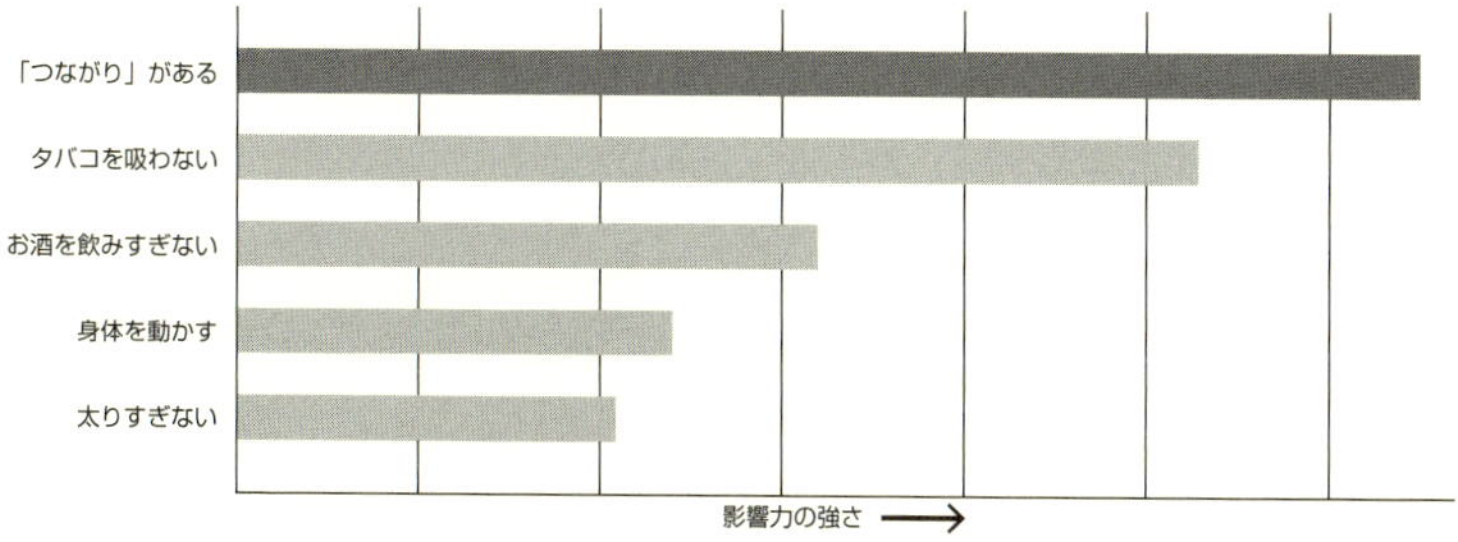


**図8-7　寿命に影響する強い要因とは？**
（出典：文献 11）

よりはるかに強い要因であることが分かります。つながりの多い人と孤独な人との死亡率リスクを比較したところ、男性で後者が二・三倍、女性では二・八倍も高かったそうです。[10] ストレスを解消するには多くの人とのつながりが重要であり、孤独な人はストレスからの脱却に時間を要します。つまり、人生において生き甲斐を持つことはきわめて重要であり、特に社会貢献を意識した人生は、社会の多くの人とつながりを持てる点で評価されます。高齢になってからさらに重要なことは、自分の居場所があり、周囲から行いを認められ感謝されることかもしれません。

# おわりに

日本の人口は鎌倉時代が七〇〇万人弱であり、関ヶ原の戦いの頃で一二〇〇万人、江戸時代の末期には三一〇〇万人に増加しています。江戸時代の人口増加は、戦争がなく、農業生産の増加や商業の発達などが大きな要因と思われます。この時代の一般庶民の結婚は通い婚に始まり、姑が台所を譲ってから男性の家に嫁入りする形が多かったようです。子供を産めない妻は三行半の離縁状を突き付けられたとされていますが、実際には多くの三行半は女性側からの要望を夫が受け入れた例が多かったと言われています。したがって、この時代の日本は世界的にみても離婚と再婚が最も多かった国とされています。その背景には社会的性教育が若者に施され、結婚相手を比較的自由に選べた社会環境があると思われます。江戸時代の農村には若者組や娘組という成人の組織があり、男女が懇談する〝夜遊び〟の場を提供しました。その延長線に〝夜這い〟があり、結婚相手を決める重要なプロセスとなりました。

明治二三年に欧米の文化を意識した明治民法が作られ、武士や公家の家父長制度が一般市民に流布されてからは男女の触れ合いの機会は激減し、父親の一存による見合い結婚が一般的となりました。江戸時代からの社会的性教育が失われる一方、男性は公娼制度により恩恵を受けていましたが、第二次世界大戦後の一九五八年に売春防止法が完全に施行されると性教育の場は表面的には消失しました。日本の戦後性教育は、公娼制度廃止運動と婦人参政権運動を合わせて行ったキリスト教人権活動家の久布白落実氏の影響が大きいと思われます。久布白氏の思想は文部省の純潔教育基本要項にも影響を与え、長く教育現場において性道徳を支配したと思われます。日本の性教育は男女が結婚まで童貞、処女であることを推奨し、それに反する行動は不純異性交遊として白眼視する風潮ができました。

第二次世界大戦終了後に連合国軍最高司令官総司令部（ＧＨＱ）は、戦後の第一次ベビーブームにより人口の急増した日本（一九四七年は二六九万人出生）が再び国力を回復することを恐れるようになり、優生保護法の施行（一九四八年）を後押ししたとされています。事実、妊娠中絶数は一九五五年には一一七万件とピークに達し、そのためか一九六一年の出生数は一五九万人に急減しました。さらには戦後初の女性国会議員となった加藤シヅエ氏らにより、一九五四年に設立された日本家族計画協会も人口抑制の普及活動の一端を担ったと思われます。したがって、人口抑制は恣意的に制御可能なことが分かります。そして一九六〇年代から一九七〇年代にかけて高度経済成長と団塊世代の結婚時期が重なり、一九七三年には出生数が二〇九万人に達し、第二次ベビーブームと呼ばれました。その後は世界的な人口抑制の風潮もあり、日本の出生数は一九八〇年代後半のバブル期にも増加することはありませんでした。

日本の人口は二〇〇八年をピークに毎年減少しています。二〇一六年には出生数が一〇〇万人を初めて下回り、女性一人あたりの合計特殊出生率も一・四五となりました。人口減少は高齢化社会における死亡者数の増加も大きな要因にはなりますが、やはり出生数の減少傾向は日本の人口を維持する上で最大の課題です。

出生数抑制の要因として、幼児教育や大学教育に係る養育費の負担が大きいことが挙げられます。そのことは、バブル期には非共働き世帯数と共働き世帯数の比が二対一であったのに対し、現在では一対二と完全に逆転しているという現状からも推察されます。バブル崩壊直後の一九九二年では、日本人一人あたりの国内総生産（ＧＤＰ）は世界第四位でしたが、その後の名目ＧＤＰはほとんど増加しなかったために、二〇一六年には世界第二二位まで後退しました。特にバブル崩壊後の〝失われた二〇年〟における経済の長期低迷は、現在も尾を引いています。

高度経済成長期には一億総中流を目指し、バブル崩壊後は生活水準を落とさないために共働きで家計を支え、多くがマイホーム、子供の教育、老後の備えなどに努力した反面、休暇や余暇を充分に楽しむことは欧米人と比較するとかなり少なかったようです。さらに、家族と会話や食事をする時間、夫婦だけで過ごす時間も、日常の疲れと面倒さの陰で省かれてきました。

国際連合の調査報告に国別の幸福度ランキングがあります（世界幸福度報告）。その調査では、一人あたりのGDP、健康寿命、社会的支援（困った時に頼れる人の存在）、信用性（政治やビジネスにおける汚職のなさ）、人生における選択の自由度、寛容性の六要素が比較されていますが、二〇一六年の調査において日本は一五七カ国中五三位となっており、二〇一五年（四六位）より七つランクが下がっています。日本人の多くは時間に追われ、忙しい毎日を過ごしていますが、困った時に頼れる人の存在、人生における選択の自由度、寛容性などが不足しているのかもしれません。ちなみに最も幸福度が高い国の上位は一位デンマーク、二位スイス、三位アイスランド、四位ノルウェー、五位フィンランドとなっています。そしてこれらの国は准先進国でありながら、いずれも人口の上昇傾向が続いています。

アメリカの経済学者グループが行った「どのような時に幸福を感じるか」という実験があります。実験者にお金を渡して、片方のグループにはそのお金で自分のために買い物をしてもらい、もう片方のグループには他人へのプレゼントまたは寄付に使ってもらい、その行為が幸福度とどう関係するかを調べたものです。お金を使った日の夜に実験者の幸福度がそれぞれ確認されたのですが、前者は変化がなく、後者の幸福度はアップしていたそうです。

また、カリフォルニア大学のスティーブン・コールが行った興味深い研究があります（二〇一三年）。それによると幸福には二つあり、一つは快楽追求型、もう一つは生きがい追求型です。快楽追求型では自己の欲求を満足させる飲食や遊びに浸りますが、生きがい追求型では社会貢献、自己実現、家族愛などに努力するというもので、表面的には両方の幸福に差はなかったそうです。ところが、ストレス時に発生する慢性炎症に関連するストレス遺伝子（ＣＴＲＡ）が快楽追求型では増加したのに対し、生きがい追求型では増加しなかったそうです。要するに快楽追求型では、体がストレスを感じていることになります。したがって、コール氏はアリストテレスの述べた「最高善こそが幸福である」ということが科学的に証明されたと結論付けています。

日本人が抱える慢性的な疲労は、若い時からの生活習慣も影響していると思われます。一番の問題として睡眠負債があり、多くの日本人の就寝時刻はますます遅くなる傾向にあります。人間の眠気は朝起きてから一五時間後に始まるとされていますので、朝七時に起きると夜一〇時以降には眠くなります。しかしながら、就寝前にスマホをいじったりネットサーフィンを行うと、ブルーライト効果で逆に覚醒してしまいます。同様に、就寝前にホラー映画やアドベンチャー映画などを観ても交感神経が昂ることになります。

日本人の超真面目な国民性と過去二〇年に及ぶ経済成長停滞とがあいまって、土日や長期休暇さえも睡眠負債解消に努めなくてはならない現状があります。現在の日本人の約半数が（結婚していても、していなくても）一カ月以上のセックスレス状態にありますが、それは人間として自然なことではありません。さらに、生殖年齢をはるかに超えて生きるようになった現代社会において、人類が初めて経験する高齢者の性についての言及を避けることはもはやできません。性教育は子供や結婚を控える若者だけに必要なことではなく、高齢になっても何らかの形で性は不可欠であると再認識する必要があります。日本人は歴史的に性に対して純潔であったわけではありません。江戸時代は性に対してきわめて大らかな国民性でしたし、農村地域では江戸時代の性文化が昭和初期まで残っていました。

結婚しても子供を持たない夫婦が増加していることや、二〇三五年には日本の三割近くの男女が結婚しないという予測に対し、憤って批判するだけでは説得力はありませんし、二五〇〇年頃には日本の人口が二〇〇〇人になるという悪い冗談が現実にならないようにしなければなりません。生涯未婚やセックスレスの風潮を単なる時代の流れと捉えたり、若者の考えと放置するのではなく、今この問題を直視しないと日本の将来はありません。

昔はお節介な親戚の叔父や叔母、隣近所のおばさんが盛んに若者に見合いを勧め、仲人をかってでる人たちが多くいました。しかし今では男女の出会いにおいて、そういったお節介や関与が減少し、その一例として結婚披露宴のひな壇に仲人を見なくなってから数十年が経ちます。今さら仲人制度を復活させる必要はありませんが、お節介な世話好きはぜひとも必要ですし、結婚に対して受け身姿勢の七割の若者に合致した新しいマッチングシステムを作り出す必要もあります。

最後に、本書執筆の相談に乗っていただき、終始詳細な編集作業にて後押ししていただきました緑書房第一編集部の加藤友里恵さんに心より感謝申し上げます。また、本書刊行にご尽力いただきました同社の森田猛社長にも深謝申し上げます。

二〇一八年盛夏

津曲茂久

# 参考文献

## 第一章　有性生殖


1　西尾玲士『ポケット図解 最新老化の科学がわかる本「不老長寿」に挑む医学、サイエンス（Shuwasystem Beginner's Guide Book）』秀和システム、二〇〇六年
2　Samaras TT, Elrick H. Height, body size and longevity. Acta Med Okayama. 1999 ; 53 (4) : 149-169.
3　Lumley AJ, Michalczyk Ł, Kitson JJ, et al. Sexual selection protects against extinction. Nature. 2015 ; 522 (7557) : 470-473.
4　Katoh K, Iwasaki M, Hosono S, et al. Group-housed females promote production of asexual ootheca in American cockroaches. Zoological Lett. 2017 ; 3 : 3.
5　Berta P, Hawkins JR, Sinclair AH, et al. Genetic evidence equating SRY and the testis-determining factor. Nature. 1990 ; 348 (6300) : 448-450.
6　Hashiyama K, Hayashi Y, Kobayashi S. Drosophila Sex lethal gene initiates female development in germline progenitors. Science. 2011 ; 333 (6044) : 885-888.
7　Kuroki S, Matoba S, Akiyoshi M, et al. Epigenetic regulation of mouse sex determination by the histone demethylase Jmjd1a. Science. 2013 ; 341 (6150) : 1106-1109.
8　Smith CA, Roeszler KN, Ohnesorg T, et al. The avian Z-linked gene DMRT1 is required for male sex determination in the chicken. Nature. 2009 ; 461 (7261) : 267-271.
9　島田清司「雄と雌が決まる仕組み 魚から鳥、哺乳類まで」『生命誌』通巻二四号（七巻二号）、JT生命誌研究館、一九九九年
10　Dloniak SM, French JA, Holekamp KE. Rank-related maternal effects of androgens on behaviour in wild spotted hyaenas. Nature. 2006 ; 440 (7088) : 1190-1193.
11　Nussbaum R, McInnes R, Willard H. Thompson & Thompson Genetics in Medicine 7th Ed. 2007, Saunders.
12　永石匡司、山本樹生、飯沼和三ら「自然流死産三三二例中の染色体異常の検討」『日本産科婦人科学会関東連合地方部会会報』三九巻三号、二九四頁、二〇〇二年
13　日本産婦人科学会著、日本産婦人科医学会編『産婦人科診療ガイドライン―産科編 2011』日本産婦人科学会事務局、二〇一一年
14　日本遺伝学会『遺伝単―遺伝学用語集 対訳付き（生物の科学 遺伝 別冊No.22）』エヌ・ティー・エス、二〇一七年
15　ロバート・マーティン著、森内薫訳『愛が実を結ぶとき―女と男と新たな命の進化生物学』岩波書店、二〇一五年
16　Gallup GG, Burch RL, Zappieri ML, et al. The human penis as a semen displacement device. Evolution and human behavior. 2003 ; 24 (4) : 277-289.
17　Lyon MF. Gene action in the X-chromosome of the mouse (Mus musculus L.). Nature. 1961 ; 190 : 372-373.
18　Barr ML, Bertram EG. A morphological distinction between neurones of the male and female, and the behaviour of the nucleolar satellite during accelerated nucleoprotein synthesis. Nature. 1949 ; 163 (4148) : 676.
19　Sato M, Sato K. Degradation of paternal mitochondria by fertilization-triggered autophagy in C. elegans embryos. Science. 2011 ; 334 (6059) : 1141-

1144.
20 大塚柳太郎『ヒトはこうして増えてきた：２０万年の人口変遷史』新潮社、二〇一五年
21 Nakada K, Sato A, Yoshida K, et al. Mitochondria-related male infertility. Proc Natl Acad Sci USA. 2006 ; 103 (41) : 15148-15153.
22 Parrish JJ. Male reproductive tract anatomy. Animal/dairy science 434, University of Wisconsin, 2014.
23 Jones RE, Lopez KH. Human Reproductive Biology, 3rd ed. p120, 2006, Elsevier.
24 Tiemessen CHJ, Evers JLH, Bots RSGM. Tight-fitting underwear and sperm quality. Lancet. 1996 : 347 (9018) : 1844–1845.
25 Garolla A, Torino M, Miola P, et al. Twenty-four-hour monitoring of scrotal temperature in obese men and men with a varicocele as a mirror of spermatogenic function. Hum Reprod. 2015 ; 30 (5) : 1006-1013.
26 Levine, H, Jørgensen, N, Martino-Andrade A, et al. Temporal trends in sperm count: a systematic review and meta-regression analysis. Human Reproduction Update. 2017 ; 23 (6) : 646-659.
27 Silber SJ. How to Get Pregnant. 2009, Little, Brown and Company.
28 キースK・スキッロ著、佐々田比呂志、高坂哲也、橋爪一善訳『スキッロ 動物生殖生理学』二三八頁、講談社、二〇一一年
29 Dvořák M, Tesařik J. Ultrastructure of Human Ovarian Follicles. In : Biology of the Ovary. PM Motta, Hafez ESE. pp121-137, 1980, Springer.
30 鈴木秋悦編『体外受精』一二頁、メジカルビュー社、一九九六年
31 小池浩司「高齢不妊婦人の問題点 ②卵巣機能不全」日本産科婦人科学会雑誌、五二巻九号、N二七八―二八一頁、二〇〇〇年
32 Titus S, Li F, Stobezki R, et al. Impairment of BRCA1-related DNA double-strand break repair leads to ovarian aging in mice and humans. Sci Transl Med. 2013 ; 5 (172) : 172-221.
33 浅田義正、河合蘭『不妊治療を考えたら読む本 科学でわかる「妊娠への近道」』講談社、二〇一六年

## 第二章　生殖器の進化

1 Parrish JJ. Male reproductive tract anatomy. Animal/dairy science 434, University of Wisconsin, 2014.
2 McLean CY, Reno PL, Pollen AA, et al. Human-specific loss of regulatory DNA and the evolution of human-specific traits. Nature. 2011 ; 471 (7337) : 216-219.
3 Herrera AM, Shuster SG, Perriton CL, et al. Developmental Basis of Phallus Reduction during Bird Evolution. Current Biology. 2013 ; 23 (12) : 1065-1074.
4 クリストファー・ライアン、カシルダ・ジェタ著、山本規雄訳『性の進化論――女性のオルガスムは、なぜ霊長類にだけ発達したか？』作品社、二〇一四年
5 Wilson EO. On human nature, 2nd ed. 2004, Harvard University Press.
6 Money J, Wainwright G, Hingbuger D. The breathless orgasm: A lovemap Biography of Asphyxiophlia. 1991, Promotheus Books.
7 デイヴィッド・J・リンデン著、岩坂彰訳『触れることの科学：なぜ感じるのか どう感じるのか』河出書房新社、二〇一六年

8 Gallup GG, Burch RL, Zappieri ML, et al. The human penis as a semen displacement device. Evolution and human behavior. 2003 ; 24 (4) : 277-289.
9 Mautz BS, Wong BB, Peters RA, et al. Penis size interacts with body shape and height to influence male attractiveness. Proc Natl Acad Sci USA. 2013 ; 110 (17) : 6925-6930.
10 Gravina GL, Brandetti F, Martini P, et al. Measurement of the thickness of the urethrovaginal space in women with or without vaginal orgasm. J Sex Med. 2008 ; 5 (3) : 610-618.
11 小堀善友『泌尿器科医が教える オトコの「性」活習慣病』中央公論新社、二〇一五年
12 新井康允『男脳と女脳 こんなに違う―感情・思考・行動…性差の謎を解く脳科学』河出書房新社、一九九七年
13 荒井陽一「男の「アイデンティティ」を取り戻し健やかな生活を」『プレジデント』一〇・一七号、二〇一一年
14 小堀善友「射精は体にいい？」読売オンライン、ヨミドクター、二〇一六年（https://yomidr.yomiuri.co.jp/article/20161101-OYTET50017/）
15 Kobayashi A, Behringer RR. Developmental genetics of the female reproductive tract in mammals. Nature reviews genetics. 2003 ; 4 (12) : 969-980.
16 堤治「子宮奇形とは？ 女性の5％ほどにみられる病気」メディカルノート、二〇一四年（https://medicalnote.jp/）
17 単角子宮.com ホームページ（http://tankaku.seppaku.com）
18 Nahum GG. Rudimentary uterine horn pregnancy. The 20th-century worldwide experience of 588 cases. J Reprod Med. 2002 ; 47 (2) : 151-163.
19 Rowlands IW. Insemination of the guinea-pig by intraperitoneal injection. J Endocrinol. 1957 ; 16 (1) : 98-106.
20 Kieran K, Cooper CS. Embryology of the urinary tract. University of Iowa. Homepage of Depertmentof Urology.
21 スマホでピル外来 スマルナ、トピックス ＰＭＳ（月経前症候群）「生理前にイライラ！ ＰＭＳ（月経前症候群）の症状・原因・対策方法」二〇一八年四月一七日（https://sumaluna.com/pms/pms）
22 Waage JK. Dual function of the damselfly penis: sperm removal and transfer. Science. 1979 ; 203 (4383) : 916-918.
23 長谷川眞理子『動物の生存戦略 行動から探る生き物の不思議』左右社、二〇〇九年
24 Brosens JJ, Parker MG, McIndoe A. A role for menstruation in preconditioning the uterus for successful pregnancy. Am J Obstet Gynecol. 2009 ; 200 (6) : 615. e1-6.
25 増井清著、足立松陽編『初生雛雌雄鑑別発達史 日本養鶏大観』五六三―五九八頁、愛知養鶏新聞社、一九三四年
26 林良博監修『イラストでみる犬学』講談社、二〇〇〇年
27 Macrina AL, Kauf AC, Kensinger RS. Effect of bovine somatotropin administration during induction of lactation in 15-month-old heifers on production and health. J Dairy Sci. 2011 ; 94 (9) : 4566-4573.

## 第三章 ホルモンはおもしろい

1 森純一、金川弘司、浜名克己編『獣医繁殖学 第2版』文永堂出版、二〇〇一年
2 Rhim TJ, Kuehl D, Jackson GL. Seasonal changes in the relationships between secretion of gonadotropin-releasing hormone, luteinizing hormone, and testosterone in the ran. Biol Reprod. 1993 ; 48 (1) : 197-204.

3 Braunstein GD, Rasor J, Danzer H, et al. Serum human chorionic gonadotropin levels throughout normal pregnancy. Am J Obstet Gynecol. 1976 ; 126 (6) : 678-681.

4 Lengo DL, Fauci AS, Kasper DL, et al. Mean serum levels of ovarian and pituitary hormones during the menopausal transition. In: Harrison's Principles of Internal Medicine, 18th ed. 2000, McGraw-Hill Companies.

5 新井康允『男と女の脳をさぐる』東京図書、一九八六年

6 Sapienza P, Zingales L, Maestripieri D. Gender differences in financial risk aversion and career choices are affected by testosterone. Proc Natl Acad Sci USA. 2009 ; 106 (36) : 15268-15273.

7 日経ウーマンオンライン「〝男性ホルモン〟が女性の健康を維持」二〇一〇年（http://wol.nikkeibp.co.jp/article/column/20101025/109001）

8 Kales A, Kales JD. Sleep disorders. Recent findings in the diagnosis and treatment of disturbed sleep. N Engl J Med. 1974 ; 290 (9) : 487-499.

9 Stanton SJ, Beehner JC, Saini EK, et al. Dominance, politics, and physiology: Voters' testosterone changes on the night of the 2008 United States presidential election. PLoS One. 2009 ; 4 (10) : e7543.

10 Yasuda M, Furuya K, Yoshii T, et al. Low testosterone level of middle-aged Japanese men–the association between low testosterone levels and quality-of-life. Journal Men's Health & Gender. 2007 ; 4 (2) : 149-155

11 アラン・ピーズ、バーバラ・ピーズ著、藤井留美訳『話を聞かない男、地図が読めない女』主婦の友社、二〇〇二年

12 Haake P, Exton MS, Haverkamp J, et al. Absence of orgasm-induced prolactin secretion in a healthy multi-orgasmic male subject. Inter J Impo Res. 2002 ; 14 (2) : 133-135.

13 Asai S, Ohta R, Shirota M, et al. Endocrinological responses during suckling in Hatano high- and low-avoidance rats. J Endocrinol. 2004 ; 182 (2) : 267-272.

14 Murphy MR, Seckl JR, Burton S, et al. Changes in oxytocin and vasopressin secretion during sexual activity in men. J Clin Endocrinol Metab. 1987 ; 65 (4) : 738-741.

15 岡本尊司『母という病』ポプラ社、二〇一二年

16 Nagasawa M, Kikusui T, Onaka T, et al. Dog's gaze at its owner increases owner's urinary oxytocin during social interaction. Horm Behav. 2009 ; 55 (3) : 434-441.

17 Nagasawa M, Mitsui S, En S, et al. Social evolution. Oxytocin-gaze positive loop and the coevolution of human-dog bonds. Science. 2015 ; 348 (6232) : 333-336.

## 第四章　雌雄の繁殖生理

1 Ortavant R, Pelletier J, Ravault JP, et al. Photoperiod: main proximal and distal factor of the circannual cycle of reproduction in farm animals. Oxford Rev Reprod Biol. 1985 ; 7 : 305-345.

2 Lincoln GA, Short RV. Seasonal breeding: nature's contraceptive. Recent Prog Horm Res. 1980 ; 36 : 1-52.

3 Yoshimura T, Yasuo S, Watanabe M, et al. Light-induced hormone conversion of T4 to T3 regulates photoperiodic response of gonads in birds. Nature. 2003 ; 426 (6963) : 178-181.

4 Roenneberg T, Aschoff J. Annual rhythm of human reproduction: I. Biology, sociology, or both? J Biol Rhythms. 1990 ; 5 (3) : 195-216.

5 Condon RG. Birth seasonality, photoperiod, and social change in the central Canadian Arctic. Hum Ecol. 1991 ; 19 (3) : 287-321.

6 Seibel MM, Shine W, Smith DM, et al. Biological rhythm of the luteinizing hormone surge in women. Fertil Steril. 1982 ; 37 (5) : 709-711.

7 キースK・スキッロ著、佐々田比呂志、高坂哲也、橋爪一善訳『スキッロ 動物生殖生理学』講談社、二〇一一年

8 Concannon P, Hodgson B, Lein D. Reflex LH release in estrous cats following single and multiple copulations. Biol Reprod. 1980 ; 23 (1) : 111-117.

9 Senger PL. Pathways to pregnancy and parturition, 2nd ed. 2003, Current Conceptions.

10 中尾敏彦、津曲茂久、片桐成二編『獣医繁殖学 第4版』文永堂出版、二〇一二年

11 Baerwald AR, Adams GP, Pierson RA. Characterization of ovarian follicular wave dynamics in women. Biol Reprod. 2003 ; 69 (3) : 1023-1031.

12 Concannon PW, Weigand N, Wilson S, et al. Sexual behavior in ovariectomized bitches in response to estrogen and progesterone treatment. Biol Reprod. 1979 ; 20 (4) : 799-809.

13 Jöchle W. Coitus-induced ovulation. Contraception. 1973 ; 7 (6) : 523-564.

14 Wilcox AJ, Baird DD, Dunson DB, et al. On the frequency of intercourse around ovulation: evidence for biological influences. Hum Reprod. 2004 ; 19 (7) : 1539-1543.

15 Gelez H, Fabre-Nys C. The "male effect" in sheep and goats: a review of the respective roles of the two olfactory systems. Horm Behav, 2004 ; 46 (3) : 257-271.

16 Haga S, Hattori T, Sato T, et al. The male mouse pheromone ESP1 enhances female sexual receptive behaviour through a specific vomeronasal receptor. Nature. 2010 ; 466 (7302) : 118-122.

17 Ferrero DM, Moeller LM, Osakada T, et al. A juvenile mouse pheromone inhibits sexual behaviour through the vomeronasal system. Nature. 2013 ; 502 (7471) : 368-371.

18 Mozūraitis R, Būda V, Kutra J, et al. p- and m-Cresols emitted from estrous urine are reliable volatile chemical markers of ovulation in mares. Anim Reprod Sci. 2012 ; 130 (1-2) : 51-56.

19 Stern K, McClintock MK. Regulation of ovulation by human pheromones. Nature. 1998 ; 392 (6672) : 177-179.

20 Wedekind C, Seebeck T, Bettens F, et al. MHC-dependent mate preferences in humans. Proc Biol Sci. 1995 ; 260 (1359) : 245-249.

21 Birkhead TR, Moller AR. Sperm competition in birds: Evolutionary causes and consequences. 1992, Academic Press.

22 正木淳二『哺乳動物の生殖行動』川島書店、一九九二年

23 goo ブログ Weblog、Trips with my RV.「一酸化窒素」二〇〇七年二月一九日 (https://blog.goo.ne.jp/trailer/e/8aca3d248e79fb7b9170c1782287af94)

24 山内兄人『脳が子どもを産む』平凡社、一九九九年

25 Tsukamoto S, Kuma A, Murakami M, et al. Autophagy is essential for preimplantation development of mouse embryos. Science. 2008 ; 321 (5885) : 117-120.

26 石川統『ダイナミックワイド図説生物　総合版』東京書籍、二〇〇四年

27 Takahashi H, Hameda S, Kayano M, et al. Differences in progesterone concentrations and mRNA expressions of progesterone receptors in bovine endometrial tissue between the uterine horns ipsilateral and contralateral to the corpus luteum. J Vet Med Sci. 2016 ; 78 (4) : 613-618.
28 Kerbler TL, Buhr MM, Jordan LT, et al. Relationship between maternal plasma progesterone concentration and interferon-tau synthesisi by the conceptus in cattle. Theriogenology. 1997 ; 47 (3) : 703-714.
29 Geisert R. Learning Reproduction in Farm Animals. Lecture Notes. 2007. Oklahoma State University.（http://www.asrc.agri.missouri.edu/reprod/notes/index.htm）
30 Min KS, Hattori N, Aikawa J, et al. Site-directed mutagenesis of recombinant equine chorionic gonadotropin/luteinizing hormone: differential role of oligosaccharides in luteinizing hormone- and follicle-stimulating hormone-like activities. Endocr J. 1996 ; 43 (5) : 585-593.
31 Liggins GC. Premature parturition after infusion of corticotrophin or cortisol into fetal lambs. J Endocr. 1968 ; 42 (2) : 323-329.
32 Thorburn GD. The placenta, prostaglandins and parturition: a review. Reprod Fertil Devel. 1991 ; 3 (3) : 277-294.
33 Sasaki A, Shinkawa O, Margioris AN, et al. Immunoreactive corticotropin-releasing hormone in human plasma during pregnancy, labor, and delivery. J Clin Endocrinol Metab. 1987 ; 64 (2) : 224-229.
34 津曲茂久、未発表

## 第五章　性感染症

1 Jones RE, Lopez KH. Human Reproductive Biology, 3rd ed. 2006, Elsevier.
2 zur Hausen H. Papillomaviruses and cancer: from basic studies to clinical application. Nat Rev Cancer. 2002 ; 2 (5) : 342-350.

## 第六章　生殖医療

1 Ploge C, Smith C, Parkes AS. Revival of spermatozoa after vitrification and dehydration at low temperatures. Nature. 1949 ; 164 (4172) : 666.
2 堤治『新版・生殖医療のすべて』丸善、二〇〇二年
3 Austin CR. Observations on the penetration of the sperm in the mammalian egg. Aust J Sci Res B. 1951 ; 4 (4) : 581-596.
4 Chang MC. Fertilizing capacity of spermatozoa deposited into the fallopian tubes. Nature. 1951 ; 168 (4277) : 697-698.
5 Brackett BG, Bousquet D, Boice ML, et al. Normal development following in vitro fertilization in the cow. Biol Reprod. 1982 ; 27 (1) : 147-158.
6 Edwards RG, Steptoe PC, Purdy JM. Establishing full-term human pregnancies using cleaving embryos grown in vitro. Br J Obstet Gynaecol. 1980 ; 87 (9) : 737-756.
7 浅田義正、河合蘭『不妊治療を考えたら読む本 科学でわかる「妊娠への近道」』講談社、二〇一六年
8 道上達男「山中研究とガードン研究：分化と未分化、カエルと人をつなぐ「初期化」」『教養学部報（東京大学 大学院総合文化研究科・教養学部）』第五五五号、二〇一六年
9 Woods GL, White KL, Vanderwall DK, et al. A mule cloned from fetal cells by nuclear transfer. Science. 2003 ; 301 (5636) : 1063.

10 Animal scientists create strange looking geeps. Farm Show Magazine. 1988 ; 12 (3) : 18.
11 中尾敏彦、津曲茂久、片桐成二編『獣医繁殖学 第4版』文永堂出版、二〇一二年
12 Manipulation of the oestrus cycle in cow. (http://www2.unipr.it/~fderensi/rip_bov/rip_bov.htm)
13 近芳幸、竹山幸雄、遠藤寿行「牛凍結精液の同時複数融解と受胎率」『繁殖技術』一五巻三号、三三―三五頁、一九九五年
14 三宅陽一「高泌乳化・多頭化時代の人工授精をめぐる最近の動向」『臨床獣医』二〇〇九年一一月号

## 第七章 悪しき生活習慣が人口減少に及ぼす影響

1 糖尿病患者さんと医療スタッフのための情報サイト 糖尿病ネットワーク「糖尿病患者さんの間食指導情報ファイル 間食のジャンル・食品別データ 飲み物編 知っておきたい食べ方のポイント」(http://www.dm-net.co.jp/kanshoku-file/catagorydata/drink/)
2 Neal MS, Hughes EG, Holloway AC, et al. Sidestream smoking is equally as damaging as mainstream smoking on IVF outcomes. Hum Reprod. 2005 ; 20 (9) : 2531-2535.

## 第八章 人類が初めて経験する超高齢人生と性

1 赤松啓介『夜這いの民俗学・夜這いの性愛論』筑摩書房、二〇〇四年
2 和田好子『やまとなでしこの性愛史：古代から近代へ』ミネルヴァ書房、二〇一四年
3 Wilson EO. On human nature, 2nd ed. 2004, Harvard University Press.
4 原田純著、たつのゆりこ監修『ちつのトリセツ 劣化はとまる』径書房、二〇一七年
5 大工原秀子『性ぬきに老後は語れない』ミネルヴァ書房、一九九〇年
6 広井正彦「中高年婦人の性」『日本老年医学雑誌』二九巻五号、三六一―三六三頁、一九九二年
7 丸井英二「わが国におけるEDの疫学とリスクファクター」『医学のあゆみ』二〇一巻六号、三九七―四〇〇頁、二〇〇二年
8 日刊SPA! ニュース「裏の人間から重宝される高齢犯罪者」二〇一〇年六月一一日 (https://nikkan-spa.jp/2038)
9 石川善樹『友だちの数で寿命はきまる 人との「つながり」が最高の健康法』マガジンハウス、二〇一四年
10 Berkman LF, Leo-Summers L, Horwitz RI. Emotional support and survival after myocardial infarction. A prospective, population-based study of the elderly. Ann Intern Med. 1992 ; 117 (12) : 1003-1009.
11 Holt-Lunstad J, Smith TB, Layton JB. Social relationships and mortality risk: a meta-analytic review. PLoS Med. 2010 ; 7 (7) : e1000316.

著者

**津曲茂久**（つまがり しげひさ）

1951年鹿児島県生まれ。日本大学農獣医学部獣医学科卒業、日本大学大学院獣医学研究科前期博士課程修了。日本大学生物資源科学部獣医学科専任講師、助教授、教授を経て特任教授。獣医学博士、獣医師。専門は獣医繁殖学。主な著書に『獣医繁殖学第４版』(編集、分担執筆、文永堂出版)、『獣医内科学第２版』（分担執筆、同)、『子牛の科学』（監修、分担執筆、緑書房)、『犬の医学』『猫の医学』（編集、分担執筆、時事通信社)、『獣医繁殖の実践超音波診断』（監修、学窓社)、『小動物の繁殖と新生子マニュアル第２版』（監訳、同)、『小動物最新外科学大系８ 泌尿生殖器系２』（分担執筆、インターズー)、『基礎から学ぶ猫の繁殖ハンドブック』（監訳、同）など。

# 性のトリセツ

Midori Shobo Co.,Ltd

2018年9月20日　第1刷発行

著　者……津曲茂久
発行者……森田　猛
発行所……株式会社 緑書房
〒103-0004
東京都中央区東日本橋3丁目4番14号
TEL　03-6833-0560
http://www.pet-honpo.com

編集……加藤友里恵、池田俊之
組版……アクア
カバーイラスト……ヨギトモコ
印刷所……図書印刷


ISBN 978-4-89531-350-6　Printed in Japan